AVR을 이용한 임베디드 프로그래밍 워크북

| 이배호 | 이귀상 | 오원록 |
| 황 민 | 천승환 공저

AVR Embedded Programming Workbook

INFINITYBOOKS

머 리 말

창조적인 삶을 사랑하는 사람을 위하여…

지면을 통해 여러분을 만나게 되어 반갑습니다. 서점에 꽂혀진 수많은 책들 중 이 책이 여러분을 만나게 된 것도 또 하나의 인연이겠지요. 부디 이 책이 여러분들로 인해 그윽한 향기를 발할 수 있기를 간절히 바랍니다.

어느 분야와 마찬가지로 임베디드 프로그래밍 역시 창조적 활동이라고 생각합니다. 수학과 예술의 토대 위에 존재하는 프로그래밍의 세계에서, 임베디드 프로그래밍은 또 다른 재미를 우리에게 선물합니다. 순차 점멸하는 LED(발광 다이오드), 다양한 디지털/아날로그 계측 및 제어는 그것 자체로도 재미가 있지만, 여러분이 관심과 열정을 가지신다면 이 안에서 수많은 가능성을 포착하실 수 있을 것입니다.

본 교재는 임베디드 시스템에 대한 기본 개념 이해와 함께 임베디드 시스템 개발을 위한 기초적인 실험 · 실습 내용을 수록하였으며, 임베디드 프로그래머를 지향하는 분들을 위해 디자인되었습니다. 따라서 C 언어와 디지털 회로에 관한 지식이 어느 정도는 요구됩니다. 그러나 가능하면 디지털 회로보다 C 언어를 이용한 임베디드 프로그래밍 즉, 코딩에 주안점을 두었으며, 회로와 관련한 부담을 최소화하려고 노력하였습니다. 여러분은 각 실습장에서, 본 교재에서 지시하는 대로 회로 연결을 하신 후 프로그래밍 실습을 하시면 됩니다.

본 교재에서 제시한 순서대로 프로그램을 테스트하다보면 임베디드 프로그래밍에 대한 지식이 쌓이게 되고, 또한 제시된 실습 프로그램들은 전체적으로 하나의 라이브러리로 통합됩니다. 본 교재가 지향하는 것은 각론적 지식뿐만 아니라 통합된 라이브러리이기도 합니다.

본 교재의 제작을 위하여, (주)무한테크(www.moohantech.biz)가 제공한 임베디드 시스템 키트(AVR를 기반으로 한 임베디드 프로그래밍 실습 및 개발 키트)를 참고하였습니다. 아직은 미천하지만, 이 웹사이트를 통해 지속적으로 업그레이드할 계획입니다. 따라서 본 교재의 기획은 여러분께 AVR을 이용한 임베디드 프로그래밍 분야를 초기 단계에서 전문가에 이르기까지 캐어하기 위해 노력하겠습니다. 여러분이 본 교재를 통해 창조적인 임베디드 프로그래머로서 우뚝 서시기를 간절히 기원합니다.

끝으로 이 교재의 출판을 위하여 많은 수고를 아끼지 않은 INFINITYBOOKS의 채희만사장님과 직원 여러분에게도 심심한 감사의 마음을 표합니다.

저자 일동

차 례

PART 1 ▶ 실험 · 실습 준비

PART 2 ▶ 병렬 입출력

PART 3 ▶ 표시 장치 제어

PART 4 ▸ 인터럽트, 타이머

PART 5 ▸ AVR 통신

PART 6 ▶ 모듈 개발

PART 1. 실험 · 실습 준비

PART 1에서는 실험 · 실습에 들어가기에 앞서
독자 여러분이 실험 · 실습을 위하여 사전에
준비해야 할 사항들에 대해 다룬다.
임베디드 프로그래밍이나 AVR 마이크로프로세서
등에 대한 기초 지식을 익히고,
실험 · 실습에 필요한 부품들이 어떤 것인지를 알아본다.
그리고, 임베디드 소프트웨어 프로그램을 작성하기 위해
갖추어야 할 사항들을 설명한다.

제1장 소 개

1. 임베디드 프로그래밍이란?
2. 본 워크북의 목적 및 학습법
3. AVR

✓ 이 장의 목표

- 임베디드 프로그래밍의 개념을 이해한다.
- 산업용 마이크로콘트롤러인 AVR의 특징을 파악한다.
- 실습에 필요한 만반의 준비를 갖춘다.

✓ 들어가기에 앞서

- C 언어 프로그래밍과 관련된 지식 - 언어적 부분, 라이브러리 등 - 을 정리한다.
- 임베디드 프로그래밍에 관한 기대와 자신감을 갖는다.

✓ 준비할 것

- ATmega8 Data Sheet (www.atmel.com에서 다운로드)
- http://www.atmel.com/dyn/resources/prod_documents/doc2486.pdf

1. 임베디드 프로그래밍이란?

1.1 임베디드 시스템(embedded system)

임베디드 시스템은 특별한 기능을 수행하기 위해 설계된, 컴퓨터 하드웨어와 소프트웨어, 그리고 부가적인 메커니즘 혹은 다른 부분들의 조합이다. 이에 대한 좋은 예로 마이크로웨이브 오븐이 있다. 우리 주변의 거의 모든 가정에 하나씩은 있으며, 매일 수백만 개가 사용되고 있지만, 프로세서(processor)와 소프트웨어가 그들의 점심과 저녁 준비에 연관되어 있다는 것을 실감하는 사람은 극소수다.

이것은 방안에 있는 개인용 컴퓨터와 바로 구분된다. 개인용 컴퓨터 역시 컴퓨터 하드웨어와 컴퓨터 소프트웨어 그리고 기계적 부품들(예를 들어 디스크 드라이브)로 이루어져 있다. 그러나 개인용 컴퓨터는 특정 기능을 수행하기 위해 디자인되지 않는다. 이것은 서로 다른 많은 일들을 할 수 있다. 많은 사람들은 이 구분을 명확히 하기 위해 범용 컴퓨터라는 용어를 사용한다. 일반적으로 포장 상태에서 범용 컴퓨터는 빈 슬레이트와 같다고 할 수 있다. 제조업자는 고객이 이것을 가지고 무엇을 할지 모른다. 어떤 고객은 이것을 네트워크 파일 서버로 사용할 것이고, 다른 고객은 게임을 하기 위해 독점 사용할 것이며, 또 다른 고객은 다음 걸작 소설을 쓰기 위해 사용할지도 모른다.

종종 임베디드 시스템은 보다 더 큰 어떤 시스템의 한 부품이다. 예를 들어, 현대식 승용차와 트럭은 많은 임베디드 시스템을 장착한다. 어떤 임베디드 시스템은 안전 브레이크를 제어하고, 다른 임베디드 시스템은 차량의 가스 배출을 감시하고 제어하며, 또 다른 임베디드 시스템은 계기판에 정보를 표시한다. 어느 경우에 이 임베디드 시스템들은 일종의 통신 네트워크로 연결되지만, 그것은 확실한 요구 조건이 아니다.

독자들이 혼란스러울 위험은 있지만, 범용 컴퓨터 자체가 수많은 임베디드 시스템들로 구성되어 있다는 점을 지적하는 것이 중요하다. 예를 들어 필자의 컴퓨터는 키보드, 마우스, 비디오 카드, 모뎀, 하드 드라이브, 사운드 카드 등으로 구성되어 있는

데, 이들 각자가 임베디드 시스템이다. 이 디바이스들 각각이 프로세서와 소프트웨어를 포함하고 있고 특정 기능을 수행하도록 설계되어 있다. 예를 들어 모뎀은 아날로그 전화선상으로 디지털 데이터를 보내고 받기 위해 설계되어 있다. 그게 전부다. 그리고 모든 다른 디바이스들도 마찬가지로 단 한 문장으로 요약될 수 있다.

만일 임베디드 시스템이 잘 디자인되어 있으면, 프로세서와 소프트웨어의 존재를 디바이스 사용자는 전혀 알아채지 못할 것이다. 마이크로웨이브 오븐, VCR, 알람시계 등이 이런 경우이다.

1.2 임베디드 프로그래밍(Embedded Programming)

임베디드 시스템이 작동하기 위해서는 이것이 이해할 수 있는 임베디드 소프트웨어를 작성하여 ROM(Read Only Memory)이나 플래시(flash) 메모리에 다운로드(download)해야 한다. 임베디드 소프트웨어를 작성하는 것을 임베디드 프로그래밍(embedded programming)이라고 한다.

그런데, 범용 컴퓨터와 달리 임베디드 소프트웨어는 대개 다른 임베디드 시스템에서 동작하기 위해서는 많은 변경이나 수정이 필요하다. 이것은 주로 하부에 있는 하드웨어가 믿을 수 없을 정도로 다양하기 때문이다. 각 임베디드 시스템에서 하드웨어는 응용에 적합하게 최적화되어 불필요한 부분이 삭제된다. 이렇게 해야 시스템 가격이 낮아지기 때문이다. 결과적으로 불필요한 회로는 제거되고 하드웨어 자원은 가능하면 공유된다.

정의에 의해 모든 임베디드 시스템은 프로세서와 소프트웨어를 포함한다. 그러나 어떤 다른 특징들을 임베디드 시스템들은 공통으로 갖추겠는가? 확실히, 소프트웨어를 가지기 위해서는 실행코드와 실시간 데이터 처리를 저장하기 위한 임시 저장소가 있어야 한다. 이것들은 각각 ROM과 RAM(Ramdom Access Memory)의 형태를 취한다(AVR에서는 플래시 메모리와 SRAM이 각각의 역할을 한다). 만일 약간의 메모리만 필요하면, 이 메모리는 프로세서와 동일한 칩 내에 포함된다. 그렇지 않으면 두 형태의 메모리 모두 외부 메모리 칩에 존재할 것이다.

모든 임베디드 시스템은 또한 어떤 형태의 입력과 출력을 포함한다. 예를 들어 마

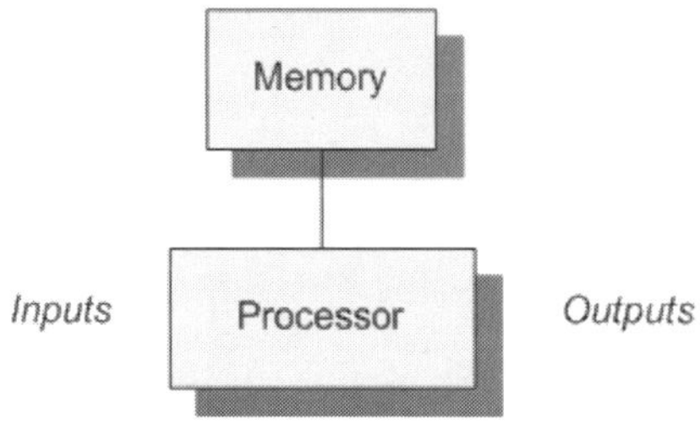

이크로 오븐에서 입력은 패널 앞에 있는 버튼과 온도 프로브(probe)이고, 출력은 사람이 읽을 수 있는 디스플레이와 마이크로웨이브 방사이다. 거의 항상 이런 식으로, 임베디드 시스템의 출력은 입력과 몇 가지 다른 요인(경과 시간, 현재 온도 등)의 함수이다. 시스템 입력은 대개 센서와 프로브, 통신 신호, 혹은 제어 손잡이와 버튼의 형태를 취한다. 전형적인 출력은 디스플레이, 통신 신호, 또는 물리적 세계로의 변경 등이다.

1.3 C 언어

모든 임베디드 시스템에 걸쳐서 공통으로 사용하는 것 중 하나로 C 프로그래밍 언어가 있다.

성공적인 소프트웨어 개발이 자주 주어진 프로젝트를 위한 최상의 언어를 선택하는 것에 관한 것으로 되어 왔기 때문에, 하나의 언어가 바이트, 킬로바이트, 메가바이트의 메모리를 가진 시스템에서, 그리고 하나에서 12명 혹은 그 이상의 사람들로 구성된 개발 팀을 위해, 8비트와 64비트 프로세서 모두에게 적합한 것으로 판명되었음은 놀라운 일이다.

물론 C 언어가 장점이 없지 않다. 이것은 작고 배우기가 매우 간단하며, 컴파일러가 오늘날 거의 모든 프로세서에서 이용 가능하며, 숙련된 C 언어 프로그래머들이 매우 많다. 또한 C 언어는 프로세서 독립이라는 장점을 가지고 있어서, 프로그래머들은 특정 프로세서 아키텍처보다 알고리즘과 어플리케이션에 집중할 수 있다. 그러나, 이 장점들 중 많은 것이 다른 고수준 언어에도 똑같이 적용된다. 다른 언어들이 광범위하게 실패한 곳에서 C 언어가 성공한 이유는 무엇인가?

아마도 C 언어의 가장 큰 힘 - 그리고 이것을 파스칼과 포트란 등과 구분하는 것 - 은 이것이 매우 "저수준의" 고수준 언어라는 점일 것이다. 본 워크숍을 통해 보게 되겠지만, C 언어는 임베디드 프로그래머에게, 고주순 언어의 장점을 희생시키지 않고 엄청난 정도의 직접적 하드웨어 제어 능력을 부여한다. C 언어의 "저수준" 성질은 언어 창시자의 명백한 의도였다. 사실 Kernighan과 Ritchie는 그들의 책 *The C Programming Language*에서 다음과 같은 주석을 달았다.

> c는 상대적으로 "저수준" 언어이다. 이 특징은 가치를 떨어뜨리는 것이 아니다. 이는 단순히, c가 대부분의 컴퓨터들이 행하는 동일 종류의 개체를 다룬다는 뜻이다. 이 개체들은 실제 기계에 의해 구현되는 산술 및 논리 연산자 주위에서 결합하고 이동한다.

거의 모든 프로세서에 대해 콤팩트하고 효율적인 코드를 생산하는 것에서 소수의 대중적인 고수준 언어만이 C 언어와 경쟁할 수 있다. 그리고, C 언어만이 프로그래머가 하드웨어와 매우 쉽게 상호 작용할 수 있다.

2. 본 워크북의 목적 및 학습법

2.1 목적과 학습 방향

본 워크북(work book)의 목적은 AVR 마이크로프로세서(혹은, 마이크로콘트롤러라고도 함)를 이용한 임베디드 프로그래밍 능력을 효과적으로 배양하는 데에 있다.

본 워크북은 *CEQ*("쎄크"라고 읽어 주시기를 부탁한다. 싸게 Cheap, 쉽게 Easy, 빨리 Quick)를 지향하여 디자인되었다.

- 본서는 하드웨어 개발보다 펌웨어(firmware) 개발, 즉 임베디드 프로그래밍을 주목적으로 한다. 따라서 하드웨어 부분은 꼭 필요한 부분에 한해 쉽게 설명하고, 소프트웨어 개발에 주안점을 둔다.
- 키트를 이용함으로써 회로 구성의 부담을 최소화한다.
- 설명 역시 간단 명료하게 진행할 것이다.

본 워크북은 산업용 마이크로콘트롤러인 AVR 칩을 가지고 펌웨어를 개발할 목표를 가진 독자를 대상으로 한다. 본 워크북을 공부하기 위해서는 최소한 다음의 소양을 갖추고 있으면 더욱 효과적이다.

- 비트, 바이트, 2진수, 16진수 등이 무엇인지 알고 있을 것.
- 디지털 논리 회로를 공부한 적이 있을 것.
- C 언어로 10~20줄 정도의 코딩을 100회 이상 한 적이 있을 것.
- 전자회로(캐패시터, 저항기, 인덕터 등)의 기본 원리에 대해 알고 있으면 더욱 좋음.

본 워크북이 독자제현께 큰 도움이 되기를 바란다.

2.2 이 책의 사용법

본 워크북은 다음과 같은 체제로 꾸며진다.

소개/준비 파트(part)인 Part 1을 제외하면 크게 4개의 실습 파트가 있다. 4개 파트는 각각 5개 장으로 구성된다. 제1장에서는 그 파트 실습에 필요한 기본 지식을 정리하며, 제2장~제4장은 실습장, 그리고 제5장은 워크숍, 혹은 프로젝트 장으로서 독자 스스로 문제를 해결하는 과정이다. 따라서 5개 파트에 3개씩의 실습장이 있으므로 총 12개의 실습, 그리고 4개의 워크숍 혹은 프로젝트, 그리고 하나의 모듈 개발로 끝을 맺게 되는 것이다.

대학 등에서 이 교재를 사용할 때에는 4개 파트×3개 장을 실습하고 각 파트의 워크숍 · 프로젝트를 과제로 제출하게 하면 될 것이다.

각 실습장에서 실습을 할 때 다음을 염두에 두기 바란다.

- 기본 원리를 확실히 파악한다.
- 브레드 보드 상에 실습을 위한 회로를 꾸민다.
- 코딩을 하기 전에, 프로그램 동작 원리를 완전히 파악한다.
- 코딩, 컴파일, 실행을 통해 동작을 확인한다.
- 그것을 어디에 적용할 수 있을지를 생각한다.

3. AVR

3.1 AVR 개요

AVR 칩은 저가이면서 고속인 RISC(Reduced Instruction Set Computer) 구조를 갖는 칩으로, CMOS 형태의 마이크로콘트롤러다. 또한 하바드 아키텍처(Harvard Architecture)로 프로그램(16비트)과 데이터 메모리(8비트)의 데이터 버스가 분리되어 있기 때문에 두 개의 메모리를 동시에 접근할 수 있어서 한 개의 데이터 버스를 사용하는 폰 노이만 아키텍처(Von Neumann Architecture)보다 효율적이다. 또한 데이터 메모리를 레지스터로 취급하여 레지스터 파일이라고 부른다.

AVR MCU 칩은 크게 tiny, standard, mega 등 3종류로 구분되며, 그 각각에 대하여 수십 개의 모델들이 존재한다. 본 워크숍에서는 이 중 ATmega8을 가지고 실습하게 되는데, 다른 모델의 사용을 고려하여 이식이 용이한 구조의 프로그래밍을 지향할 것이다. ATmega8은 AVR MCU의 거의 모든 기능이 골고루 들어있는 것 중 가장 작은 모델이다[표 3.1]. 따라서 독자들이 학습 및 실험 · 실습할 시점에서는 이 모델로 손색이 없을 것이다.

[표 3.1] ATmega8 AVR MCU 구성요소

Flash(KB)[1]	8	2WI	Yes
EEPROM(Bytes)	512	H/W Multiplier	Yes
RAM(Bytes)[2]	1024	8-bit Timer	2
I/O pins	23	16-bit Timer	1
SPI	1	10-bit A/D Channels	8
UART	1	Clock Speed(MHz)[3]	0-16

1. 허용되는 최대 프로그램 사이즈, 2. 허용되는 총 변수 사이즈, 3. 16MHz일 때 거의 16MIPS의 성능을 보인다.

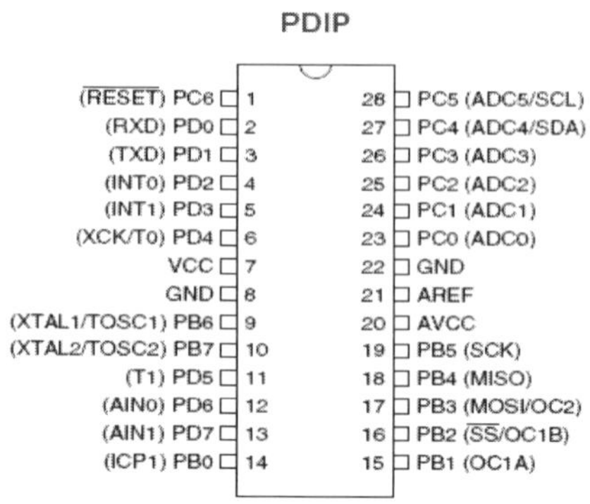

[그림 3.1] ATmega8 패키지 핀 구조

3.2 AVR의 내부 구조

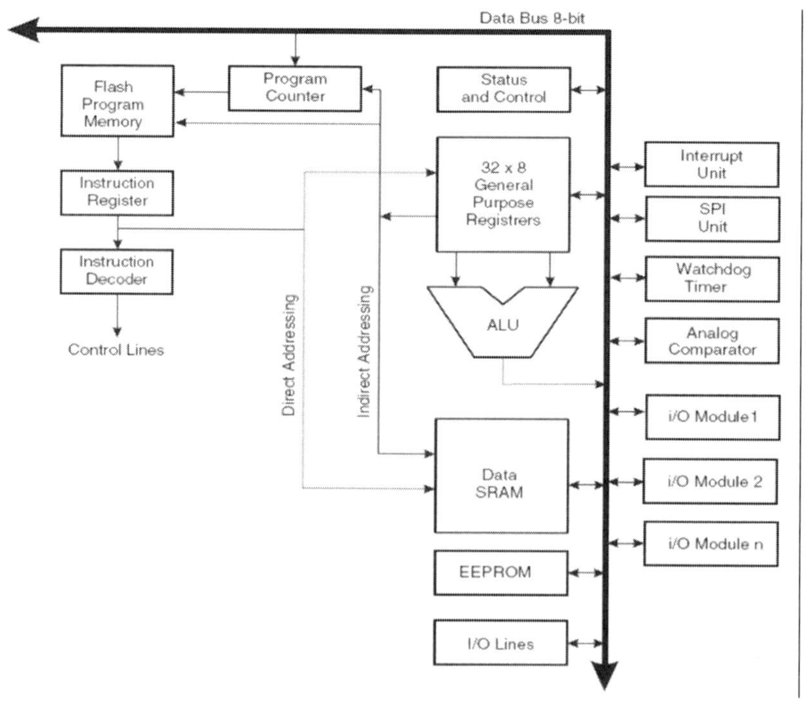

[그림 3.2] AVR MCU 아키텍처

CPU는 메모리에 접근하고, 계산을 수행하며, 주변 장치들을 제어하고, 인터럽트(interrupt)를 다룬다. 성능과 병렬 처리를 최대화하기 위해 AVR은 하바드 구조를 가지고 있다. 즉 프로그램과 데이터의 메모리와 버스가 구분되어 있다. 프로그램 내의 명령들은 단일 레벨 파이프라인(pipeline)에 의해 실행된다. 하나의 명령이 실행되는 동안 다음 명령이 프로그램 메모리로부터 패치(fetch)된다. 이 개념에 의해 매 클럭 사이클(clock cycle)마다 명령이 실행될 수 있다. 프로그램 메모리는 ISP(In-System Programmable) 플래시 메모리이다.

고속 접근 레지스터(register) 파일은 단일 클럭 접근 시간의 32x8 비트 범용 레지스터를 포함한다. 이에 따라 단일 사이클의 산술 및 논리 연산 장치(ALU) 동작이 가능하다. 전형적인 ALU 동작에서 두 연산자는 레지스터 파일의 출력으로 나오고, 연산이 실행되며, 결과가 레지스터 파일에 다시 저장된다 - 이것이 한 클럭 사이클 동안에 이루어진다.

32개 레지스터 중 6개는 3개의 16-비트 간접 어드레스 레지스터 포인터로서 데이터 공간 주소 지정에 사용될 수 있는데, 이에 따라 효과적인 주소 계산이 가능하다. 이들 주소 포인터 중 하나는 플래시 프로그램 메모리 내의 참조 테이블에 대한 주소 포인터로도 사용될 수 있다. 이 레지스터들은 16비트 X-, Y, Z 레지스터이다.

ALU는 레지스터들 사이나 혹은 메모리(상수)와 레지스터 사이의 산술 및 논리 연산을 지원한다. 단일 레지스터 연산도 ALU에서 실행될 수 있다. 하나의 산술 연산 뒤에, 상태 레지스터가 갱신되어 연산 결과에 관한 정보를 반영한다.

프로그램 흐름은 조건 및 무조건 점프와 호출 명령에 의해 제공되며, 전체 주소 공간을 직접 주소 지정하는 것이 가능하다. 대부분의 AVR 명령은 단일 16비트 워드 포맷을 한다. 매 프로그램 메모리 주소는 16 혹은 32 비트 명령을 포함한다.

플래시 프로그램 메모리 공간은 두 개의 섹션(section), 즉 부트 프로그램 섹션과 응용 프로그램 섹션으로 나뉜다. 두 섹션 모두 쓰기(write) 및 읽기/쓰기(read/write) 보호를 위한 전용 Lock 비트들을 가진다. 어플리케이션 플래시 메모리에 쓰는 SPM 명령이 부트 프로그램 섹션 안에 항상 상주해야 한다.

인터럽트와 서브루틴 호출(subroutine call) 동안 반환 주소 프로그램 카운터(PC)가 스택(stack)에 저장된다. 스택은 범용 데이터 SRAM 내에 효율적으로 할당되며, 스택

크기는 총 SRAM 사이즈와 SRAM 사용에 의해서만 제한된다. 모든 유저 프로그램은 리셋 루틴(서브루틴 혹은 인터럽트가 실행되기 전) 에서 SP를 초기화해야 한다. 스택 포인터 SP는 I/O 공간에서 읽기/쓰기로 접근 가능하다. 데이터 SRAM은 AVR 아키텍처에서 지원되는 5가지의 서로 다른 주소 지정 모드를 통해 쉽게 접근될 수 있다.

AVR 아키텍처에서 자료 저장을 위한 메모리 공간은 모두 선형적이고 정규적 메모리 맵(map)이다.

유연한 인터럽트 모듈은 I/O 공간 내에 자체의 제어 레지스터를 상태 레지스터 내의 부가 전역 인터럽트 허용 비트와 함께 가진다. 모든 인터럽트는 분리된 인터럽트 벡터를 인터럽트 벡터 테이블 안에 가진다. 인터럽트들은 자신의 인터럽트 벡터 위치에 따라 우선 순위를 가진다. 인터럽트 벡터 주소가 낮으면 우선순위는 높다.

I/O를 위한 메모리 공간은 CPU 주변 기능을 위한 64개 어드레스를 제어 레지스터, SPI, 기타 I/O를 위한 기능으로 포함한다. I/O 메모리 공간은 직접, 혹은 레지스터 파일을 뒤따르는 데이터 공간 위치(0x20 - 0x5F)로서 접근 가능하다.

3.3 AVR의 메모리

3.3.1 프로그램 메모리

프로그램 메모리(플래시 ROM)는 부트(boot) 프로그램 섹션(또는 부트로더(bootloader) 섹션)과 응용 프로그램 섹션으로 나뉜다. SPI 통신 방식을 이용한 ISP(In-System Programming) 기능에 의해 사용자가 작성한 프로그램을 응용 프로그램 섹션에 쓸 수 있다.

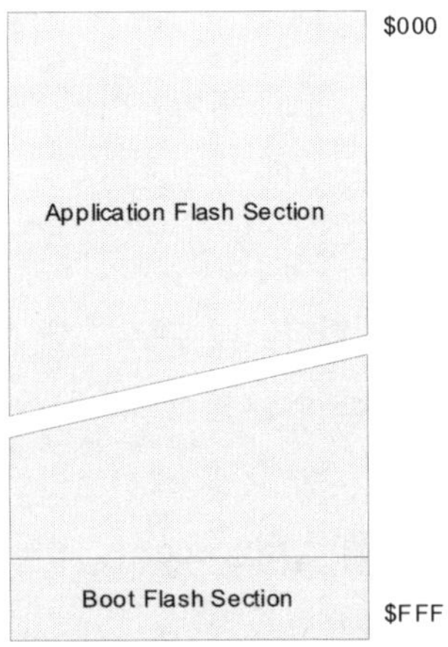

프로그램 메모리 맵

3.3.2 데이터 메모리

데이터의 입출력(I/O), 통신, 외부 SDRAM 억세스 등 하드웨어와 관계되는 동작은 I/O 레지스터들을 억세스 함으로써 이루어지게 된다. 예를 들어 범용 포트 A의 입/출력의 결정은 DDRA의 각 비트를 설정함으로써, 그리고 입/출력은 각각 PINA와 PORTA로의 접근에 의해 이루어진다. DDRA, PINA, PORTA 등은 모두 I/O 레지스터들이다. 이들 각 레지스터에 대한 설명은 각 해당 장에서 한다.

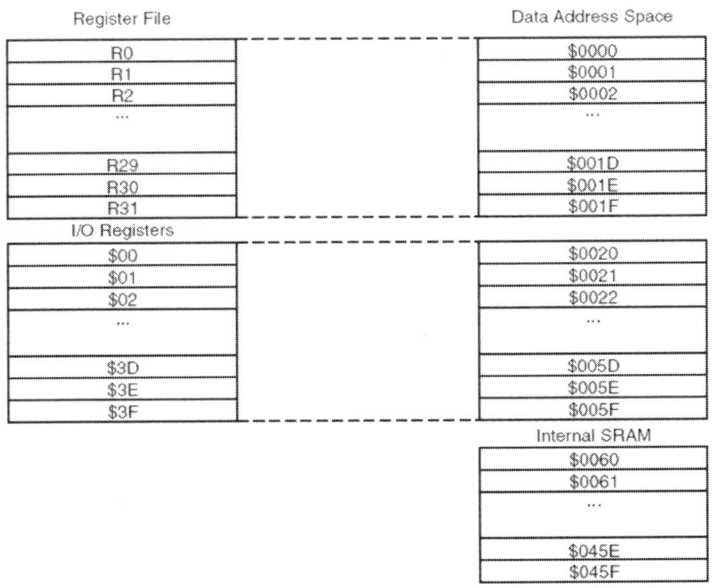

[그림 3.3] ATmega8의 데이터 메모리 맵

무엇보다도 중요한 것은, AVR 임베디드 프로그래밍의 첫걸음은 바로 I/O 레지스터의 동작을 이해하는 것이다.

3.3.3 상태 레지스터(Status Register)

상태 레지스터는 가장 최근 실행된 산술 명령의 결과에 관한 정보를 포함한다. 이 정보는 선택적 연산을 수행하기 위한 프로그램 흐름 변경에 사용될 수 있다. 상태 레지스터는 모든 ALU 연산 후 갱신된다. 이것은 많은 경우에 전용 비교 명령을 사용할 필요성을 없게 하며, 결과적으로 보다 빠르고 콤팩트(compact)한 코드가 만들어지게 된다.

상태 레지스터는 인터럽트 루틴에 들어갈 때에는 자동으로 저장되지 않으며, 인터럽트로부터 복귀할 때에 복구된다. 이것은 소프트웨어적으로 처리되어야만 한다.

AVR 상태 레지스터, SREG는 다음과 같이 정의된다:

Bit	7	6	5	4	3	2	1	0	
	I	T	H	S	V	N	Z	C	SREG
Read/Write	R/W	R/W	R/W	R/W	R/W	R/W	R/W	R/W	
Initial Value	0	0	0	0	0	0	0	0	

상태 레지스터

번호	이름	설 명
7	I	전역 인터럽트 허용. 인터럽트 처리를 하기 위해서는 이 비트가 설정되어 있어야 함. 인터럽트 발생 후 하드웨어적으로 클리어. 어플리케이션에서 설정 및 클리어 가능.
6	T	비트 복사 저장. 레지스터 파일에서 한 레지스터의 비트는 BST(Bit Store) 명령에 의해 T로 복사, T 내의 한 비트는 BLD (Bit LoaD)명령에 의해 레지스터 파일 내의 한 레지스터의 비트로 복사
5	H	반올림 플래그. 산술 연산에서 반올림. BCD 계산에서 유용
4	S	부호 비트, $S = N \oplus V$.
3	V	2의 보수 오버플로우 플래그
2	N	음수 플래그. 산술 혹은 논리 연산에서 음수 결과
1	Z	영 플래그. 논리 연산에서 0의 결과
0	C	자리올림 플래그. 산술 혹은 논리 연산에서 자리올림

3.3.4 개발 과정

AVR MCU 칩을 이용한 임베디드 프로그래밍 개발은 일반적으로 다음과 같은 4 단계를 거쳐서 이루어진다.

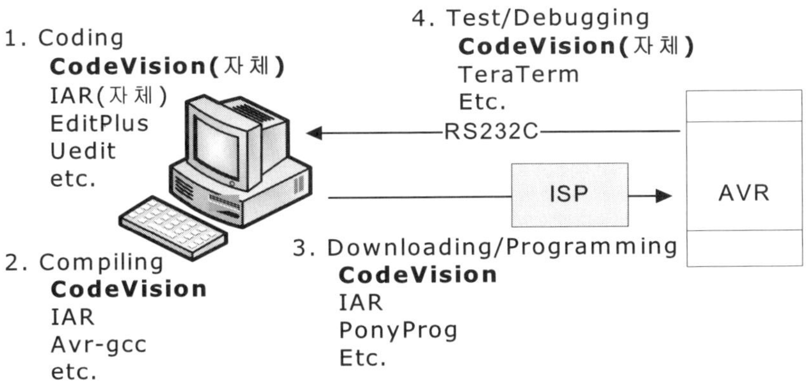

[그림 3.4] 개발 과정

- **코딩**

C 또는 어셈블리 언어로 코딩을 한다. C++ 언어가 주도하는 세상임에도 불구하고 임베디드 세계에서 사용된 C 언어는 여전히 유효하다. 효율적인 코딩이 가능하며, 어셈블리 언어와 달리 익히기가 어렵지 않다. 대개는 C 언어와 어셈블리어를 함께 사용하며, 대부분의 코드를 C 언어로 구성하고 효율성이 강조되는 부분을 어셈블리어로 해결한다. 이렇게 하여 최대한의 효율적 코딩을 달성한다. 그러나 이 책에서는 C 언어만 다룰 것이다.

- **컴파일**

작성된 소스(원시) 프로그램을 AVR이 이해하는 기계어로 바꾸는 것을 크로스 혹은 교차 컴파일(cross compile)이라고 한다. 또한 이것을 목적 코드(HEX 포맷)로 만들면 (링크 과정) 이것이 곳 실행 코드가 된다.

• 프로그래밍

목적 코드를 프로그래머(ISP)를 통해 AVR에 다운로드(download) 한다(이것을 "AVR을 굽는다"라고 말한다). 이 코드는 AVR의 플래시 ROM의 어플리케이션 프로그램 섹션에 저장된다. 그러면 AVR 칩은 즉시 이 프로그램을 실행하게 된다.

• 디버깅

디버깅(debugging) 방법에는 여러 가지가 있다. 전문 디버깅 툴을 이용할 수도 있지만, 여기서는 손쉬운 방법을 사용하기로 한다. 프로그램에서 중요한 값들을 RS232를 통해 PC(호스트 컴퓨터)로 전달한다. PC에서는 시리얼을 통한 가상 단말기를 통해 이 값들을 감시할 수 있다. 이 밖에 LCD 모듈을 통해 추적 데이터들을 표시하는 방법도 효과적이다.

연습문제

① 임베디드 시스템과 임베디드 프로그래밍에 대해 설명하시오.
② 임베디드 프로그래밍에서 C 언어를 사용하는 이유에 대해 설명하시오.
② AVR 마이크로콘트롤러에 대해 설명하시오.

제 2 장 하드웨어 준비

✓ 이 장의 목표

- 실습을 위한 하드웨어를 준비한다.
- 전자회로 기초 지식을 익힌다.

✓ 들어가기에 앞서

- 손전등의 작동 원리를 알아본다.
- 전기 회로가 무엇인지 알아본다.

✓ 준비할 것

- MHT SK100 AVR 스터디 키트 세트
- ATmega8 MCU

1. 스터디 키트(study kit)

스터디 키트(MHT-SK100) 셋은 AVR 학습 및 개발을 위한 키트로서, ATmega8, ATmega16/32, ATmega128 등을 지원한다. 키트에 관한 문의는 무한테크(http://www.moohantech.biz)를 참조하여 교재를 제작하였다. 본 키트의 특징은 다음과 같다.

지원 MCU	ATmega8, ATmega16/32, ATmega128
전원	7~12V DC
범용 입출력 실험	LEDx8, 슬라이드 스위치x8, 택트 스위치x2
문자 표시 실험	LCD(8x2 텍스트), FND(x4)
계측 제어 실험	PWM 출력(모터 제어), ADC(가변 저항)
통신 실험*(1)	UART (KIT ⇔ PC) SPI(KIT ⇔ KIT) TWI(KIT ⇔ KIT)

1. *(1)통신 시험을 위해 별도의 키트 MHT-SK101(슬레이브)이 발매될 예정이다. 지금은 SK-100끼리 통신 테스트가 가능하다.

MCU는 주로 ATmega8을 가지고 실습하며, ATmega16/32/128로도 실습이 가능하도록 한다. ATmega8을 잘 다루면 상위 레벨의 MCU는 더 쉽게 접근할 수 있다.

2. 기본 회로

(1) 실습 키트 PCB 기판 배치

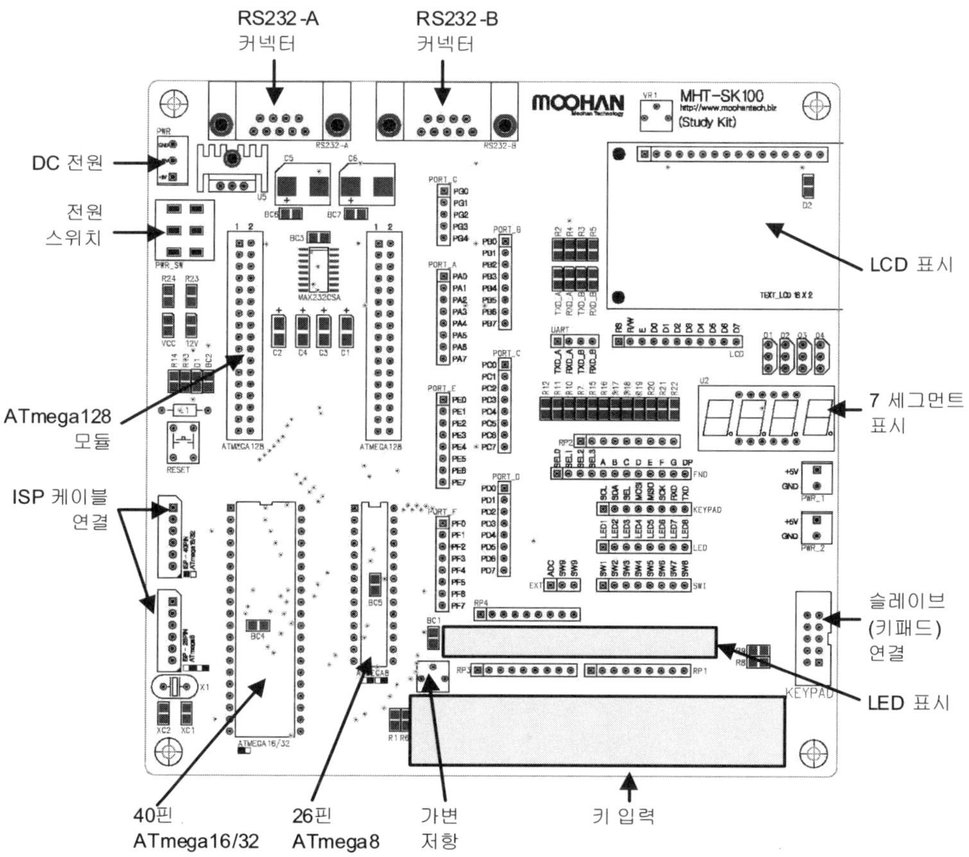

[그림 1.1] MHT-SK100 실습 키트 부품 배치

(2) 실습 키트 AVR ATmega8 기본 구성 회로

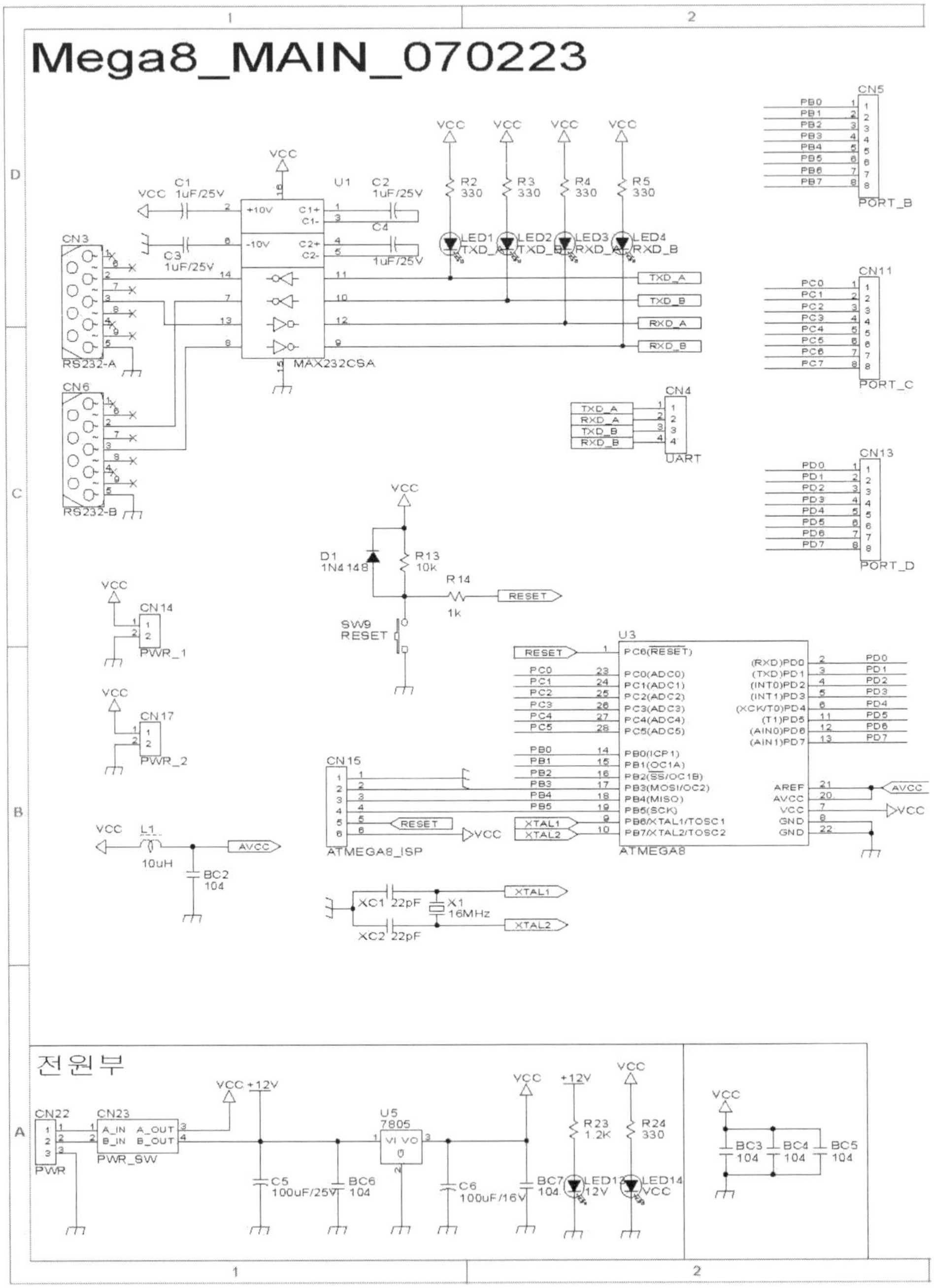

[그림 1.2] MHT-SK100 실습 키트 기본회로(1)

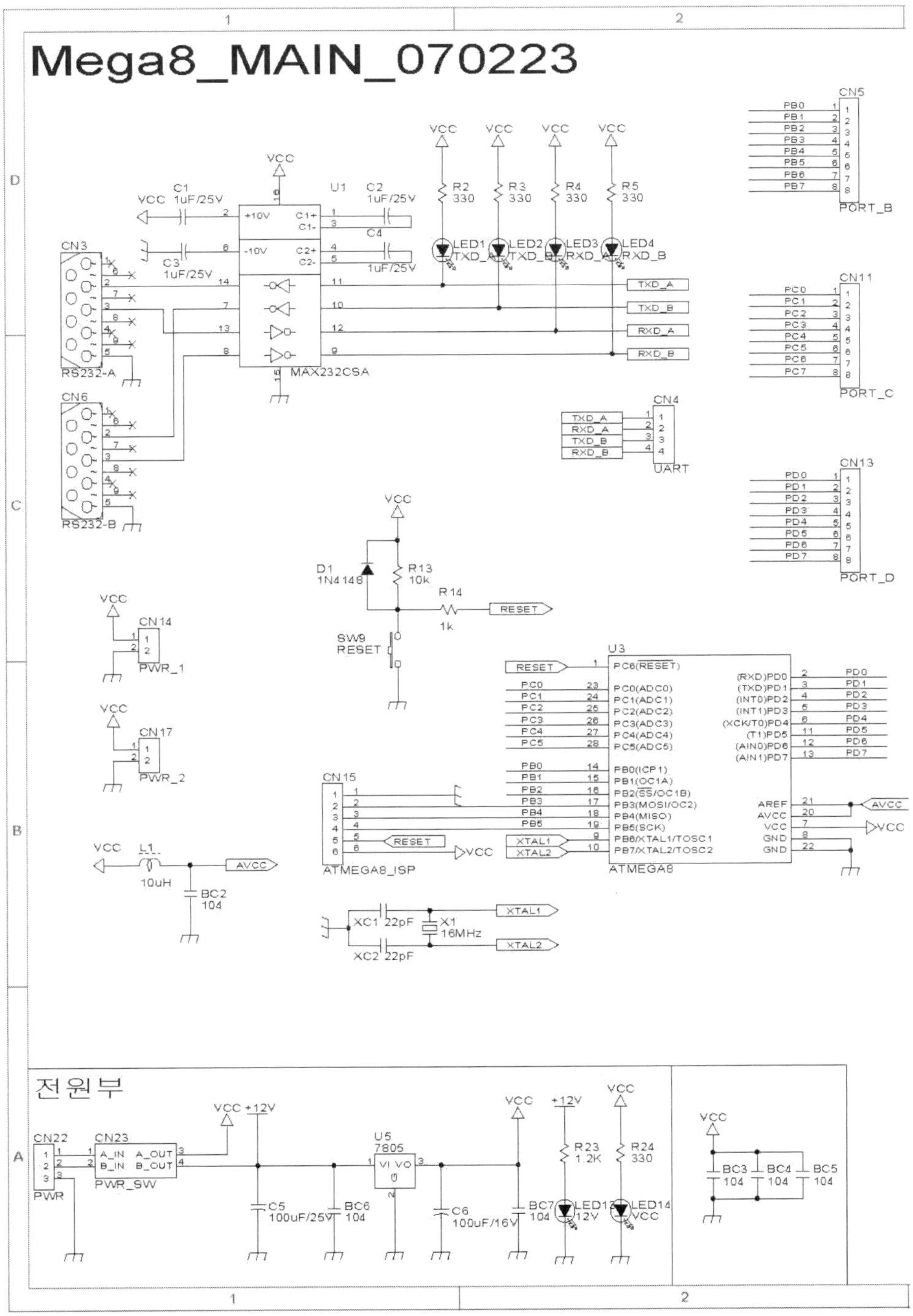

[그림 1.2] MHT-SK100 실습 키트 기본회로(2)

AVR의 외부 핀들은 한 핀에 두 개 이상의 기능을 가지는 것이 보통이다. 이는 적은 핀으로 효과적인 구성을 가능하게 한다. 주요 핀들을 살펴보면 아래와 같다.

- **포트 B(PB0~PB7)** : 8비트 양방향 입출력 핀이다. 내부 풀업 저항을 설정할 수 있다. PB3, PB4, PB5는 SPI 통신을 위한 MOSI, MISO, SCK가 중복되어 있기 때문에 SPI 통신이 필요하면 해당 핀들은 입출력 핀으로 사용하지 못한다. 또한 PB6과 PB7은 크리스탈 연결과 중복이며, 보통 크리스탈을 연결시킨다.
- **포트 C(PC0~PC6)** : 7비트 양방향 입출력 핀으로 내부 풀업 저항을 설정할 수 있다. PC0~PC5는 아날로그 입력(6 채널)과 중복이다. 또한 PC6는 RESET과 중복되어 있어서, 보통 RESET 핀으로 사용한다.
- **포트 D(PD0~PD7)** : 8비트 양방향 입출력 핀이다. 내부 풀업 저항을 설정할 수 있다. PD0과 PD1은 UART와, PD2와 PD3은 외부 인터럽트 입력과 중복된다.
- **AVCC, AREF** : 각각 아날로그 입력용 전원, 아날로그 비교기 참조 전압.
- **GND, VCC** : 전원핀.

3. 칩 프로그래머(ISP)

- Chip Programmer(ISP)
- 확장 케이블(ISP 종류에 따라 프린터용 혹은 시리얼 통신용)

PC(호스트 시스템)에서 만든 프로그램(Hex 파일)을 AVR의 플래시 메모리로 다운로드해야 AVR 칩에서 프로그램이 수행될 수 있게 된다. 이렇게 AVR용 프로그램을 AVR의 플래시 메모리에 적재하는 것을 프로그래밍, 혹은 "AVR을 굽는다"라고 한다. AVR을 프로그램 하기 위해서는 칩 프로그래머(ISP: In-System Programmer)가 필요하다. 즉 PC는 프로그래머를 통해 AVR과 연결된다.

ISP에는 크게 PC에서 병렬 포트를 통하여 프로그램을 하는 것과 RS232C 직렬 포트를 통하여 프로그램을 하는 것 등 크게 두 가지 종류가 있다. 보통 병렬 포트로 연결되는 것을 많이 사용하는데, 이 경우 대개는 TTL 74HC244 칩을 이용한다.

4. 전자회로 기초 지식

4.1 능동 소자(active component)

본 장에서는 디지털 회로에서 사용되는 전자회로 소자에 대해 간략히 살펴본다. 이는 디지털 회로에서도 전자회로 수준의 소자가 사용되기 때문에, 이에 대한 기초 지식이 필요하기 때문이다. 전자회로에서 사용되는 소자(device)는 크게 능동 소자와 수동 소자로 나뉜다. 능동 소자는 자체적으로 전기 에너지를 발생시킬 수 있는 소자로서, 전력 증폭, 발진 회로 등을 만들 수 있다. 이와 같은 능동 소자에는 전원(power)과 다이오드(diode), 트랜지스터(transistor, TR) 등이 있다. 이 중 다이오드와 트랜지스터는 반도체(semiconductor)에 속한다.

- **전원(power)**

직류전원(건전지) 직류전원(기호)

[그림 4.1] 건전지의 예

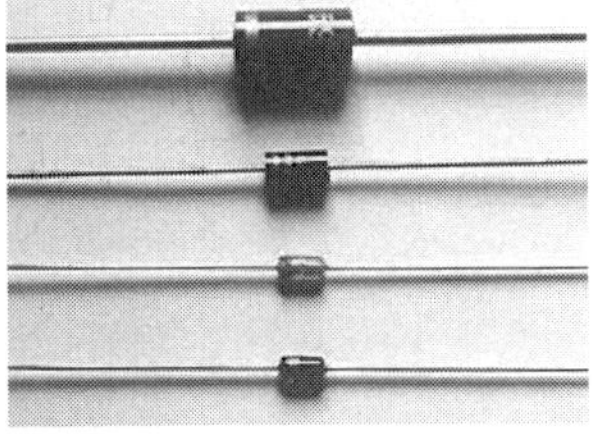

전원은 직류 전원을 말하는 것으로, 회로에 전력을 공급하여 회로가 작동하도록 하는 역할을 한다. AA, AAA 타입의 건전지가 전원의 대표적인 예이다. 보통 5V를 많이 사용한다.

- **다이오드(diode)**

다이오드는 전류를 한 쪽 방향으로만 흐르게 하는 반도체 부품이다. 다이오드 용도는 전원 장치에서 교류 장치를 직류로 바꾸는 정류기로서의 용도, 라디오의 고주파에서 신호를 꺼내는 검파용, 전류의 On/Off를 제어하는 스위칭 용도 등 매우 광범위하다.

회로 기호는 가 사용된다. 기호의 의미는 (애노드) (캐소드)로, 애노드 측에서 캐소드 측으로 전류가 흐름을 나타낸다. 즉 반대 방향으로는 전류가 흐르지 않으므로, 디지털 회로에서 역전류 방지용으로 많이 사용된다.

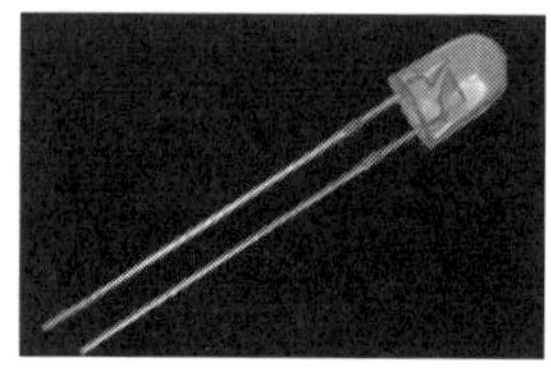

발광 다이오드(LED: Light Emitting Diode, 기호:)는 글자 그대로 빛을 방출하는 다이오드이다. 보통은 노랑, 초록, 적색이 있으며, 두 가지 색 중에서 선택하여 표시하는 것도 있다. 디지털 회로에서 on/off 표시용으로 많이 사용된다.

- **트랜지스터(transistor, TR)**

트랜지스터는 기본적으로는 전류를 증폭하는 기능을 가능하게 하는 부품이다. 디지털 회로에서의 용도는 릴레이(relay)라고 하는 전자석 스위치를 동작시키거나 혹은 발광 다이오드를 제어할 때 사용한다(IC에서 공급하는 전류이상을 흘릴 때나 동작하는 전압과 구동전압이 다를 때 주로 사용된다). 트랜지스터는 PNP와 NPN 타입이 있다. 아래 [그림 4.2]는 트랜지스터가 증폭하는 모양이다.

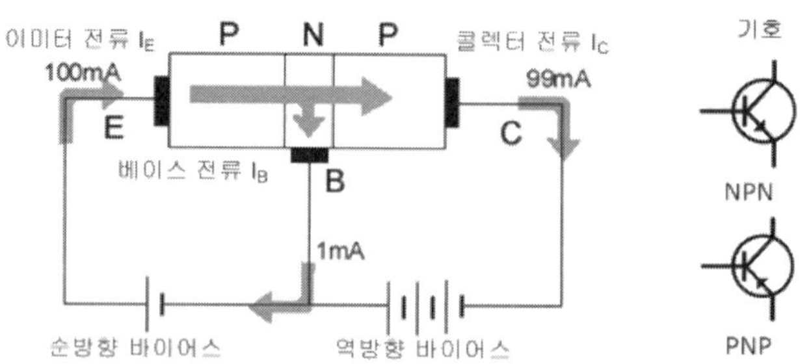

[그림 4.2] 트랜지스터의 증폭 원리

먼저 왼쪽 전지는 연결하지 않고 오른쪽 전지만 연결하면 이것은 역방향 전압이므로 전류가 흐르지 않는다. 여기서 왼쪽 전지를 연결하면 E(이미터) 와 B(베이스)간에 순방향 전압이므로 전류가 흐르지만 원래는 B(베이스)로 흘러야 할 전류가 B(베이스)가 얇기 때문에 지나쳐 버리고 전류가 흐르지 않을 C(콜렉터)로 흐른다.

결론은 B(베이스)전류 IB를 1mA 흘려주면 C(콜렉터)전류 IC 가 99mA 흘러 99배 증폭이 된다.

4.2 수동 소자

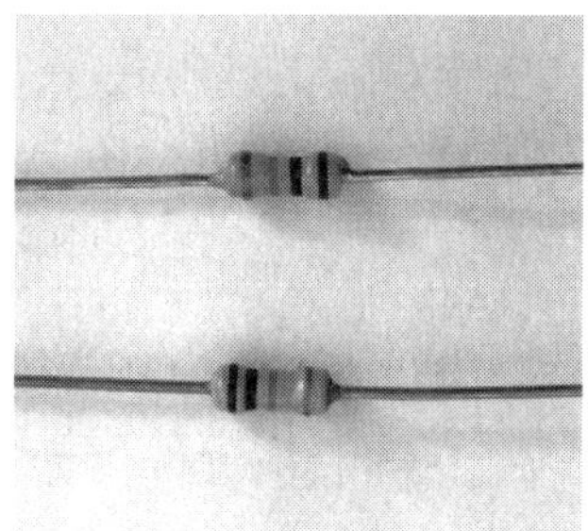

자체적으로 전기 에너지를 발생시키지 못하는 소자로, 저항, 캐패시터, 인덕터 등이 여기에 해당한다.

- **저항(Register : R)**

저항은 말 그대로 전기의 흐름을 방해한다는 뜻으로, 전류나 전압을 원하는 수준으로 바꿀 때 사용한다. 기호는 ─∧∧∧─을 사용하며, 단위는 오옴(Ω)이다. 저항값이 R(Ω)인 저항의 양단에 걸리는 전압이 E(V)라고 하면, 저항에 흐르는 전류는 E/R (A)이 된다. 여기서 저항값 R이 클수록 흐르는 전류는 작게 된다.

- **캐패시터(Capacitor)**

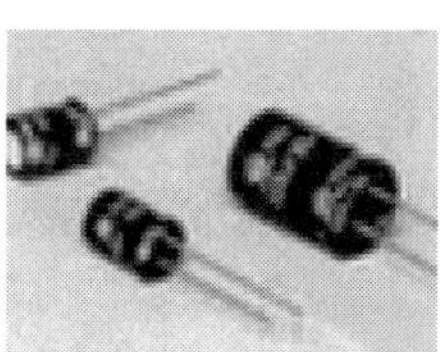

콘덴서(Condenser)라고도 부른다. 이것은 전기(전하)를 저장하는 부품이다. 기호는 ─┤├─를 사용하며, 단위는 F(Farad, Faraday에서)이다. 그러나 이 단위가 너무 커서 실제로는 μ F, pF을 많이 사용한다. 두 전극 사이에 유전체를 두고, 각각 +와 -극을 연결하여 전압을 가하면 두 전극 사이에 전하가 충전되기 시작하여 순간적으로 전류가 흐른다. 그러나 전극 사이에 있는 물질에 전하가 더 이상 충전할 수 없을 때는 전류가 흐르지 않으며, 다시 두 전극 사이를 연결하면 충전되어 있던 전하가 회로를 따라 흐르게 된다. 콘덴서가 충전할 수 있는 전하의 양을 정전용량(F: Farad)이라고 하며, 이것은 콘덴서에 사용된 유전체의 종류, 전극의 넓이, 전극 사이의 간격에 의해 결정된다.

$$C = \varepsilon \frac{A}{l}(F)$$

C: 정전용량(F), ε : 유전율, A: 전극의 면적, l: 전극 사이의 거리

캐패시터의 기본 동작은 전하의 충전과 방전이며, 회로에서는 직류는 통과시키지 않고 교류(또는 순시 전류)만 통과시키는 동작을 한다. 이런 특성을 이용하여, 보통 5V DC인 디지털 회로에서 순시 전류, 즉 급격한 전류의 변화(예: 노이즈, 스위치 등)가 예상되는 곳을 캐패시터를 통해 GND에 연결하면, 이러한 순시 전류는 캐패시터를 통해 GND로 빠져 나가게 되므로, 안정적인 회로 동작을 하게 해 준다.

- **인덕터(inductor)**

인덕터는 동선(보통 에나멜선)을 나선 모양으로 감은 것으로, 전류의 흐름과 자속간의 영향으로 인덕터 간에 유도 작용이 발생하는데, 그 수치를 자기 인덕턴스라고 하고, 단위는 H(헨리, Henry)를 사용한다. 헨리의 정의는 어떤 코일에 매초 1A 비율로 전류가 변화할 때 다른 쪽 코일에 1V의 기전력을 유도하는 두 코일간 상호 인덕턴스를 1 헨리로 하는 것이다. 이 단위도 비교적 커서, 보통 마이크로헨리(μ H)나 밀리헨리(mH)를 많이 사용한다.

인덕터의 이러한 성질을 다양하게 이용하는데, 전류의 변화를 안정시키려고 하는 성질을 이용한 교류-직류 변환 장치에서의 평활 회로, 상호 유도의 성질을 이용한 교류 변압기, 공진 성질(저항, 캐패시터, 인덕터를 모두 이용)을 이용한 라디오 튜너 등이 대표적인 것들이다.

우리 주변에서 흔히 볼 수 있는 스피커도 인덕터를 이용한 것이다. 전기 에너지를 인덕터-자기 에너지로 변환하여, 이 힘을 이용해서(천연자석과 전자석 간의 상호 힘의 작용) 멤브레인을 떨게 하는 것이다.

연습문제

다음에 대해 설명하시오.

① 디지털 회로에서 저항의 역할

② 디지털 회로에서 캐패시터의 역할

③ 다이오드의 핀의 구분, 다이오드의 역할

제 3 장 소프트웨어 준비

1. CodeVision 설치
2. CodeVision 사용법
3. 프로그래밍 툴
4. 헤더 파일
5. CodeVision C언어의 간단 정리

✓ 이 장의 목표

· 실습에 필요한 소프트웨어를 준비한다.

· CodeVision의 사용법을 익힌다.

· CodeVision C에 대해 익힌다.

· ISP 프로그래밍 툴의 사용법을 익힌다.

✓ 들어가기에 앞서

· 필요한 것은 기대와 열망이다.

✓ 준비할 것

· CodeVision 설치 프로그램 및 매뉴얼

· Chip Programming Tool (필요하면)

· EditPlus, UEdit 등의 텍스트 편집기 (원하면)

· ATmega8 Data Sheet

1. CodeVision 설치

CodeVision은 PC에서 임베디드 프로그램을 작성하여 컴파일 한 후 AVR MCU가 장착된 타겟보드(target board)에 퓨징(fusing)시키기 위한 소프트웨어이다. 이 소프트웨어는 셰어웨어(shareware)로서 기능상 제한은 없지만 프로그램 사이즈에 제한이 있다. 그러나 실습에는 아무 지장이 없을 것이다. 아래 사이트에서 설치 프로그램을 다운로드 받아서 설치한다. 설치할 때 특별히 고려할 사항이나 어려운 점 등은 없다. 정품을 사기 원하는 분은 무한테크(☎031-479-5700)로 연락하기 바란다.

http://www.hpinfotech.com

- **CodeVision 한글 매뉴얼**

http://realsys.co.kr/sub_04.php?file_view=./board_data/view.php&img_name=data &page=5&number=23&board_value=data&new first=45&keyfield=&key

2. CodeVision 사용법

- **CodeVision 화면**

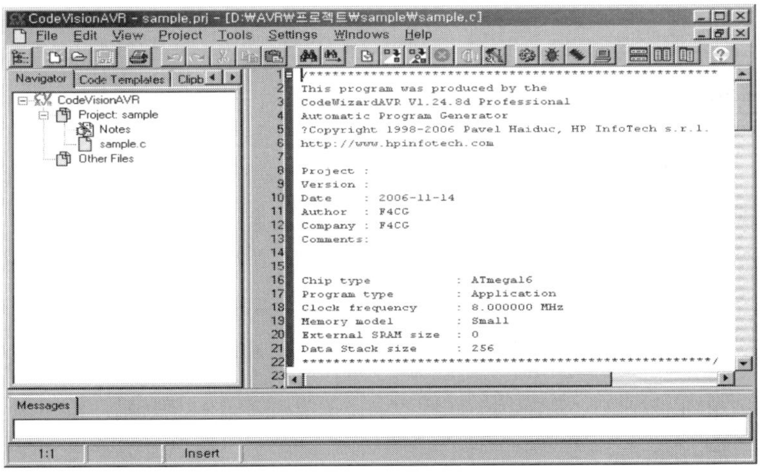

여기서는 도구바 아이템들을 중심으로 그 주요 기능을 간단히 설명한다.

아이템	이름	설명
	Create new file	새 파일 또는 새 프로젝트를 생성한다. 새 프로젝트 생성시 유저의 선택에 따라 마법사가 실행된다.
	Open file	기존의 프로젝트, 소스 등의 파일을 연다.
	Save file	편집중인 파일을 저장한다.
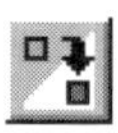	Compile the project	프로젝트에 연결된 소스 파일들을 컴파일한다.
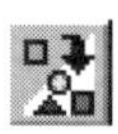	Make the project	프로젝트에 연결된 소스 파일들을 컴파일하고 링크하여 HEX 파일을 생성한다.
	Configure the project	AVR 칩의 종류와 클럭 주파수 등을 설정한다.
	Run the chip programmer	만들어진 HEX 파일을 AVR 칩에 프로그래밍한다.
	Run the terminal	시리얼 통신 단말기를 실행한다. AVR 칩과 RS232 통신을 시험할 때 유용하다.

- **초기 설정**

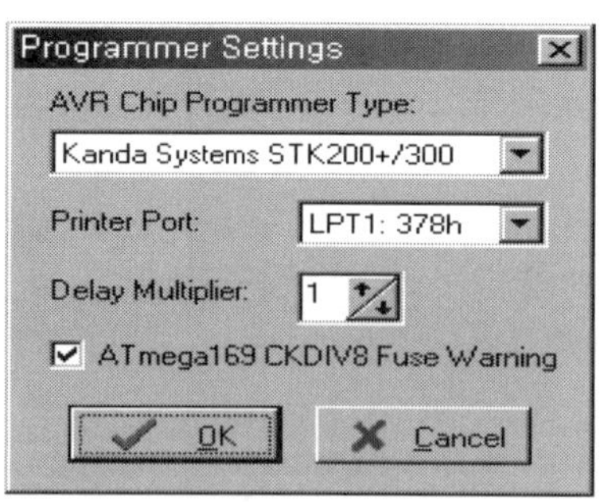

제일 먼저 할 일은 프로그래머를 설정하는 것이다. 메뉴바의 Settings → Programmer를 선택하면 왼쪽의 그림과 같은 설정 창이 팝업된다. 여기서 AVR Chip Programmer Type을 적합한 것으로 선택한다. 병렬포트에 연결되는 ISP의 경우 Kanda Systems STK200+/300을 선택하고, 다음의 Printer Port를 확인한다. 만일 가지고 있는 ISP의 타입을 지원하지 않으면, Ponyprog와 같은, 해당 ISP를 지원하는 별도의 프로그램 도구를 설치해야 한다.

• **새 프로젝트 생성**

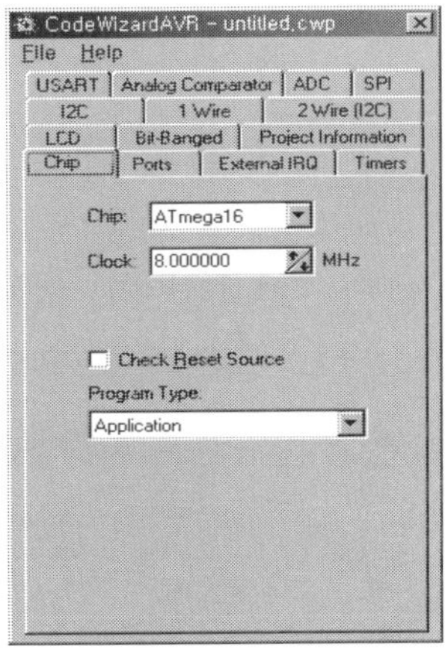

(Create new file)을 클릭하고 Project를 선택하면 오른쪽과 같은 코드위저드 창이 뜬다. 여기에 있는 수많은 탭들은 I/O 레지스터와 관계가 있으므로, 해당 부분을 실습할 때 알아본다. 여기서는 Chip 탭의 Chip과 Clock을 키트의 하드웨어와 일치하도록 설정한다. 마지막으로 메뉴의 File 아이템을 눌러 "Generate, Save and Exit"를 선택한 후, CodeVision이 묻는 사항에 따라 프로젝트 이름, 파일 이름 등을 설정하면 된다.

• **프로젝트 설정**

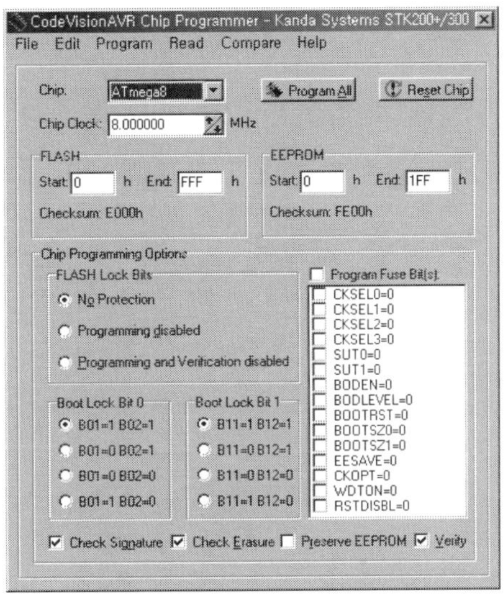

이미 있는 프로젝트의 하드웨어 환경에 변경이 있을 때, (Configure the project)를 선택한다. 항목은 많지만, 보통 C Compiler 탭의 AVR chip과 Clock을 확인하고 변경하면 된다.

• **컴파일, 링크, 프로그래밍**

먼저, (Make the project)를 누른다. 컴파일 에러가 발견되지 않으면 (Run the chip programmer)를 누른다.

그리고 나서, 팝업된 Chip Programmer 창에서 Chip, Clock 등을 확인한 후 Program All 버튼을 누른다. 물론 사전에 PC와 AVR이 연결되어 있는지를 확인해야 한다.

3. 프로그래밍 툴

CodeVision은 Chip Programmer(프로그래밍 툴)을 자체 내장하고 있다. 그러나 CodeVision이 지원하지 않는 ISP일 경우 별도의 프로그래밍 툴을 갖추어야 한다. 보통은 ponyprog를 많이 사용한다. Ponyprog는 원래 gcc-avr과 함께 사용되도록 linux용으로 개발되었지만, win용도 있다. 아래 사이트에서 다운로드 받은 후 설치하면 된다.

▶ http://www.lancos.com/prog.html

4. 헤더 파일

본 워크북에서 주로 사용되는 매크로들을 macros.h에 정리하여 두고 사용한다. 정의된 매크로는 많이 사용되는 아스키 코드 이름, 데이터 타입 이름, 비트 처리 관련 매크로 등이다.

```
[macros.h]
#ifndef __MACROS_H__
#define __MACROS_H__

//-- ASCII CODES
#define         BEL     0x07
#define         BS      0x08
#define         LF      0x0a
#define         CR      0x0d
#define         ESC     0x1b

//-- DATA TYPES
typedef unsigned char   BYTE;
typedef unsigned short  WORD;
typedef BYTE            u8;
typedef WORD            u16;
typedef char            s8;
typedef short           s16;
```

```
typedef BYTE                BOOL;
#define TRUE                0x01
#define FALSE               0x00

//-- 비트 유틸리티 - 바이트에 대해서만 사용할 것.
#define ShiftLeft(b)        (b <<= 1)
#define ShiftRight(b)       (b >>= 1)
#define RotateLeft(b)       (b==0x80 ? (b=1) : (ShiftLeft(b)))
#define RotateRight(b)      (b==0x01 ? (b=0x80) : (ShiftRight(b)))

#define SetBit(b, n)        (b |= 0x01<<n)
#define ResetBit(b, n)      (b &= ~(0x01<<n))
#define CheckBit(b, n)      ((b >> n) & 0x01)

//-- BitsMask(1,5) = 0b00011110
//-- Note: 도메인이 [beg,end)임 (beg 에서 end-1까지)
#define BitsMask(beg, end)          ((0xFF<<(beg))^(0xFF<<(end)))

//-- 2 바이트를 1개로 결합(nibbles)
#define combiHH(h, l) ((h&0xf0)|(l>>4))   //-- H7 H6 H5 H4 L7 L6 L5 L4
#define combiHL(h, l) ((h&0xf0)|(l&0x0f))//-- H7 H6 H5 H4 L3 L2 L1 L0
#define combiLL(h, l) ((h<<4)|(l&0x0f))   //-- H3 H2 H1 H0 L3 L2 L1 L0

//-- 1개 바이트를 두개로 분리
#define splitHH(b, h, l) (h=(h&0x0f)|(b&0xf0), l=(l&0x0f)|(b<<4))
#define splitHL(b, h, l) (h=(h&0x0f)|(b&0xf0), l=(l&0xf0)|(b&0x0f))
#define splitLL(b, h, l) (h=(h&0xf0)|(b>>4), l=(l&0xf0)|(b&0x0f))

//-- 전역 인터럽트
#define enable_interrupt()          (SREG.7=1)
#define disable_interrupt()         (SREG.7=0)

//-- 타 컴파일러와 호환성을 위한 매크로 함수들
#define outp(b, ADDR)       (ADDR=b)
#define sbi(b, n)                   SetBit((b),(n))
#define cbi(b, n)                   ResetBit((b),(n))
```

- ASCII CODES

키 입력이나 통신 등을 할 때 자주 사용하는 콘트롤 문자들을 정의한다.

- DATA TYPES

데이터 형의 이름을 정의한다. BYTE, WORD 등과 u8, u16 등이 있고, 불 연산과 관련된 BOOL, TRUE, FALSE가 정의된다.

- BIT UTILITIES

I/O 레지스터를 다룰 때 비트 마스킹 연산이 많이 사용된다. 여기서는 다음과 같은 비트 처리 관련 매크로들을 정의한다. 직관적으로 이름이 그 기능을 설명하므로, 별도의 설명은 생략한다.

- ShiftLeft
- ShiftRight
- RotateLeft
- RotateRight
- SetBit
- ClearBit
- CheckBit

- BitsMask(beg, end)

beg부터 end 앞까지 비트들을 1로 설정한 바이트를 나타낸다.

- 합성과 분리(combi…, split…)

두 바이트에서 한 nibble씩을 취해서 하나의 바이트를 만들거나(합성), 하나의 바이트의 두 nibble을 두 바이트로 분리(split...)시키는 매크로들이다. 한 포트의 핀 8개를 온전히 사용할 수 없을 때, 두 개의 포트에서 한 nibble씩 선택하여 8핀을 만들어서 입·출력을 할 경우가 있다. 이럴 때 이 매크로 함수들이 유용하게 쓰인다.

- 인터럽트 관련

인터럽트를 enable, disable하는 기능도 많이 사용하며, 각각 매크로 enable_interrupt, disable_interrupt로 정의한다.

• outp

I/O 레지스터 접근은 하드웨어적 접근이며, gcc_avr 등의 컴파일러에서는 레지스터와 대입연산자를 사용하지 않고 있으며, 대신에 outp 함수를 별도로 제공한다. 이와 호환성 있는 프로그램을 작성하고자 할 때 사용할 수 있도록 매크로 outp를 정의한다.

5. CodeVision C 언어의 간단 정리

5.1 CodeVisionAVR의 특징

- Atmel AVR용 통합 환경 C 컴파일러를 제공한다.
  - ISP 기능을 포함하고 있다.
  - 비동기 통신 터미널 기능을 내장하고 있다.
- 생성된 COFF 파일은 AVR Studio를 사용하여 소스 레벨 디버깅이 가능하다.
- 표준 라이브러리 외에 여러 가지 주변 소자 라이브러리를 제공한다.
  - 문자형 LCD 모듈
  - Philips I2C 버스
  - 온도 센서 소자(LM75, DS1820)
  - Real Time Clock 소자 지원(PCF8563, PCF8583, DS1302, DS1307)
  - Dallas 1 Wire 프로토콜
  - Thermometer/Thermostat(ds1621)
  - SPI
  - delay 함수
  - Power Management
  - 위저드에 의한 자동 소스 생성 기능 내장

5.2 데이터 타입

데이터 타입	크기(비트)	범위
bit	1	0,1
char	8	–128 ~ 127
unsigned char	8	0 ~ 255
[signed] [short] [int]	16	–32768 ~ 32767
unsigned short [int)	16	0 ~ 65535
[signed] long [int]	32	–21억 ~ 21억
unsigned long [int]	32	0 ~ 42억
Float	32	–0.175e–38 ~ 0.402e38
Double	64	

5.3 이름(Identifier)

- 알파벳, 숫자, '_'
- 알파벳이나 언더스코아 문자로 시작, 키워드는 사용 불가
- 대소문자 구분
- 최대 32문자
- 변수, 함수, 레이블 등의 이름으로 사용

5.4 주석 처리(comment)

- 컴파일러가 컴파일을 하지 않고 지나치는 부분
- '/*'으로 시작하여 '*/'으로 끝남(여러 줄을 동시에 주석으로 처리할 때 많이 사용한다).
- 한 라인을 주석 // 이후 그 줄 끝까지

- 좋은 주석 스타일 : 앞 부분에 한 쌍의 대시(--)를 넣는다. 프린트 출력물로 볼 때 주석과 코드의 구분이 중요하다. 주석이 너무 강조되어서도, 눈에 띄지 않아서도 안 된다.
  - /*-- */
  - //-- …

5.5 전처리(preprocessor)

- 컴파일의 앞 단계에서, 소스 코드의 컴파일 방법을 변경시키는 코드
- 파일 포함

```
#include <file.h>          //-- 시스템 디렉토리(컴파일러를 설치할 때 설정) 탐색
#include "my_file.h"  //-- 현재 작업 디렉토리에서 탐색
```

- 매크로 정의 – 숫자나 문자 데이터에 이름(의미)를 부여하는 것

```
#define ALFA (0xff)    //-- 소스에서 전처리가 ALFA를 만나면 0xff로 치환
```

- 파라미터를 가지는 매크로

```
#define SUM(a,b)  (a+b)
```

- 부작용 주의 – 반드시 괄호를 칠 것

```
#define SUM(a, b) a+b //-- a+b를 괄호로 묶지 않으면…
val = sum(a,b)*c;        //-- 작성자의 의도는 (a+b)*c, 결과는 a+(b*c)
```

- 매크로 파라미터에 #을 사용하면 문자열로 치환

```
#define PRINT_MESSAGE(t)        printf(#t)
PRINT_MESSAGE(Hello)              //-- printf( "Hello" )와 동일 처리
```

- 두 개의 파라미터가 ## 연산자로 하나로 합쳐진다

```
#define ALFA(a, b) a##b
char ALFA(x,y) = 1;    //-- char xy=1;
```

- 역슬래쉬(\)를 사용하여 다음 줄까지 연장

```
#define MESSAGE  "This is a very ₩
long text …"
```

- 선언 해제

```
#undef ALFA
```

- 조건부 컴파일

```
#ifdef macro            //-- macro가 정의되어 있는가?
…                       //-- 그렇다면 이곳을 컴파일
#else                   //-- 아니면
…                       //-- 이곳을 컴파일
#endif
```

- 또 다른 조건부 컴파일

```
#if expression1         //-- expression1이 참인가?
…                       //-- 그렇다면 이곳을 컴파일
#elif expression2       //-- 아니면, expression2가 참인가?
…                       //-- 그렇다면 이곳을 컴파일
#else                   //-- 아니면
…                       //-- 이곳을 컴파일
#endif
```

- 에러문

```
#error This is an error! //-- 컴파일 중지, 에러 메시지 표시
```

- 컴파일러 특수 지시문

```
#pragma warn-           //-- warning 금지
#pragma warn+           //-- warning 허용
#pragma opt-            //-- 최적화 안함
#pragma opt+            //-- 최적화
#pragm savereg-         //-- 레지스터 저장 안함
#pragm savereg+         //-- 레지스터 저장함
#pragma library mylib.lib//-- 링크 라이브러리 지정
```

5.6 상수(constant)

2진수	0b로 시작	0b10100100
16진수	0x로 시작	0xff
8진수	0으로 시작	0777
Unsigned int 상수	뒤에 U 사용	10000U
Long int 상수	뒤에 L 사용	99L
Unsigned long int 상수	뒤에 UL 사용	99UL
Float point 상수	뒤에 F 사용	1.234F
문자 상수	홑 따옴표	‘a’
문자열 상수	겹 따옴표	“Hello world”

5.7 변수(variable)

- 전역(extern) 변수 : 함수 외부에서 선언하며, 프로그램 안의 어떤 위치에서도 참조 가능. 명시적으로 프로그램에서 초기화하지 않으면 자동으로 0으로 초기화.
- 지역(local) 변수 : 함수 내부에서 선언하며, 선언된 스코프 안에서만 참조 가능
- 어레이(array) 변수 : 8차까지 가능
- 정적(static) 변수 : 다른 소스 파일에서 참조하지 못하며, 지역 변수로 선언된 경우 변수를 포함한 함수가 종료되어도 그 값을 항상 유지. 즉 static과 extern 변수는 생존기간이 영구적(프로그램 실행 내내).

5.8 외부 SRAM 특정 번지에 전역 변수 지정

```
int a @0x80 ;            //-- 정수 변수 a는 외부 SRAM 0x80에 할당
struct x
{
    int a;
```

```
char c;
} alfa @0x90;              //-- 0x90 번지에 구조체 변수 alfa 할당
```

5.9 비트 변수

레지스터 R2에서 R15까지 최대 112 비트 사용 가능

```
bit alfa = 1;
```

5.10 /O 레지스터의 비트 단위 억세스

```
DDRA.0 = 1;
```

5.11 EPROM 억세스

```
eeprom int alfa = 1;
int eeprom *ptr = &alfa;
```

5.12 인터럽트 사용

인터럽트 벡터 번호는 1부터 시작한다.

인터럽트 처리 시작 부분에서 자동으로 레지스터를 스택에 저장하고, 인터럽트 종료시 다시 스택에서 레지스터로 회복해 놓는다.

자동으로 저장하는 레지스터는 R0, R1, R22~R31, SREG이다.

```
Interrupt [2] void external int0(void)        //-- 외부 인터럽트
{
    //-- 처리 코드
}
```

5.13 어셈블리 언어 첨가

```
void delay(unsigned char i)
{
    #asm( "sei" )        //-- 한 줄 인터럽트 인에이블
    while(i--)
    {
     #asm                //-- asm 시작
     nop
     nop
     #endasm //-- asm 종료
    };
}
```

5.14 딜레이(delay) 함수

```
delay.h 모듈
void delay_us(unsigned int n);  //-- microsec 단위 지연 함수
void delay_ms(unsigned int n);  //-- millisec 단위 지연 함수
```

연습문제

다음 문제들에 대한 설명을 제출하시오.

① 헤더 파일에 추가해야 할 매크로가 있으면 추가하시오.

② CodeVision C 간단 정리에서 하드웨어와 관련이 있는 부분을 찾아 정리하시오.

PART 2. 병렬 입출력

PART 2에서는 AVR의 병렬 입출력에 대해 실습한다.
마이크로 콘트롤러가 외부의 세계와 연결되는
가장 기본적인 방법이 병렬 입출력 - 디지털 입출력이다.
출력 장치는, LED만으로는 불충분하지만,
임베디드 기초 실습의 부트스트랩으로서 충분한 역할을 한다.

제1장 범용 입출력 포트

1. 범용 입출력 포트 개념
2. 입출력 I/O 레지스터
3. 범용 입출력 레지스터들의 정의
4. I/O 레지스터 접근

✓ 이 장의 목표

- 입출력 I/O 레지스터를 통해 외부와 정보를 교환할 수 있음을 이해한다.
- Data Direction Register x(DDRx)에 의해 입출력 방향을 정하고, 출력 어드레스 PORTx에 데이터를 출력, 입력 핀 PINx로부터 데이터를 입력하는 것을 익힌다.

✓ 들어가기에 앞서

- 데이터 시트 I/O 레지스터 - 병렬 입출력 포트 관련 레지스터들을 찾아본다.
- 디지털 논리회로에서 레지스터가 무언인지 알아본다.

✓ 준비할 것

- ATmega8 Data Sheet (atmel.com에서 다운로드)
- http://www.atmel.com/dyn/resources/prod_documents/doc2486.pdf

1. 범용 입출력 포트 개념

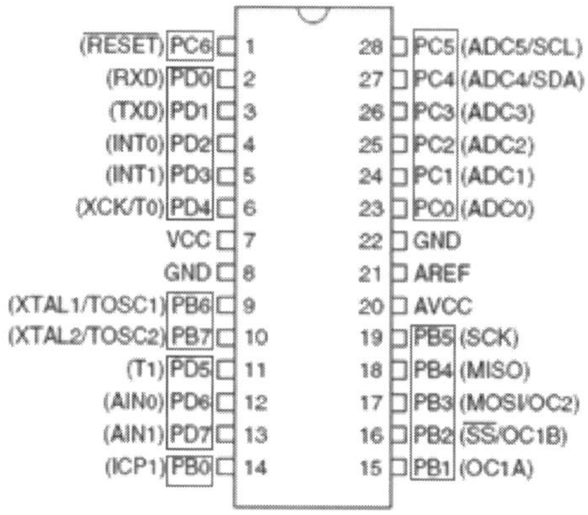

AVR MCU 칩의 입출력 포트를 통해 외부의 2진 상태를 읽어 오거나 설정할 수 있다. 외부 상태를 읽어올 때에는 입력 포트, 상태를 제어할 때에는 출력 포트로서 작용한다. 입출력 포트는 PortA, PortB, … 등으로 이름을 붙이며, AVR 모델에 따라 다양한 개수의 포트를 갖는다. 또한 각 포트는 보통 8개의 입출력 점을 가진다. 한 포트의 각 점에 대해 입력/출력을 지정할 수 있다.

2진 상태는 보통 On/Off, High/Low, 혹은 1/0으로 표시되고, 회로 레벨에서는 5V/0V의 값을 가진다.

[표 1.1] ATmega8의 병렬 입출력 포트 핀 번호

Port	Pin Number
PortB	14-19, 9, 10
PortC	23-28, 1 (7개)
PortD	2-6, 11-13

2. 입출력 I/O 레지스터 - DDRx, PORTx, PINx

DDRx(Data Direction Register x, x=A,B,… 중의 하나)는 포트 x의 입출력 방향을 지정하는 레지스터이다. 입력 점은 0으로, 출력 점은 1로 설정하게 된다. 예를 들어, DDRD가 0x0F로 설정되어 있다면 포트 D의 0~3번 핀은 출력 점으로, 그리고 4~7번

은 입력 점으로 사용된다. 다음의 코드는 포트 A 전체를 입력 점으로 설정한다.

```
DDRA = 0x00;
```

C 언어에서 제공하는 대입 연산식 문을 이용하여 간단히 포트를 입력용으로 설정하였다. 이것이 C 언어의 강력한 매력이다. 더 정확히 말하면, AVR 아키텍처가 C에 적합하게 설계되었다.

PORTx는 Port x(x: A, B, C, … 중의 하나)의 출력 어드레스로, 여기에 어떤 값을 대입하면 해당되는 값이 그대로 Port x로 출력된다. 예를 들어, 다음 주어진 문장에서 0,2,4,6번째 핀을 1로, 그리고 1,3,5,7번째 핀을 0으로 설정한다.

```
DDRD = 0xFF;                    //-- 16진 형식
PORTD = 0b01010101;             //-- 2진 형식
```

"어드레스"라는 용어가 조금은 낯설다. 그러나 입력(source)이나 출력(destination)을 가리킨다는 점에서 이해할 수 있다. C의 포인터를 연상하면 좀 더 이해할 수 있을 것이다. 그리고 이 어드레스라는 것도 I/O 레지스터의 하나이다.

입력은 입력 핀 어드레스 PINx에 의해 이루어진다. 다음과 같은 코드를 살펴보자.

```
BYTE status;
DDRD = 0x00;
status = PIND;
```

상태(status)의 각 비트는 PortD의 각 핀의 상태를 나타낸다.

3. 범용 입출력 레지스터들의 정의

여기서는 PortD와 관련된 I/O 레지스터들 - DDRA, PORTD, 그리고 PIND - 의 정체를 알아본다. 먼저 ATmel이 제공한 mega8.h 파일에서 이들을 정의한 부분을 보면 다음과 같다.

```
sfrb PIND=0x10;
sfrb DDRD=0x11;
sfrb PORTD=0x12;
```

여기서 CodeVision에서 정의되는 키워드인 'sfrb' 가 사용되었는데, b는 바이트(byte)를 뜻한다. 그리고 각 문장의 끝에 정의된 숫자들은 각 레지스터들의 주소를 나타낸다.

다음 표는 ATmega8의 데이터 시트에서 관련 레지스터들을 정의한 부분의일부를 스크랩한 것이다. 여기서 주소가 두 가지가 있는데, 메모리 맵 상에서 I/O 레지스터의 옵셋이 0x20이다. 즉 왼쪽의 주소는 I/O 레지스터의 상대적 주소이고, 괄호 안의 것은 여기에 옵셋을 더한 절대 주소가 되는 것이다.

Address	Name	Bit 7	Bit 6	Bit 5	Bit 4	Bit 3	Bit 2	Bit 1	Bit 0
0x12 (0x32)	PORTD	PORTD7	PORTD6	PORTD5	PORTD4	PORTD3	PORTD2	PORTD1	PORTD0
0x11 (0x31)	DDRD	DDD7	DDD6	DDD5	DDD4	DDD3	DDD2	DDD1	DDD0
0x10 (0x30)	PIND	PIND7	PIND6	PIND5	PIND4	PIND3	PIND2	PIND1	PIND0

4. I/O 레지스터 접근

앞의 코드의 예에서 알 수 있듯이 CodeVision에서 I/O 레지스터를 억세스할 때에는 단순한 대입 연산자를 이용하면 된다. I/O 레지스터의 접근법은 컴파일러마다 다르다. 또한, 특정 비트로의 억세스가 필요한 경우, 다음과 같이 보통 비트 마스크를 이용하게 된다.

```
BYTE status = 0x07;
DDRB = 0x0F;
PORTB = (PORTB & 0xF0) | (status & 0x0F); //-- 하위 4비트만 세팅
```

또한, CodeVision에서는 레지스터의 각 비트를 다음과 같이 직접 엑세스할 수도 있다.

```
DDRB = 0x0F;
PORTB.0 = 1;        //-- 비트 단위 억세스
PORTB.1 = 0;
```

이러한 비트 단위의 엑세스는 I/O 레지스터에만 적용된다.

연습문제

① ATmega8의 데이터 시트를 조사하여, ATmega8에 있는 범용 입출력 포트에 관해 다음과 같이 정리하시오.
- 포트 이름
- 외부 핀 번호
- DDRx 주소
- PORTx 주소
- PINx 주소

② 레지스터의 정의와 역할을 정리하시오. 인터넷에서 자료를 검색할 것.

제 2 장 LED 출력

✓ 이 장의 목표

- LED(Light Emitting Diode) 소자에 대해 이해한다.
- AVR의 I/O 레지스터를 이해하고 코딩에 적용한다.
- 포트 출력에 대해 이해한다.

✓ 들어가기에 앞서

- CodeVision 사용법을 확인한다.
- 브레드 보드 위에 배치된 기본 하드웨어 구성을 확인한다.
- 전원, ISP, MCU 회로 구성 등을 확인한다.

✓ 준비할 것

- MHK SK100과 ATmega8 키트 셋

1. 상태 출력과 LED

일반적으로 Portx의 출력 상태를 알아보는 실험·실습에서는 출력 포인트에 LED (Light Emitting Diode)를 연결한다. LED에 전기가 흐르면 불이 켜지고, 흐르지 않으면 꺼지기 때문에, LED 상태는 곧 포트의 상태를 나타낸다. 여기서는 다음과 같이 PortD를 출력으로 지정하고, LED와 저항을 연결하여 Port의 출력상태를 알아본다.

PortD의 각 핀(PD0~PD7)에 LED와 저항을 직렬로 연결하고, 저항 측에 시스템 전원(+)을 연결한다. 그림에서 알 수 있는 것처럼 이 연결에서는 각 핀이 Low(0V)일 때 LED가 On된다. LED에 직렬 연결된 저항은 보통 330~1k 옴의 것을 사용하며, 전류를 제어하기 위한 것이다. LED에 흐르는 전류의 양이 5~20mA 정도이면 LED가 On된다. 전류량이 크면, 즉 저항이 작으면 LED는 더 밝아지지만 LED의 수명이 더 짧아진다

$$(A = V/R = 5/330 = 15mA,\ 5/1k = 5mA)$$

이와는 반대로, LED의 방향을 반대로 하고 저항 측을 접지(−)로 연결할 수도 있는데, 이 때에는 포트의 각 핀이 High(1, 즉 5V)일 때 LED가 On된다. 그런데 일반 마이크로프로세서의 입출력 포트 전류는 포트에서 전류를 밖으로 출력하는 소스 능력이 수[mA] 이내이고, 전류를 포트 안쪽으로 흐르게 하는 싱크 능력은 수십[mA] 정도이다. 소스에 비해 전류를 많이 흘릴 수 있으므로 포트 안쪽으로 전류를 흘리면서 LED를 On하는 방법을 많이 사용한다.

1.1 연결

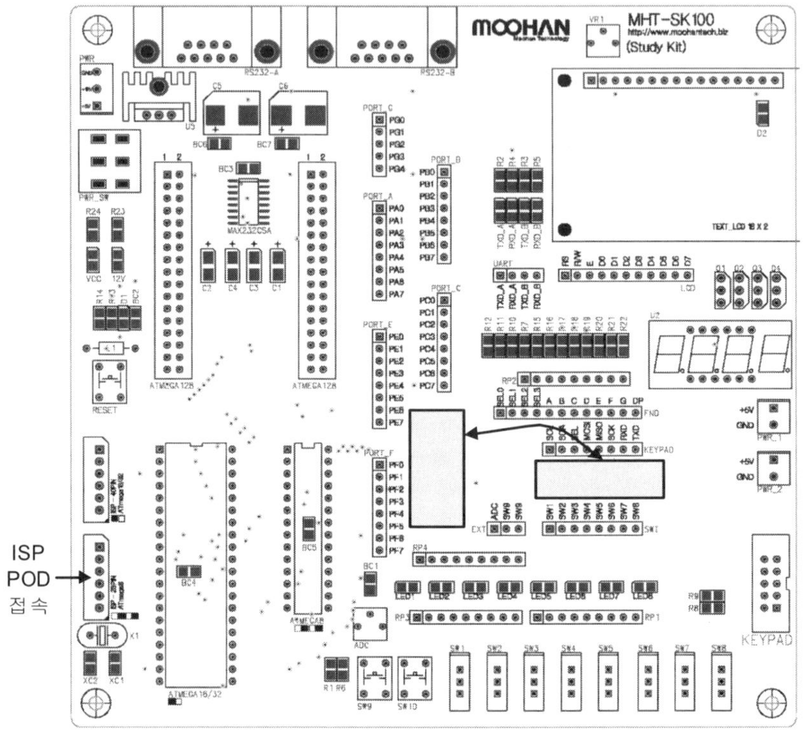

[그림 1.1] LED 출력 실습 케이블 연결

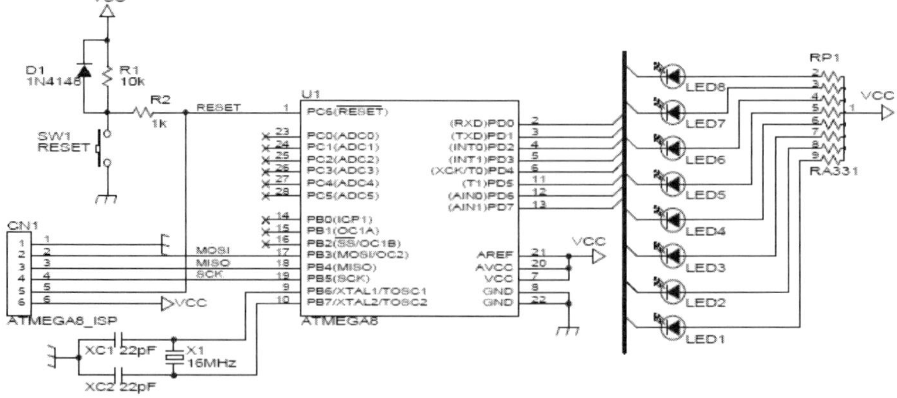

[그림 1.2] LED 출력 실습 회로도 연결

8가닥 점퍼선에 의해 PORT_D와 LED 사이를 연결한다. 이 때, PD0이 LED8과, 마찬가지로 PD7이 LED1과 연결되도록 하는 것에 주의해야 한다. 즉 반대로 연결한다. 이렇게 해야 눈에 보이는 LED 상태와 2진수로서의 포트 상태가 일치하게 된다.

2. 포트 초기화

PortD를 출력용으로 사용하기 위해 다음과 같이 포트를 초기화해야 한다.

```
DDRD    = 0xFF;        //-- PortD를 출력용으로 설정
PORTD   = 0xFF;        //-- 모든 LED를 OFF(High-off)
```

통상 1이 on이고 0이 off인데, 이 예에서는 각 출력 핀에 연결된 LED가 저항을 통해 VCC 쪽으로 직렬 연결되기 때문에, 출력 상태가 1(즉 5V)일 때 LED는 양쪽이 모두 5V가 되어 켜지지 않는다. 즉 Off 상태가 된다. 이러한 불일치를 해소하기 위해, 대개 원하는 상태를 LED에 표시하기 전에 먼저 각 비트를 반전시키는 것이 보통이다.

3. 동작 개요

다음과 같은 두 가지 프로그램을 실습한다.

- **짝수 번째 LED와 홀수 번째 LED를 번갈아 on 시킨다.**

이것은 초기 led 상태를 0x55(0b01010101)로 놓고, 매번 비트 반전 (연산자 ~ 이용)시키면 된다.

- **8개의 LED를 순차적으로 점멸시킨다.**

LED의 한쪽 끝까지 순차적으로 점멸되어 가다가 다시 반대 방향으로 순차 점멸시킨다. 이러한 작업을 반복한다. 즉, 초기에 1인 led 값을 한 비트씩 한쪽으로 시프트

하면서 LED에 출력하고, 1이 LED의 끝 비트에 다다르면 방향을 바꿔서 한 비트씩 시프트 한다. 이 동작을 반복한다. 비트 값이 1인 위치의 LED가 켜지도록 하기 위해, led의 각 비트에 대하여 토글(toggle; 비트 반전)한 값을 PortB에 출력한다. 시프트는 macros.h의 매크로 ShiftLeft와 ShiftRight를 사용한다.

코딩에 들어가기 전에 먼저 회로 로직 구성을 생각해 본다.

4. 소스 프로그램

[program 11-1] 홀짝 LED 교차 점멸

```
#include <mega8.h>
#include <delay.h>
#include "../inc/macros.h"
//-- PortD 초기화 루틴
//-- DDRD: PortD용 Data Direction Register
//--   각각의 비트는 포트의 각 핀에 대응한다.
//--   1로 셋되는 비트에 대응하는 핀은 출력용이 된다.
//-- PORTD: PortD의 출력 어드레스
void init_port(void)
{
   DDRD  = 0xff;   //-- PortD의 모든 핀을 출력으로 할당한다.
   PORTD = 0xff;   //-- 모든 LED를 OFF(High-Off)
}

void main()
{
   BYTE led = 0b01010101; //-- 0x55와 동일. 하나 걸러 하나 1
   init_port();

   for (;;) {
      //-- 출력하기 전에 토글 - 출력이 low일 때 LED가 점등되기 때문.
PORT = ~led;

led = ~led;       //-- 비트 반전
      delay_ms(80);                //-- 80ms, 즉 0.08초 지연
   }
}
```

• **BYTE led = 0b01010101;**

변수 led를 조작하여 PORTD에 출력함으로써 각 핀에 연결된 LED를 조작하게 된다. led의 각 비트 상태가 LED의 상태가 된다. 즉 위의 초기화문의 결과, 짝수 번째 비트가 1이므로 이에 연결된 LED들이 점등된다.

• **PORTD = ~led;**

PortD에 led를 출력한다. 본 회로에서는 출력이 0일 때 LED가 ON(점등)하므로, led의 비트 상태와 LED의 ON 상태를 일치시키기 위해 연산자 ~에 의해 먼저 비트 반전을 시킨 다음 PORTD에 대입한다.

단지 I/O 레지스터에 어떤 값을 대입하는 것만으로 전기적 제어가 이루어진다(LED에 불이 켜진다). 즉 어떤 부가적인 함수나 조처가 필요 없다. 이것이 C의 강력한 점이다. 아니, AVR 아키텍쳐 자체가 C에 맞추어져 설계되었다는 설명이 보다 정확하다.

[program 11-2] **순차적 LED 점멸**

```
#include <mega8.h>
#include <delay.h>
#include "../inc/macros.h"

void init_port(void)
{
   DDRD  = 0xff;   //-- PortD의 모든 핀을 출력으로 할당한다.
   PORTD = 0xff;   //-- 모든 LED를 OFF(High-Off)
}

void main()
{
   BYTE led = 1;
   BYTE dFlag = 'L';

   init_port();

   for (;;) {
      PORTD = ~led;      //-- 토글하고 출력

      if(dFlag == 'L')      //-- 방향 플래그 값이 L 이면
         ShiftLeft(led);    //-- 왼쪽 시프트
      else                  //-- 아니면
```

```
    ShiftRight(led); //-- 오른쪽 시프트

   if(led == 0x80)     //-- 왼쪽 끝에서
     dFlag = 'R';      //-- 방향을 오른쪽으로
   else if(led == 1)   //-- 오른쪽 끝에서
     dFlag = 'L';      //-- 방향을 왼쪽으로

   delay_ms(80);       //-- 0.08초 지연
  }
}
```

5. 프로젝트 생성, 링크, 프로그램

| 단계 1 | CodeVisionAVR에서 도구 바의 "Create new file"을 클릭한다.

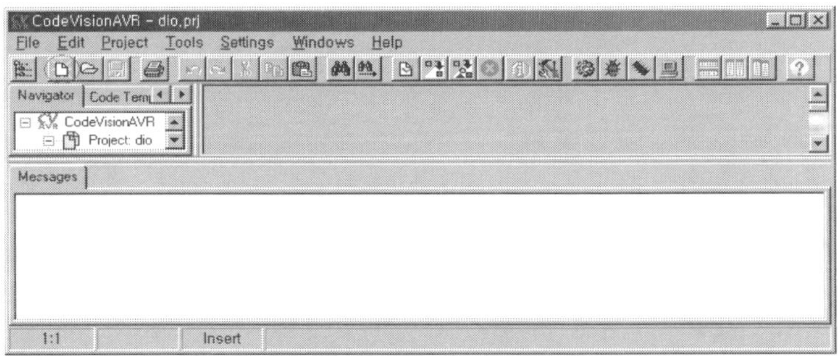

| 단계 2 | "Create new file" 팝업 창에서 Project를 선택한 후 OK 버튼을 누른다.

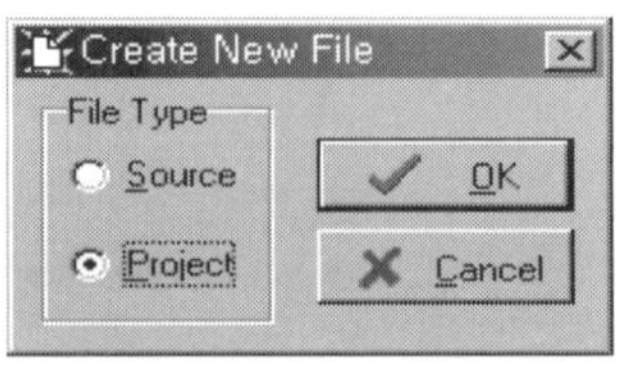

| 단계 3 | Confirm 창에서 CodeWizardAVR을 사용하기 위해 Yes 버튼을 누른다.

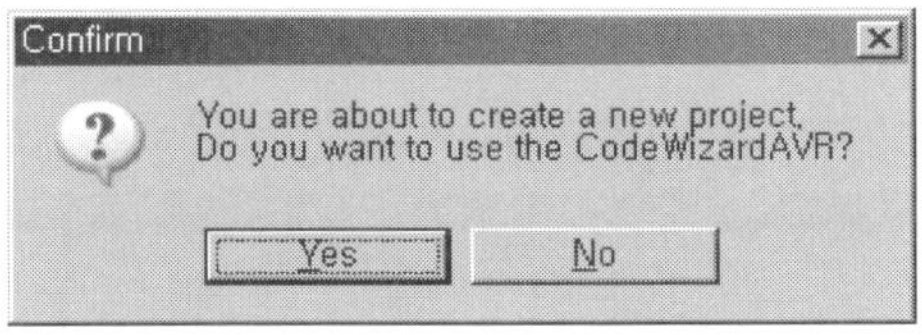

| 단계 4 | CodeWizardAVR 창의 Chip 탭에서 Chip 종류와 Clock을 맞춘다. Ports 탭에서 PortD의 모든 비트를 출력(1)으로 설정한다. 또한 출력 값을 1로 설정한다. 메뉴바의 File을 클릭하고 “Generate, save and exit”를 선택한 후, 프로젝트 이름, 소스 파일 이름 등을(예: “led”) 입력한다.

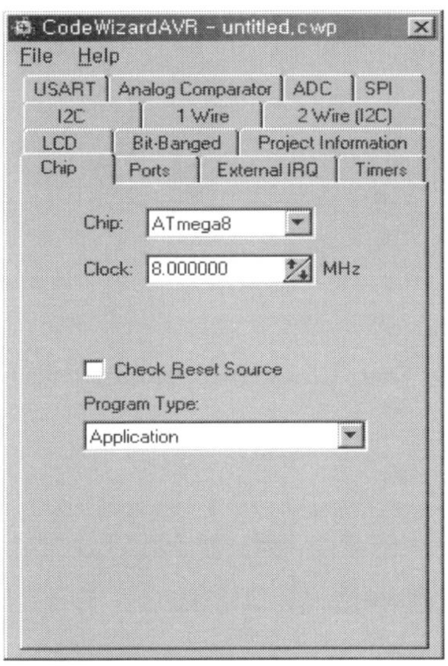

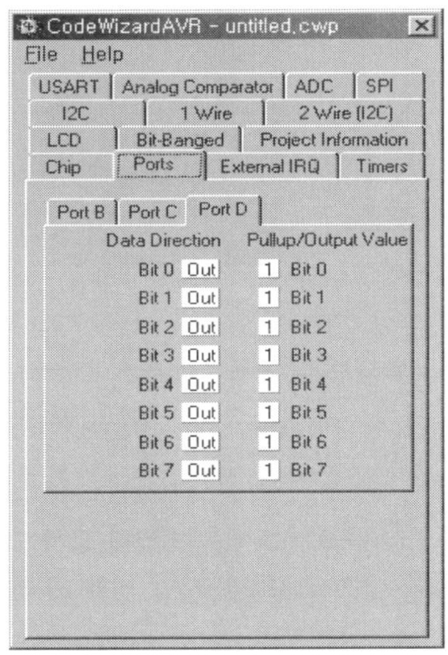

| 단계 5 | 생성되는 소스 파일에서 PORTB와 DDRB가 어떻게 초기화되었는지 확인한다. 다음에 위저드에 의해 생성된 소스 코드를 지우고 앞의 소스로 대체한다.

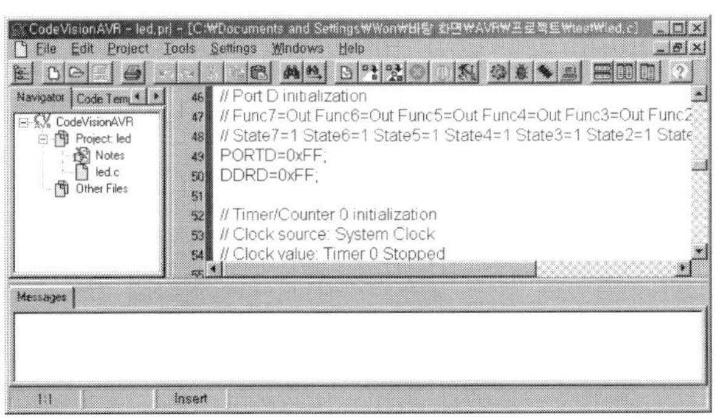

| 단계 6 | "Make the project"( ) 선택 후 컴파일, 링크를 수행한다.

| 단계 7 | "Run the chip programmer"( )를 실행시킨다.

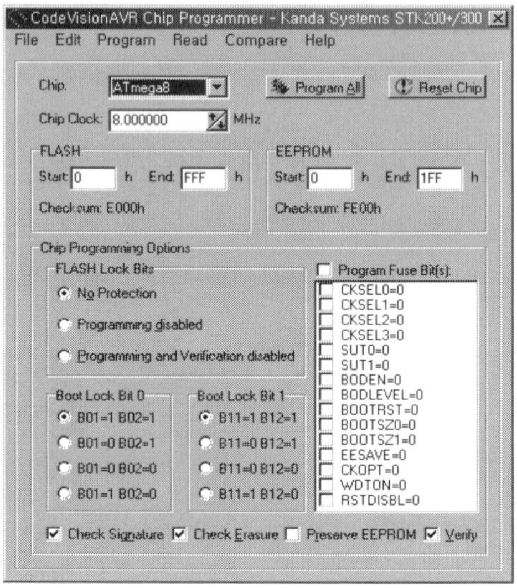

팝업되는 칩 프로그래머 창에서 Chip, Chip Clock 등이 올바로 설정되어 있는지 확인 후 "Program all"(Program All)을 실행시킨다.

| 단계 8 | 이제 LED의 상태를 확인해 보자. 리셋 스위치를 왔다 갔다 하면서 동작 상태를 확한다. LED의 불빛이 물결 치듯 좌우로 움직이는가? 그렇다면 다음으로 넘어간다.

연습문제

① 앞의 예제 프로그램 [11-2]의 흐름도를 작성하시오.

② (알파 사운드)

앞의 예제에서는 CodeVision의 delay 모듈에 있는 delay_ms() 함수를 이용하여 시간 지연을 수행하였다. 알파음은 약 14 Hz의 단속음이다. 즉 1초에 14번의 빈도로 단속음을 내는 것이다.

delay_ms() 함수를 이용하여 알파 음을 내는 프로그램을 작성하시오. 여기서는 부저(소리)를 사용하지 않아도 된다. 대신 LED(빛)을 출력한다. 기존의 회로를 변경하지 않고 사용하고, 출력 점은 PortD의 6번째 비트로 한다. 각 단속음에서 on과 off의 기간을 조절하기 용이하도록 파라미터화하시오.

제 3 장 스위치 입력

1. 입력 포트 설정과 풀업 저항
2. 회로 연결
3. 초기화와 풀업 저항
4. 입력 포트 동작 개요
5. 소스 프로그램
6. 프로그램 작성

✓ 이 장의 목표

· 포트의 입력/출력을 설정할 수 있다.

· 입력 포트의 풀업 저항 이해, 풀업 설정 가능

✓ 들어가기에 앞서

· 우리 주변에서 2진 상태(on/off)를 읽어 들이거나 제어하는 것에 어떤 것이 있는지 알아본다.

· C 교재를 찾아 불 연산, 비트 마스크에 대한 지식을 정리

✓ 준비할 것

· MHT-SK100 키트 셋

1. 입력 포트 설정과 풀업 저항

포트를 입력용으로 사용하기 위해서는 먼저 입력용으로 설정된 Data Direction Register x(DDRx)의 비트들을 0으로 세팅하여 포트를 입력용으로 지정해야 한다. 그 다음에 입력 핀의 풀업(pull-up) 저항을 세팅하는데, 이는 PORTx의 각 비트에 1을 출력함으로써 이루어진다.

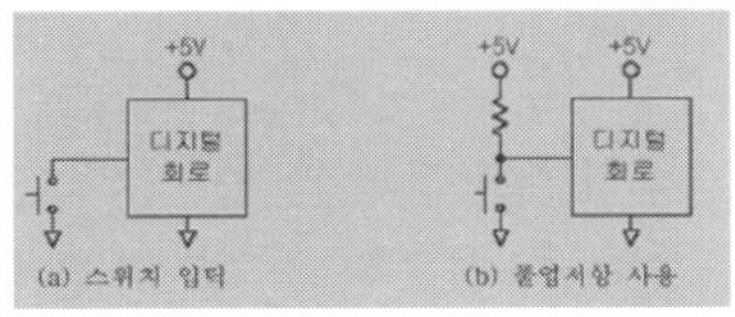

(a) 스위치 입력 (b) 풀업저항 사용

오른쪽 그림의 (a)에서, 스위치가 열려있는 경우 입력은 개방 상태(float)가 되어 H도 아니고 L도 아닌, 불확실한 상태가 된다. 그래서 (b)처럼 저항(풀업 저항)을 연결하면, 스위치가 열려있을 때 입력은 H가 되며, 스위치가 닫히는 경우는 정상적으로 L 상태가 입력되게 된다.

2. 회로 연결

출력은 앞 장의 것을 그대로 이용한다. 즉 PortD를 출력으로 하므로 이 부분의 회로는 그대로 둔다. 입력은 PortB와 PortC를 통해서 하며, 각 핀에 스위치를 위의 그림과 같이 연결한다. 주의할 것은 보드상의 스위치와 이 그림의 스위치는 좌우가 반대로 되어있는 것이다. 4가닥 점퍼선을 이용하여 PB0..3을 SWI:4..1로, 그리고 PC0..3을 SWI:8..5로 열결한다.

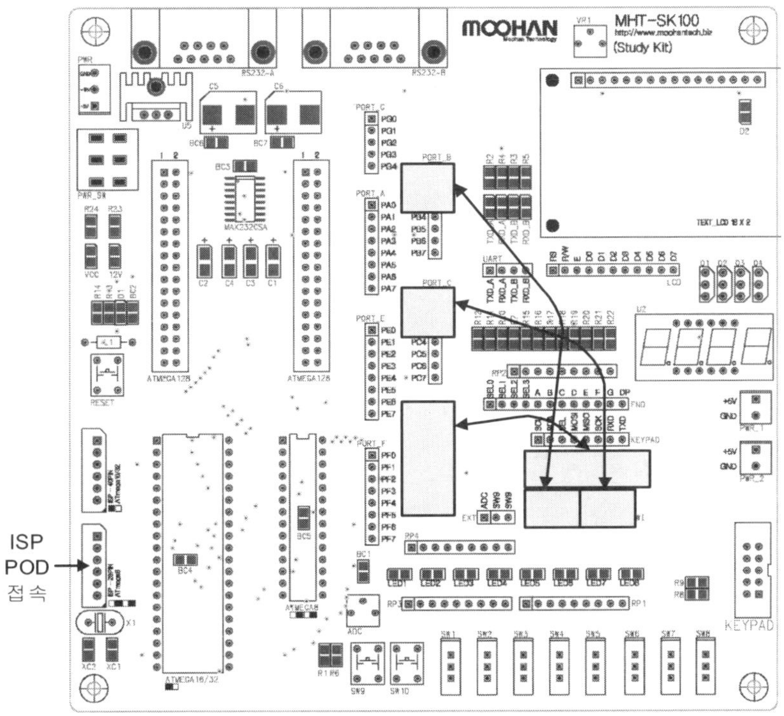

[그림 2.1] 스위치 입력 실습 회로 케이블 연결

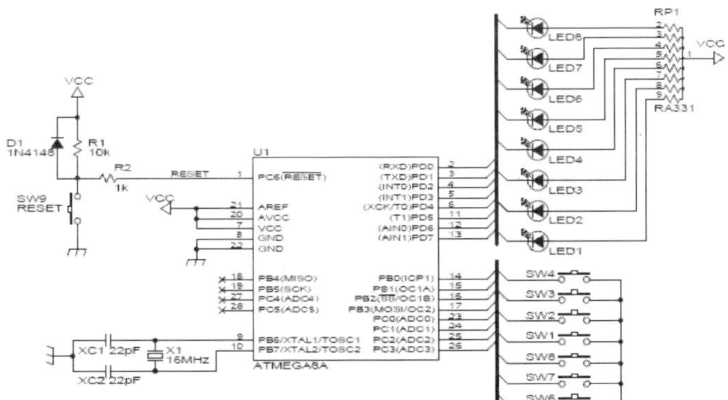

[그림 12.2] 스위치 입력 실습 회로 회로도 연결

3. 초기화와 풀업 저항

```
DDRD    = 0xff;          //-- PortD를 출력용으로 설정
PORTD   = 0xff;          //-- 모든 LED를 OFF(High-off)
DDRB    = 0x00;          //-- PortB를 입력으로 사용
DDRC    = 0x00;          //-- PortC를 입력으로 사용

PORTB   = 0xff;          //-- 풀업 저항을 설정한다.
PORTC   = 0xff;          //-- 풀업 저항을 설정한다.
```

위의 코드에서 마지막 두 줄은 풀업 저항 설정을 위한 것으로, 입력 포트에 대해 단 한번의 출력 형태를 취하게 된다. 풀업 저항 설정이 아직 이해되지 않았다면 앞 절을 다시 한번 읽기를 바란다. 그리고 Port B와 Port C의 하위 4 비트씩을 입력용으로 사용하지만, 위의 초기화에서는 두 포트의 모든 핀을 입력용으로 설정하였다. 만일 각 포트의 상위 4비트를 다른 용도로 사용하는 경우에는 이를 고려하여 적절히 초기화해야 한다.

4. 입력 포트 동작 개요

본 장에서는 다음과 같은 세 가지의 프로그램을 만들어 테스트해 본다.

- 입력 상태를 그대로 PortD로 출력
- 입력 상태를 기반으로, 그 상태와 반전 상태를 번갈아 출력
- 전 장의 프로그램과 유사하게, LED가 한 방향으로 회전하면서 점멸한다. 방향은 PINC.0의 상태를 따른다. 회전할 때 한쪽 끝의 LED가 점멸한 뒤에는 방향을 바꾸는 것이 아니라 반대쪽 LED부터 다시 점멸을 시작하게 된다. 회전은 macros.h에 정의된 RotateRight, RotateLeft 매크로를 이용한다.

실제 코딩에 들어가기 전에 먼저 알고리즘(로직)을 생각해 본다.

5. 소스 프로그램

[program 12-1] 스위치 입력을 그대로 LED 표시

```
#include <mega8.h>
#include <delay.h>
#include "../inc/macros.h"

//-- DDRB, DDRC: PortB, PortC용 Data Direction Register
//--      각 포트를 입력용으로 사용하기 위해, 해당 비트를0으로 세팅한다..
//-- PORTB, PORTC: PortB, PortC의 출력 어드레스.
//--      포트가 입력으로 사용되는 경우, 초기화 시점에 해당 비트에
//--      1을 출력하여 pull-up 저항을 설정해야 한다.
//-- PINB, PINC: PortB, PortC 입력 핀 어드레스
//--
void init_port(void)
{
   DDRD  = 0xff;            //-- PortD의 모든 핀을 출력으로 사용
   PORTD = 0xff;            //-- 모든 LED를 OFF

   DDRB  = 0x00;            //-- PortB를 입력으로 사용
   PORTB = 0xff;            //-- 풀-업 저항을 설정한다.
   DDRC  = 0x00;            //-- PortC를 입력으로 사용
   PORTC= 0xff;             //-- 풀-업 저항을 설정한다.
}

void main()
{
   BYTE pinc, pinb;
   init_port();
   for (;;)
   {
//-- PINB의 하위 4비트와 PINC의 하위 4 비트를 차례로 결합한 형태
pinb = PINB;
pinc = PINC;
PORTD = (pinb << 4) | (pinc&0x0F);

delay_ms(100);
   }
}
```

- PORTD = (PINB 〈〈 4) | (PINC & 0x0F);

PINB의 하위 4비트와 PINC의 하위 4비트를 순서대로 PORTD에 쓰기 위한 비트 연산이다. PINB를 4비트 왼쪽으로 시프트하여 상위 MSB쪽으로 옮기고, PINC를 마스크(mask)하여 상위 4비트를 클리어한 다음, 이 둘을 OR 연산자로 결합한다. 하나의 포트를 통째로 입력용으로 사용하면 이런 비트 처리는 필요 없다.

[program 12-2] 스위치 상태와 반전 상태를 교대로 LED 표시

```
#include <mega8.h>
#include <delay.h>
#include "../inc/macros.h"

void init_port(void)
{
  DDRD = 0xff;              //-- PortD의 모든 핀을 출력으로 사용
  PORTD = 0xff;             //-- 모든 LED를 OFF

  DDRB  = 0x00;             //-- PortB를 입력으로 사용
  PORTB = 0xff;             //-- 풀-업 저항을 설정한다.
  DDRC  = 0x00;             //-- PortC를 입력으로 사용
  PORTC= 0xff;              //-- 풀-업 저항을 설정한다.
}

void main()
{
    BOOL toggle = FALSE;
    BYTE pinc, pinb, led;

    init_port();
    for (;;)
    {
      pinc = PINC; //-- Read PIN C status
      pinb = PINB; //-- Read PIN B status
      led = (pinb << 4)| (pinc&0x0F);

//-- invert the output since a zero means: LED on
      PORTD = toggle?  led : ~led;
toggle = !toggle;
delay_ms(100);
   }
}
```

[program 12-3] 스위치 상태에 따라 방향이 변하는 LED 순차 점멸

```
#include <mega8.h>
#include <delay.h>
#include "../inc/macros.h"

void init_port(void)
{
   DDRD = 0xff;              //-- PortD의 모든 핀을 출력으로 사용
   PORTD = 0xff;  //-- 모든 LED를 OFF

   DDRC  = 0x00;             //-- PortC를 입력으로 사용
   PORTC= 0xff;   //-- 풀-업 저항을 설정한다.
}

void main()
{
   BYTE led = 1;

   init_port();
   for (;;)
   {
      PORTD = ~led;

      if(PINC.0 == 0)
RotateLeft(led);
      else
         RotateRight(led);
      delay_ms(100);
   }
}
```

- If (PINC.0 == 0)

만일 PINC의 0 번째 비트가 0이면, CodeVision에서 I/O 레지스터의 비트는 이처럼 필드 참조 연산자(.)와 비트 번호로써 직접 참조할 수 있다. 이는 한 비트를 입력하거나 출력하기 위해 마스크 작업을 할 필요가 없다는 것을 의미한다.

6. 프로그램 작성

| 단계 1 | 앞 장에서 만든 프로젝트 파일(ex11-1.prj)과 소스 파일(ex11-1.c)을 각각 ex12-1.prj, ex12-1.c로 복사한다.

| 단계 2 | 파일 브라우저에서 ex12-1.prj를 더블 클릭하여 CodeVision을 구동시킨다.

| 단계 3 | 도구 바의 "configure the project"를 누른다.

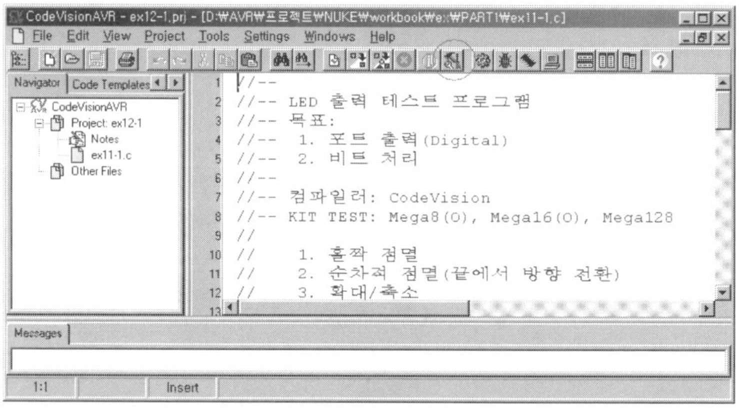

| 단계 4 | "Files" 탭에서 ex11-1.c를 선택한 다음 "Remove" 버튼을 클릭하여 없앤다.

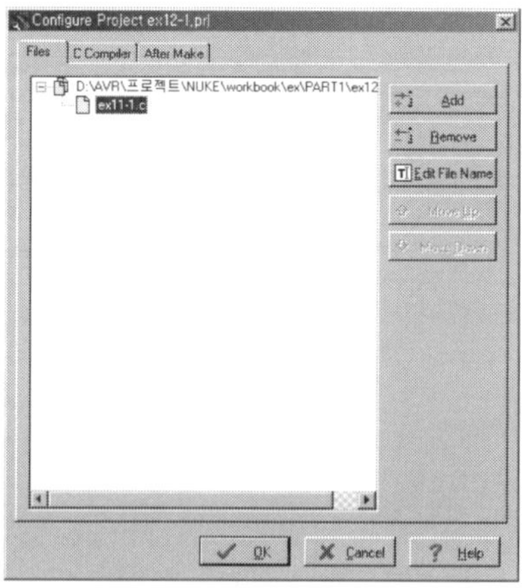

| 단계 5 | "Add" 버튼을 누르고, 팝업되는 파일 선택 창에서 ex12-1.c를 선택하고 "OK" 버튼을 눌러서 팝업 창을 빠져 나간다.

| 단계 6 | 앞에서 주어진 ex12-1.c 소스를 편집하여 본 장에서 실습하는 내용으로 교체한다.

| 단계 7 | 컴파일, 링크 단계를 거친 후 프로그램을 다운로드한다.

연습문제

① 다음 사양의 프로그램을 작성하시오.

PINC.0 – 0일 때에는 앞의 프로그램처럼 오른쪽 혹은 왼쪽으로 회전한다. 1일 때에는 양쪽으로 동시에 회전한다. 이 때의 점멸 순서는 다음과 같다.

(0,7), (1,6), (2,5), (3,4), (4,3), (5,2), (6,1), (7,0) …

PINC.1 – PINC.0이 0일 때, 회전의 방향을 결정한다.

Note: 단순한 것이 아름답다.

제 4 장 키패드 입력

1. 키패드와 키스캔 알고리즘
2. 회로 연결
3. 주소에 의한 입출력 포트의 직접 접근
4. 키패드 라이브러리
5. 예제 프로그램

✓ 이 장의 목표

· 키패드(keypad)의 작동 원리를 이해한다.
· 키패드 회로 및 구동 라이브러리를 만들고 이용할 수 있다.
· 병렬 입출력 포트를 주소에 의해 직접 억세스할 수 있다.

✓ 들어가기에 앞서

· 시중에 나와 있는(혹은 사용되고 있는) 키패드에는 어떤 것이 있는지 알아본다.
· 휴대폰의 키패드 기능을 분석해 본다.
· 임베디드 장비(가정 난방 콘트롤러, 전기밥솥, 초음파 가열기 등)에서 키패드를 어떤 식으로 사용하는지 알아본다.

✓ 준비할 것

· MHT-SK100 키트
· 키패드 (4x4)
· 브레드보드
· 저항(1kΩ) x 8

1. 키 패드와 키스캔(keyscan) 알고리즘

임베디드 시스템에서 인간-기계 인터페이스는 중요하며, 데이터를 입력하는 장치로 푸시(push) 스위치를 매트릭스 형태로 배열한 키패드(keypad)가 흔히 쓰인다. 계산기, 전화기 등에서 키패드를 볼 수 있다. 본 장에서는 이러한 키패드를 구현하는 것이 본 장의 목적이다.

1.1 2-way 키패드

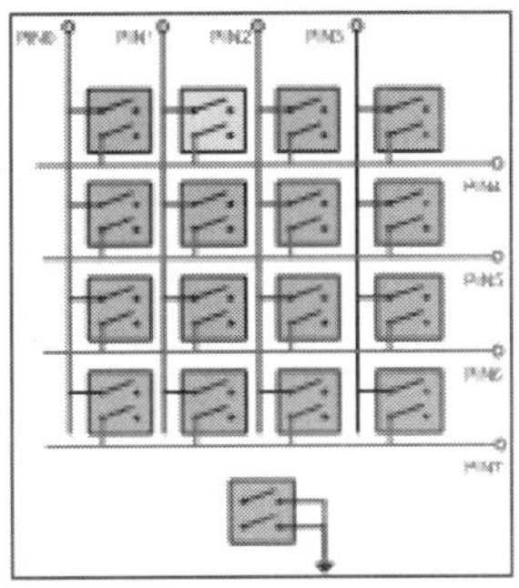

스위치 당 한 개의 입력 핀을 사용한다면, 4 x 4 형태의 키패드의 경우에는 16개의 입력 핀, 즉 2개의 입력 포트가 소요된다. 이것은 한정된 AVR의 자원을 생각할 때 매우 감당하기 어려울 것이다. 그러나 스위치가 2-way 방식(버튼을 누를 때 두 개의 스위치가 동시에 작동되는 방식)이라면 입력 핀 수를 줄일 수 있다. 왼쪽 그림에서 PIN0~PIN3은 각 열의 스위치 상태를 알려준다. 즉 해당 열의 스위치 중 하나라도 눌리면 해당 핀은 0이 된다. 또한 PIN4~PIN7은 각 행의 스위치 상태를 알려준다. 이 행과 열을 대표하는 핀들의 조합으로 눌려진 버튼의 위치를 알아낼 수 있는 것이다.

만일 두 번째 열, 첫 번째 행의 스위치가 눌러지면, PIN1과 PIN4의 상태가 0으로 되며 나머지 핀은 1이 된다. 즉 포트의 상태는 0b11101101이 된다. 이것을 반전하면 0b00010010, 즉 10이 되는데, 눌려진 버튼은 아마 2를 나타낼 것이며, 위에서 계산된 10을 2로 매핑하면 그 결과를 알 수 있다.

그러나 키패드가 항상 2-way일 수는 없다. 맴브레인, 터치 방식 등 다양한 형태의 키패드를 생각하면 한 버튼에 하나의 스위치를 가정하여 해결해야 한다.

1.2 키패드 입력 알고리즘(keyscan)

1-way 방식의 푸시 스위치를 매트릭스 형태로 구성한 방식에서 회로 역시 위와 비슷한 모양으로 구성된다. 단 위에서는 두 개의 스위치로 행과 열을 구분할 수 있었지만, 단일 스위치에서는 이것이 불가능하기 때문에, 행과 열을 입력과 출력으로 하여 구분한다. 오른쪽 그림에서, 입력(KI:0~3) 핀들은 오픈 상태에서 1을 나타내므로 KO:0~3 중 하나와 회로가 형성되면 0이 되도록 해야 한다. A 스위치(2x4 배열)가 눌려진 경우, KO:2 상태가 0일 때(KO:0,1,3은 1) KO:2-KI:0의 회로가 형성되고, 따라서 KI:0의 상태도 0이 된다(KI:1..3은 1).

[keyscan 알고리즘]

- KO 핀들을 출력, KI 핀들을 입력용으로
- KO, KI 핀들을 모두 1로 초기화한다.
- KO:0..3의 각각의 핀에 대해
  - 핀의 상태를 0으로 놓는다.
  - KI:0..3 중에서 0의 상태가 있으면, 출력핀과 입력핀의 조합으로 눌려진 버튼을 결정한다.
  - 앞 단계에서 결정된 버튼이 없으면 어떤 버튼도 눌려지지 않은 것으로 판단한다.

2. 회로 연결

- PB0..PB3 ~ KO0..KO3(4핀, 풀-다운 저항 연결)
- PC0..PB3 ~ KI0..KI3(4핀, 풀-업 저항 연결)
- PD0..PD7 ~ LED8..LED1(8핀)

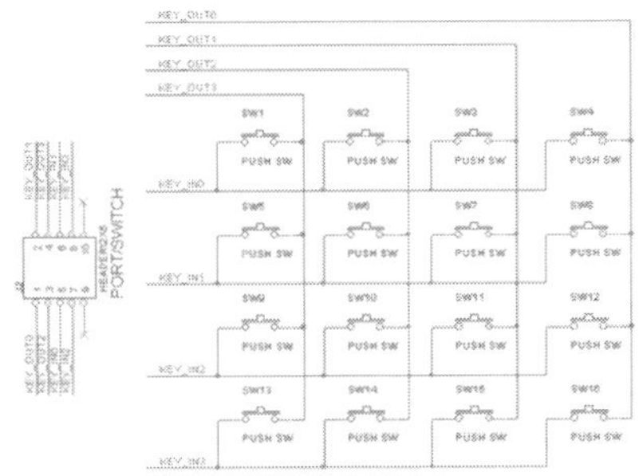

본 장에서는 키패드 입력을 LED로 확인하는 프로그램을 작성할 것이다. 함께 제공되는 키패드(왼쪽)는 앞의 그림과 같은 풀업/풀다운 저항이 연결되어 있지 않으므로, 이를 브레드보드 상에서 연결해 주어야 한다. 다음과 같이 연결한다(오른쪽 그림).

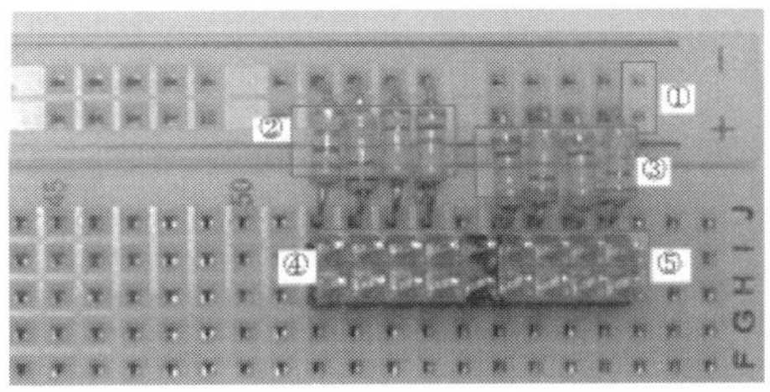

① 키트의 전원과 연결한다. 극성에 주의한다.

② 풀다운 저항으로, 1kΩ짜리 4개를 GND에 연결한다.

③ 풀업 저항으로, 1kΩ짜리 4개를 VCC에 연결한다.

④ 윗줄/아랫줄을 키패드/키트로 구분하여 연결한다. 윗줄은 순서대로 키패드의 1, 2, 3, 4번 핀에 연결한다. 아랫줄은 순서대로 포트 B의 PB0, PB1, PB2, PB3과 연결한다.

⑤ 윗줄은 순서대로 키패드의 5, 6, 7, 8번 핀에 연결하고, 아랫줄은 키트의 PC0, PC1, PC2, PC3과 연결한다.

키패드를 연결한 다음에는 LED를 연결한다. 8핀 커넥터를 이용해서 PD0, PD1, …, PD7을 각각 LED8, LED7, …, LED1과 연결되도록 한다.

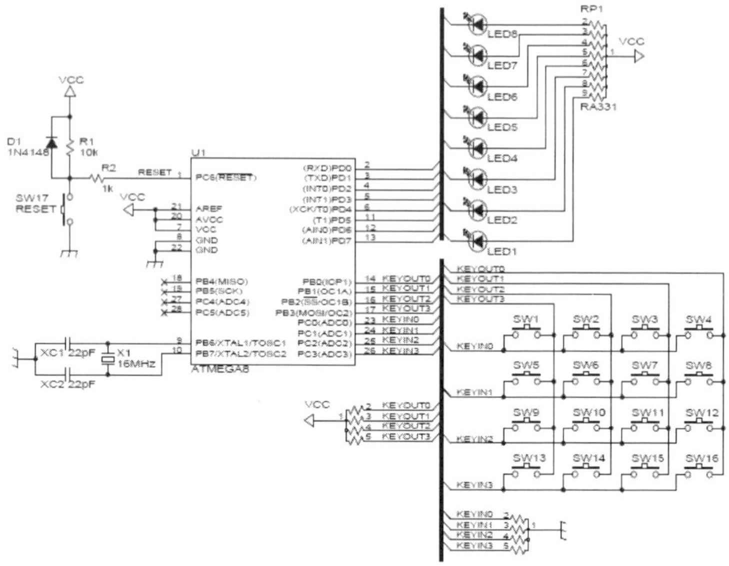

[그림 2.1] 키패드 실습 회로도 연결]

3. 주소에 의한 입출력 포트의 직접 접근

여기서는 조금 다른 주제를 생각해 본다. 포트 x를 접근하는 데는 DDRx, PORTx, PINx의 세 개 레지스터가 필요하다. 이러한 방법론은 입출력 포트 접근의 훌륭한 출발점임에 틀림없지만, 포트를 파라미터화할 때에는 여간 불편하지가 않다. 예를 들어 "포트 x의 2번 핀을 on/off"하는 기능을 구현한다고 할 때, 파라미터 x를 어떻게 파라미터화할 것인가? 기존의 방법론을 따르면, 함수에 직접 파라미터를 전달할 수는 없고 대상 포트를 매크로로 정의하는 길밖에 없다.

```
#define LED_DDR  DDRD
#define LED_PORT        PORTD
#define LED_PIN  PIND
```

이것은 하드웨어 구성이 변경될 때 이를 반영하기가 쉽기 때문에 분명 일보 전진이다. 하지만 다음 사항과 같은 불편함은 여전히 남는다.

- 여전히 함수에 포트 x를 넘길 수는 없다.
- 하나의 포트에 대해 DDRx, PORTx, PINx의 세 개 레지스터를 관리해야 하는 것도 번거롭다.

모든 레지스터는 고유의 주소가 있어서, 이 주소를 통해 억세스된다. 따라서 DDRx, PORTx, PINx 역시 주소에 의한 직접 접근이 가능하다. 더욱이 DDRx, PORTx, PINx는 모든 입출력 포트에서 서로 인접해있기 때문에, 대표 주소 하나로 나머지 두 개를 파악할 수 있다. 아래의 매크로 함수에서 이를 확인할 수 있다.

3.1 regaddr.h

다음은 주소에 의한 입출력 포트의 직접 접근을 위한 매크로와 매크로 함수 집합이다. 이 파일은 ATmega8,16,128에 대해 작성되었으며, 기타 칩에 대해서는 데이터 시트를 참조하여 추가하면 된다.

[../inc/regaddr.h]주소에 의한 입출력 포트의 직접 접근

```
#ifndef _REG_ADDRESS___
#define _REG_ADDRESS___

typedef unsigned short REG_ADDR; // 레지스터의 주소를 위한 형

#define PORT(a) (*((unsigned char *)a))    // 주소 a의 출력 어드레스
#define DDR(a)  (*((unsigned char *)a-1)) // 주소 a의 데이터 방향 레지스터
#define PIN(a)  (*((unsigned char *)a-2)) // 주소 a의 입력 어드레스

// 입출력 포트 들의 주소
#if  defined(_MEGA8_INCLUDED_)
        #define PORT_ADDR_B 0x38
        #define PORT_ADDR_C 0x35
        #define PORT_ADDR_D 0x32
#elif  defined(_MEGA16_INCLUDED_)
        #define PORT_ADDR_A 0x3B
        #define PORT_ADDR_B 0x38
```

```
        #define PORT_ADDR_C 0x35
        #define PORT_ADDR_D 0x32
#elif  defined(_MEGA128_INCLUDED_)
        #define PORT_ADDR_A 0x3B
        #define PORT_ADDR_B 0x38
        #define PORT_ADDR_C 0x35
        #define PORT_ADDR_D 0x32
        #define PORT_ADDR_E 0x23
        #define PORT_ADDR_F 0x62
        #define PORT_ADDR_G 0x65
#endif

#endif //_REG_ADDRESS___
```

예를 들어 DDR(PORT_ADDR_D)는 DDRD와 같다.

```
void set_port(REG_ADDR addr, BOOL out, BYTE ival)
{
  DDR(addr) = out? 0xff:0x00;
  PORT(addr) = ival;
}

void main()
{
set_port(PORT_ADDR_D, TRUE, 0xff);
}
```

위의 코드 예에서는 확실히 포트를 파라미터화하는 데 성공했다.

4. 키패드 라이브러리

앞에서 설명한 알고리즘을 기반으로 키패드 모듈 소스를 작성한다. 키패드 스캔에는 입·출력을 위해 각각 4비트의 입출력 포트가 필요하다. 그런데 키패드를 구현하는 칩은 아주 작은 Attiny2313으로 구현할 경우도 있으며, 상황에 따라서 입력핀과 출력핀을 위해 서로 다른 포트를 사용할 수도 있다. 여기서도 이러한 경우를 고려하고 파라미터화할 것이다. 이러한 일반화를 고려한 라이브러리는 사용자에에 큰 편리성을 제공한다. 모든 개발자가 Atmega128과 같은 강력한 칩만을 사용하지는 않는다는 것을 라이브러리 작성자는 염두에 둘 필요가 있다.

[../inc/keypad.h] 키패드 라이브러리

```
#ifndef __KEYPAD_MODULE__
#define __KEYPAD_MODULE__

#include "../inc/regaddr.h"
#include <delay.h>

/* 연결과 옵션 -----------------------------
   KEY PAD array
   03 02 01 00  -- output
    1  2  3  4      I0/I4
    5  6  7  8      I1/I5
    9 10 11 12      I2/I6
   13 14 15 16      I3/I7

I0..3: LOW-LOW (keypad_lowhigh=0)
I4..7: LOW-HIGH(keypad_lowhigh=1) */

REG_ADDR keypad_out;
REG_ADDR keypad_in;
BYTE keypad_lowhigh;
BYTE keypad_out_mask[] = { ~0x08, ~0x04, ~0x02, ~0x01 };

//-- 확장 모드
BOOL key_expand = FALSE;
#define KEY_TIME_EXPAND  2500
#define KEY_TIME_UNIT             10

#define KEY_SKIP          3
#define KEY_WAIT                  100      //ms

BOOL keypad_pressed()
{
   BYTE key;
   key = PIN(keypad_in);
```

```
  if(keypad_lowhigh==0)
    return ((key&0x0f) != 0x0f) ? TRUE: FALSE;
  else if((key&0xf0) != 0xf0)
    return TRUE;
  return FALSE;
}

#define keypad_expand(f) (key_expand=f)
#define keypad_release()          while(keypad_pressed())
#define keypad_get()              keypad_get_time(0)

//-- 키패드 초기화 - 포트 설정
void keypad_init(REG_ADDR out, REG_ADDR in, BYTE lh)
{
  keypad_out = out;
  keypad_in = in;
  keypad_lowhigh = lh;

  DDR(keypad_out) |= 0x0f;
  PORT(keypad_out) |= 0x0f;

  if(keypad_lowhigh == 0)
  {
    DDR(keypad_in) &= 0xf0;
    PORT(keypad_in) |= 0x0f;
  }
  else
  {
    DDR(keypad_in) &= 0x0f;
    PORT(keypad_in) |= 0xf0;
  }
}

//-- 키 스캔
//-- Rtn: 1..16, 0(No Key Input)  - 정규 모드
//--     1..16, 16..32(확장), 0(No Input) - 확장 모드
//-- Note: 정규 모드에서는 키가 눌려진 즉시 리턴함
//--     키의 해제를 solicit하는 것은 client의 몫.
//--     확장 모드에서는 키가 눌려졌다가 해제되어야 리턴함.

BYTE keypad_scan()
{
  int col;
  BYTE key=0x00, key_in;
```

```
  for(col = 0; col < 4; ++col)
  {
    PORT(keypad_out) = (PIN(keypad_out) | 0x0f);
    PORT(keypad_out) = PIN(keypad_out)& keypad_out_mask[col];

    key_in = PIN(keypad_in);              //-- Normalize key in
    if(keypad_lowhigh == 1)
      key_in >>= 4;
    else
      key_in &= 0x0f;

    if(key_in != 0x0f)
    {
      switch(key_in)
      {
case 0x0e: key = col+1; break;
        case 0x0d: key = col+5; break;
        case 0x0b: key = col+9; break;
        case 0x07: key = col+13; break;
      }
      break;
 }
  }

  if(key && key_expand)           //-- Check key expand
  {
    int time = KEY_TIME_EXPAND;
    while(keypad_pressed() && time > 0) {
      delay_ms(KEY_TIME_UNIT);
       time -= KEY_TIME_UNIT;
    }
    if(time <= 0)
    key += 16;
  }

return key;
}

BYTE keypad_get_time(int timeout)
{

  int dtime;
   BYTE key;
```

```
    dtime = timeout? KEY_TIME_UNIT : 0;
    do
    {
        key = keypad_scan();
        if(dtime) {
            delay_ms(dtime);
            timeout -= dtime;
        }
    }while(!key && timeout >= 0);
    return key;
}

#endif
```

- keypad_pressed()

키가 눌려 있는지 여부를 알 수 있는 매크로. 입력 포트의 하위 4비트 중 하나라도 1이면 키가 눌려진 것이다.

- keypad_release()

키의 누름이 해제될 때까지 기다린다.

- keypad_expand(BOOL f)

키패드를 확장 모드(f=TRUE)로 혹은 정규모드(f=0)로 설정한다. 초기값은 정규모듀.

- Key_init(REG_ADDR out, REG_ADDR in, BYTE lh)

포트를 초기화한다. lh가 0이면 두 포트(out, in) 모두 하위 4비트가 사용되며, lh가 1이면 out은 하위 4비트, in으로는 상위 4비트가 사용된다.

- Keypad_get_time(timeout)

눌려진 키패드 번호(1~16)를 반환한다. 0이 반환되면 timeout(msec) 안에 키패드가 눌려지지 않은 것이다. 확장모드일 때 키를 일정 시간 이상 누른 다음에 떼면 키패드 번호+16이 반환된다. 정규 모드에서 키 해제를 체크하는 것은 클라이언트의 일이다.

• Keypad_get()

시간 제한이 없는 키패드 읽기 루틴이다.

5. 예제 프로그램

키패드에서 입력된 값(1~16)을 그대로 LED 쪽으로 출력한다. 주의할 것은 키패드를 누르는 동작이 완료될 때까지 키패드에서 읽어들이는 동작을 한 번으로 제한해야 하는 것이다. 이를 위해서는 key_pressed 매크로를 사용하여 키가 릴리즈될 때까지 기다렸다가 다음 키들 읽어 들이면 된다.

[프로그램 13-1] 키패드를 읽어서 LED로 표시하기

```
#include <mega8.h>
#include <stdlib.h>
#include <delay.h>
#include "../inc/macros.h"
#include "../inc/keypad.h"
void init_port(void)
{
DDRD  = 0xff;        //-- LED 표시용
PORTD = 0xff;        //-- 모든 LED를 끈다.
}
void main()
{
BYTE key;

init_port();

   //--       PortB(출력), PortC(입력)
   keypad_init(PORT_ADDR_B, PORT_ADDR_C, 0);   //-- 키패드 초기화
   //--                                      B와 C 모두 하위 nibble 사용
   keypad_expand(TRUE);

   for (;;)
   {
//       PORTD = ~keypad_get_time(1000);
         PORTD = ~keypad_get();
         delay_ms(20);
         keypad_release();          //-- 키 떨어질 때까지 기다림.
   }
}
```

연습 문제

① 프로그램 12-1, 12-2, 12-3을, regaddr.h를 이용하여 직접 주소에 의한 포트 지정 방식으로 변경하시오.

제 5 장 프로젝트 · 워크샵

이 장에서는 지금까지 실습한 지식을 바탕으로 하나의 프로젝트를 수행한다. 다음 쪽에 제시된 순서대로 프로젝트를 실행하시오. 조별 워크샵으로 진행하되, 먼저 조원들의 역할 할당표를 작성한다. 아래 표를 참조하되 조별, 실험별 특성을 고려하여 변경하여도 무방하다.

[역할 할당표(템플릿)]

업무 ＼ 조원		
부품 준비		
하드웨어 구성		
라이브러리 작성		
코딩		
테스트		

[프로젝트]

1. 제목 : 연속 숫자 입력
2. 목적 : 임베디드 프로그래밍 입력에서 가장 기초가 되는 키패드에서 숫자 입력을 실습한다.
3. 하드웨어 준비 : 제3장과 동일
4. 사양 :

키패드에서 입력한 연속 숫자를 LED에 표현한다. 예를 들어 키패드에서 2-3-4를 입력하면, LED에서 표현되는 것은 차례로 2-23-234가 된다. 단, 8비트로 표현 가능한 숫자는 0~255이므로, 이 범위를 넘어설 때에는 제일 높은 자리부터 차례로 버리도록 한다. 예를 들어 2-3-4-2-3-4-5-6을 입력하면 LED에 표현되는 숫자는 다음과 같이 변한다: 2-23-234-42-23-234-45-56.

키패드의 배열은 다음과 같다:

1	2	3	4
5	6	7	8
9	0	+	-
*	*	*	*

여기서 +일 때에는 1 증가로, 255 다음에는 0으로 변한다. 또한 -는 1 감소로, 0 다음에는 255로 변한다. 나머지 4개 키는 사용하지 않는다.

Note : 위의 과정은 계산기 등에서 필요한 기능이다.

연습 문제

☞ 다음의 순서대로 프로그램을 작성하시오.

① 위의 사양에 사용할 만한 라이브러리를 정리하시오.

② 위의 사양에서 유저 동작을 분석하여 상태 천이도(state transition diagram)(또는 유저 동작 시나리오)를 작성하시오.

③ 프로젝트의 흐름도(flowchart)를 작성하시오.

④ 메인 프로그램을 작성하시오.

연습문제 / 힌트풀이

여기서는 Part 2에 제시된 문제들에 대한 힌트/풀이를 선택적으로 제시한다.

| 제2장 |

② 알파음은 약 14 Hz의 단속음이다. 즉 1초에 14번의 빈도로 단속음을 내는 것이다. delay_ms() 함수를 이용하여 알파음을 내는 프로그램을 작성하시오. 여기서는 부저(소리)를 사용하지 않아도 된다. 대신 LED(빛)을 출력한다. 기존의 회로를 변경하지 않고 사용하고, 출력점은 PortB의 6번째 비트로 한다. 각 단속음에서 on과 off의 기간을 조절하기 용이하도록 파라미터화하시오.

[풀이]

주기 T = 1/14 = 71ms

주기를 on 시간과 off 시간으로 분리한다. 먼저 on 시간 동안 1을 출력하고 off 시간 동안 0을 출력한다. 이것을 반복한다.

[s11-2.c]

```
#include <mega8.h>              //-- 해당 칩의 I/O 레지스터들이 정의되어 있다
                                //-- 해당 헤더 파일을 반드시 인클루드해야 함.
#include <delay.h>
#include "macros.h"

#define PERION 71
#define ON_TIME 30
#define OFF_TIME (PERIOD-ON_TIME)

void init_port(void)            //-- PortD 초기화 루틴
{
    DDRD  = 0xff;               //-- PortD의 모든 핀을 출력으로 할당한다.
    PORTD = 0xff;             //-- 모든 LED를 OFF(High-Off)

}
```

```
void main()
{
init_port();

    for (;;)
    {
        PORTD.6 = 0;             //-- on 상태
        delay_ms(ON_TIME);
        PORTD.6 = 1;             //-- off 상태
        delay_ms(OFF_TIME);
}
}
```

▎제3장▕

① 다음 사양(specification)의 문제에 대하여 프로그램을 작성하시오.

PINC의 각 핀의 상태를 다음과 같이 정의한다.

PINC.0 – 0일 때에는 앞의 프로그램처럼 오른쪽 혹은 왼쪽으로 회전한다. 1일 때에는 양쪽으로 동시에 회전한다. 이 때의 점멸 순서는 다음과 같다.

(0,7), (1,6), (2,5), (3,4), (4,3), (5,2), (6, 1), (7, 0) …

PINC.1 – PINC.0이 0일 때, 회전의 방향을 결정한다.

[풀이]

[s12-1.c]

```
#include <mega8.h>
#include <delay.h>
#include "../inc/macros.h"

void init_port(void)
{
   DDRD  = 0xff;        //-- PortD의 모든 핀을 출력으로 사용
   PORTD = 0xff;        //-- 모든 LED를 OFF

   DDRC  = 0x00
   PORTC = 0xff        //-- 풀-업 저항을 설정한다.
}
```

```
void main()
{
    BYTE led1 = 0x01;
    BYTE led2 = 0x80;

    init_port();
    for (;;)
    {
if(PINC.0 == 0)
            PORTD = ~led1
        else
            PORTD = ~(led1 | led2);
        if(PINC.1 == 0)
        {
            RotateLeft(led1);
            RotateRight(led2);
        }
      else
        {
          RotateRight(led1);
            RotateLeft(led2);
        }
      delay_ms(100);
    }
}
```

▌제4장▐

① 프로그램 12-1, 12-2, 12-3을, regaddr.h를 이용하여 직접 주소에 의한 포트 지정 방식으로 변경하시오.

[풀이]

[s13-1-1] 프로그램 12-1의 변경

```
#include <mega8.h>
#include <delay.h>
#include "../inc/macros.h"
#include "../inc/regaddr.h"

void init_port(REG_ADDR addr, BOOL out, BYTE ival)
{
```

```
DDR(addr) = out? 0xff: 0x00;
PORT(addr) = ival;
}

void main()
{
   BYTE pinc, pinb;
init_port(PORT_ADDR_D, TRUE, 0xff);
init_port(PORT_ADDR_B, FALSE, 0xff);
init_port(PORT_ADDR_C, FALSE, 0xff);
   for (;;)
   {
pinb = PIN(PORT_ADDR_B);
pinc = PIN(PORT_ADDR_C);
      PORT(PORT_ADDR_D) = (pinb << 4) | (pinc&0x0F);

delay_ms(100);
   }
}
```

[s13-1-2] 프로그램 12-2의 변경

```
#include <mega8.h>
#include <delay.h>
#include "../inc/macros.h"
#include "../inc/regaddr.h"

void init_port(REG_ADDR addr, BOOL out, BYTE ival)
{
DDR(addr) = out? 0xff: 0x00;
PORT(addr) = ival;
}

void main()
{
   BOOL toggle = FALSE;
   BYTE pinc, pinb, led;

init_port(PORT_ADDR_D, TRUE, 0xff);
init_port(PORT_ADDR_B, FALSE, 0xff);
init_port(PORT_ADDR_C, FALSE, 0xff);
   for (;;)
```

```
    {
pinb = PIN(PORT_ADDR_B);
pinc = PIN(PORT_ADDR_C);
      led = (pinb << 4) | (pinc&0x0F);

PORT(PORT_ADDR_D) = toggle?  led : ~led;
toggle = !toggle;

delay_ms(100);
    }
}
```

[s13-1-3] 프로그램 12-3의 변경

```
#include <mega8.h>
#include <delay.h>
#include "../inc/macros.h"
#include "../inc/regaddr.h"

void init_port(REG_ADDR addr, BOOL out, BYTE ival)
{
DDR(addr) = out? 0xff: 0x00;
PORT(addr) = ival;
}

void main()
{
    BYTE led = 1;

init_port(PORT_ADDR_D, TRUE, 0xff);
init_port(PORT_ADDR_C, FALSE, 0xff);
    for (;;)
    {
PORT(PORT_ADDR_D) = ~led;
      if(CheckBit(PIN(PORT_ADDR_C), 0)==0)
RotateLeft(led);
      else
        RotateRight(led);

delay_ms(100);
}
}
```

❙ 제5장 ❙

[프로젝트]

다음과 같은 사양(specification)에 맞추어 임베디드 프로그램을 작성하시오.

키패드에서 입력한 연속된 숫자를 LED에 표시한다. 예를 들어 키패드에서 2-3-4를 입력하면, LED에서는 차례로 2-23-234가 표시되도록 한다. 단, 8 비트로 표현 가능한 숫자의 크기는 0~255 범위이므로, 이 범위의 값을 넘어설 때에는 가장 높은 자리부터 차례로 버리도록 한다. 예를 들어 2-3-4-2-3-4-5-6을 입력하면 LED에 표시되는 숫자는 다음과 같이 변한다: 2-23-234-42-23-234-45-56.

키패드의 배열은 다음과 같다:

1 2 3 4

5 6 7 8

9 0 + -

* * * *

여기서 +일 때에는 1 증가로, 255 다음에는 0으로 변한다. 또한 -는 1 감소로, 0 다음에는 255로 변한다. 나머지 4개는 사용하지 않는다.

[풀이] [s13-1.c]

```
#include <mega8.h>
#include <stdlib.h>
#include <delay.h>
#include "../inc/macros.h"
#include "../inc/keypad.h"

void init_port(void)
{
   DDRD  = 0xff;
   PORTD = 0xff;
}

int sum = 0;

void main()
```

```
{
   BYTE key;

   init_port();
   keypad_init(PORT_ADDR_B, PORT_ADDR_C, 0);

   for (;;)
   {
      PORTD = ~(BYTE)sum;
      key = keypad_get();
      switch(key)
      {
          case 0: break;

         default:
          sum = sum * 10 + (key % 10);
          if(sum > 255)
             sum = (sum % 1000);
          if(sum > 255)
             sum = (sum % 100);
              break;

         case 11: /* ++ */ sum = (sum+1)%256;   break;
          case 12: /* -- */  sum = (sum+255)%256; break;
      }
      keypad_release();
   }
}
```

PART 3. 표시 장치 제어

PART 3에서는 임베디드 시스템의
대표적인 표시장치인 LCD 모듈과
세븐 세그먼트장치를 가지고 실험 · 실습한다.

제 1 장 LCD 모듈과 세븐 세그먼트

1. LCD 모듈
2. 세븐 세그먼트

✓ 이 장의 목표

· LCD 모듈의 동작 원리를 이해한다.

· 세븐 세그먼트를 이해한다.

✓ 들어가기에 앞서

· 다이오드에 관한 지식을 정리한다.

✓ 준비할 것

· HD44780 데이터 시트

· 세븐 세그먼트(anode-common) 데이터 시트

1. LCD 모듈

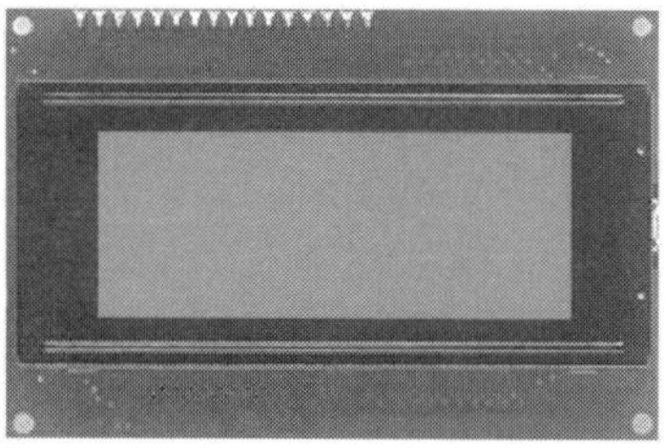

LCD(Liquid Crystal Display; 액정 표시 장치) 표시 장치는 임베디드 시스템에서 자료의 표시 장치이다. 이것은 디바이스보다 표시 장치에 제어 칩이 부착된 모듈 형태를 사용하게 된다. 이것에는 그래픽 타입과 텍스트 타입이 있는데, 여기서는 텍스트 타입을 가지고 실습한다. LCD 모듈은 8문자 x 2라인, 16문자 x 2라인, 16문자 x 4라인, 20문자 x 2라인, 40문자 x 2라인 등 많은 종류가 있으나 대개는 16문자 x 2라인 또는 8문자 x 2라인을 많이 사용한다. LCD 제어 칩으로는 HD44780을 많이 사용하는 것으로 알려져 있다.

다음 표는 LCD 제어를 위한 각 핀의 기능을 나타낸다.

핀번호	기호	기 능	
1	VSS	0V	전원
2	VDD	5V	
3	VL	VR 10k	
4	RS	H: 데이터, L: 인스트럭션	
5	R, /W	H: 리드, L: 라이트	
6	EI	H: 인에이블 신호	
7	D0	데이터 버스 4 비트 사용시: D4~D7만 사용 8 비트 사용시: D0~D7 사용	
8	D1		
9	D2		
10	D3		
11	D4		
12	D5		
13	D6		
14	D7		
15	A	1N4001 연결(전압강하)	LCD 백 라이트 전원
16	K	GND	

다음 표는 LCD 명령어를 정리한 것이다.

인스트럭션	코드										실행 시간	기 능
	RS	R/W	D7	D6	D5	D4	D3	D2	D1	D0		
표시 클리어	0	0	0	0	0	0	0	0	0	1	1.64ms	화면 클리어 DD RAM 번지 00H로
커서 홈	0	0	0	0	0	0	0	0	1	*	1.64ms	DD RAM 번지 00H로 시프트 전 화면 복귀
엔트리 모드	0	0	0	0	0	0	0	1	I/D	S	40us	I/D: 커서 이동 방향 S: 화면 시프트 모양
표시 on/off	0	0	0	0	0	0	1	D	C	B	40us	D: 화면 on/off C: 커서 on/off B: 커서 깜박임
커서/표시 시프트	0	0	0	0	0	1	S/C	R/L	*	*	40us	S/C: 화면 시프트/커서 이동 R/L: 이동 방향
펑션 세트	0	0	0	0	1	DL	N	F	*	*	40us	DL: I/F 데이터 길이 N: LINE 개수 F: 문자 폰트 정의
CG RAM 어드레스 세트	0	0	0	1	ACG CGR RAM 번지						40us	CG RAM 어드레스 세트, 이후 전송되는 데이터는 CG RAM 데이터로 취급
DD RAM 어드레스 세트	0	0	1	ADD DD RAM 번지							40us	DD RAM 어드레스 세트, 이후 전송되는 데이터는 DD RAM 데이터로 취급
비지 플래그 / 어드레스 리드	0	1	BF	AC DD RAM과 CG RAM의 주소에 사용되는 주소 카운터							0us	비지 플래그 체크, 어드레스를 리드. CG/DD RAM에서 다 사용가능
CG/DD RAM 데이터 라이트	1	0	DATA								40us	CG/DD RAM 데이터 기록
CG/DD RAM 데이터 리드	1	1	DATA								40us	CG/DD RAM 데이터 읽기

DD RAM: Display Data RAM

CG RAM: Character generator RAM

모듈 중에는 16핀 외에 14핀으로 구성된 것도 있는데, 이는 백 라이트 전원이 없는 것이다. 또한 핀이 2열로 배열된 것과 1열로 배열된 것이 있는데, 키트나 브레드 보드 상에서 테스트하기 위해서는 1열로 구성된 것이어야만 한다.

LCD는 사용하기 전에 반드시 초기화를 해야 한다. 초기화는 LCD 제작사의 권장 사항을 기반으로 하게 된다. 예를 들어, 다음은 HD44780의 데이터 시트에 나온 권장 사항에 따른 초기화 루틴이다. 즉, 이와 같은 방법대로 통신한다면 LCD 모듈의 구동을 보장하는 것이다.

LCD 초기화 루틴

<table>
<tr><td colspan="10">Power On</td></tr>
<tr><td colspan="10">VCC가 4.5볼트에 도달한 후 15ms 이상 기다린다</td></tr>
<tr><td>RS</td><td>RW</td><td>D7</td><td>D6</td><td>D5</td><td>D4</td><td>D3</td><td>D2</td><td>D1</td><td>D0</td></tr>
<tr><td>0</td><td>0</td><td>0</td><td>0</td><td>1</td><td>1</td><td>x</td><td>x</td><td>X</td><td>x</td></tr>
<tr><td colspan="10">4ms 이상 기다린다</td></tr>
<tr><td>RS</td><td>RW</td><td>D7</td><td>D6</td><td>D5</td><td>D4</td><td>D3</td><td>D2</td><td>D1</td><td>D0</td></tr>
<tr><td>0</td><td>0</td><td>0</td><td>0</td><td>1</td><td>1</td><td>x</td><td>x</td><td>X</td><td>x</td></tr>
<tr><td colspan="10">4ms 이상 기다린다</td></tr>
<tr><td>RS</td><td>RW</td><td>D7</td><td>D6</td><td>D5</td><td>D4</td><td>D3</td><td>D2</td><td>D1</td><td>D0</td></tr>
<tr><td>0</td><td>0</td><td>0</td><td>0</td><td>1</td><td>1</td><td>x</td><td>x</td><td>X</td><td>x</td></tr>
<tr><td>RS</td><td>RW</td><td>D7</td><td>D6</td><td>D5</td><td>D4</td><td>D3</td><td>D2</td><td>D1</td><td>D0</td></tr>
<tr><td>0</td><td>0</td><td>0</td><td>0</td><td>1</td><td>1</td><td>N</td><td>F</td><td>X</td><td>x</td></tr>
<tr><td>0</td><td>0</td><td>0</td><td>0</td><td>0</td><td>0</td><td>1</td><td>0</td><td>0</td><td>0</td></tr>
<tr><td>0</td><td>0</td><td>0</td><td>0</td><td>0</td><td>0</td><td>0</td><td>0</td><td>0</td><td>1</td></tr>
<tr><td>0</td><td>0</td><td>0</td><td>0</td><td>0</td><td>0</td><td>0</td><td>1</td><td>I/D</td><td>S</td></tr>
<tr><td colspan="10">초기화 OK</td></tr>
</table>

2. 세븐 세그먼트

LED(Light Emitting diode; 발광 다이오드)를 숫자 형태로 배열하여 원하는 LED를 점등함으로써 숫자를 표시하는 소자로서, FND라고도 한다. 오른쪽 그림과 같이 7개의 각기 다른 LED로 구성되기 때문에 7-segmant라고 부르며, LED 하나 하나에 a부터 g까지의 이름이 붙는다.

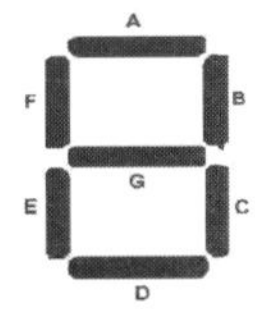

또한, 도트가 있는 경우 DP(Decimal Point)라는 별도의 이름이 부여된다.

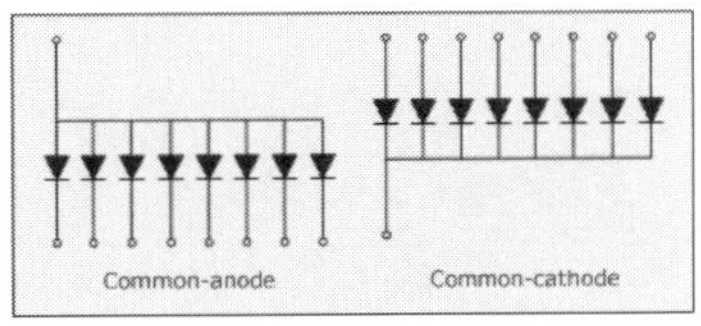

7-segmant에서 각 세그먼트를 만드는 데는 애노드가 공통인 common-anode 타입과 캐소드가 공통인 common-cathode 타입의 두 가지 방법이 있다. 세븐 세그먼트는 온도, 카운터 표시 등에서 이용되고 있다. 또한 2~4개의 FND를 묶은 형태도 있다.

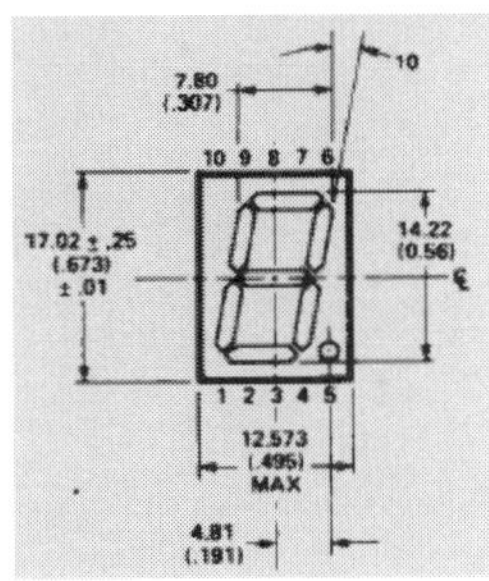

세븐 세그먼트 역시 LED로 만들어진 소자이기 때문에, 앞장에서 보인 LED처럼 330~1kOhm의 저항을 직렬로 연결해 주어야 한다. 오른쪽 그림은 common-anode 타입의 세븐 세그먼트 중 하나이다. 각 핀의 기능은 다음 [표 2.1]과 같다.

[표 2.1] 세븐 세그먼트 핀 번호

1	2	3	4	5	6	7	8	9	10
E	D	Anode	C	DP	B	A	anode	F	G

연습 문제

① Common-anode 타입의 세븐 세그먼트를 가지고, 앞 절에 기술된 핀 배열을 참고하여 '0'을 표시하도록 회로를 구성하시오. 주의할 것은 각 선택 핀(a..h', DP)과 VCC 사이에 300~1kΩ의 저항을 직렬로 연결해야 한다는 것이다. 만일 저항을 연결하지 않으면 각 LED에 과전류가 흘러 세븐 세그먼트가 망가지게 된다. 또한, '0'을 표시하기 위해서는 a, b, c, d, e, f의 LED를 On하면 된다.

제 2 장 LCD 모듈 제어

1. LCD 모듈 연결
2. CodeVision 라이브러리를 이용한 LCD제어
3. 직접 LCD제어하기

✓ 이 장의 목표

- LCD 모듈에 대해 이해한다.
- 텍스트형 LCD 모듈을 프로그램적으로 다룰 수 있다.
- 수를 10진수, 16진수, 8진수, 2진수 등의 형태로 변형하여 LCD 모듈에 표시할 수 있다.

✓ 들어가기에 앞서

- 액정(Liquid Crystal)에 대해 알아본다.
- 정수(short, unsigned short)를 10진수, 16진수, 8진수, 2진수 등의 문자열로 표현하기 위한 방법을 찾아본다. 1) 라이브러리에서 지원하는지 검색하고, 2) stdio 모듈을 이용한 방법을 생각하고, 3) 직접 정수-아스키 변환 라이브러리를 만들어본다.

✓ 준비할 것

- MHT-SK100 키트
- LCD 모듈(16문자x2열, 연결 핀이 한 줄로 되어 있는 것) – JH162A

1. LCD 모듈 연결

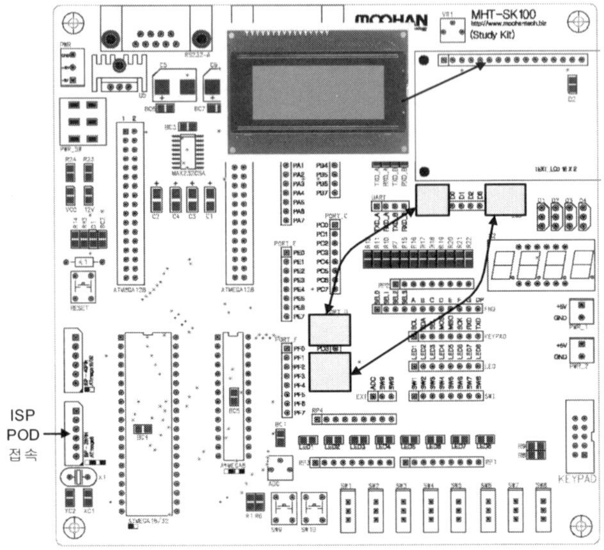

[그림 1.1] LCD 구동 실습 케이블 연결

먼저 LCD 모듈(16핀, 1열)을 우측 상단의 커넥터 TEXT_LCD에 삽입한다. LCD와 포트간 핀 연결은 데이터 읽기, 쓰기를 4비트 단위로 해야 할 것인지 아니면 8비트 단위로 해야 할 것인지에 따라 달라진다. 여기서는 CPU의 포트 절약을 위해서 4비트 단위의 연결을 선택한다. 이 경우 데이터 신호와 기타 제어 신호까지 합해서 한 포트 (정확히 7개 핀)가 소요된다. 여기서는 오른쪽 표에서와 같이 PortD를 LCD에 연결한다. PD3을 사용하지 않으므로 4선 커넥터 두 개로 간단히 연결하면 된다(LCD:1..4-PD0..3, LCD:8..11-PD4..7).

CodeVision에서는 LCD 제어 라이브러리가 제공되는데 (lcd.h), 이것 역시 데이터를 4비트로 처리한다.

LCD	연 결
1	PD0
2	PD1
3	PD2
4	–
5	–
6	–
7	–
8	PD4
9	PD5
10	PD6
11	PD7

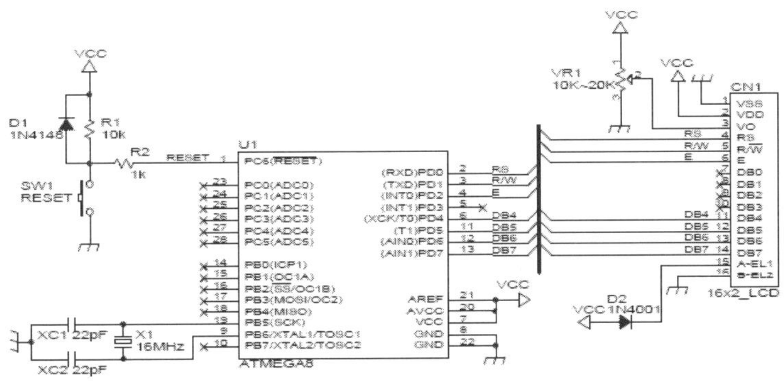

[그림 1.2] LCD 구동 실습 회로도 연결

2. CodeVision 라이브러리를 이용한 LCD 제어

먼저, CodeVision에서 제공하는 라이브러리를 이용한 LCD 제어를 테스트한다. 여기서 제공하는 함수들은 헤더파일 lcd.h를 보면 알 수 있다.

[lcd.h]

```
/* LCD driver routines
  CodeVisionAVR C Compiler
  (C) 1998-2003 Pavel Haiduc, HP InfoTech S.R.L.

  BEFORE #include -ING THIS FILE YOU MUST DECLARE
THE I/O ADDRESS OF THE DATA REGISTER OF THE PORT
AT WHICH THE LCD IS CONNECTED!

  EXAMPLE FOR PORTB:
    #asm
        .equ __lcd_port=0x18
    #endasm
    #include <lcd.h>
*/

#ifndef _LCD_INCLUDED_
```

```
#define _LCD_INCLUDED_

#pragma used+

void _lcd_ready(void);
void _lcd_write_data(unsigned char data);
// write a byte to the LCD character generator or display RAM
void lcd_write_byte(unsigned char addr, unsigned char data);
// read a byte from the LCD character generator or display RAM
unsigned char lcd_read_byte(unsigned char addr);
// set the LCD display position  x=0..39 y=0..3
void lcd_gotoxy(unsigned char x, unsigned char y);
// clear the LCD
void lcd_clear(void);
void lcd_putchar(char c);
// write the string str located in SRAM to the LCD
void lcd_puts(char *str);
// write the string str located in FLASH to the LCD
void lcd_putsf(char flash *str);
// initialize the LCD controller
unsigned char lcd_init(unsigned char lcd_columns);

#pragma used-
#pragma library lcd.lib

#endif
```

먼저 새로운 프로젝트를 작성한다. CodeVision의 도구 바에서 "Create new file", "project"를 순서대로 선택한다. 팝업되는 CodeWizardAVR의 Chip 탭에서 Chip과 클럭을 확인하고, LCD 탭에서 "PORTD"를 선택한 후, 화면에 표시되는 연결과 위의 표를 비교 확인한다. 라인 당 문자 수도 하드웨어와 맞게 선택한다. 다음에 File - "Generate, save and exit"를 선택하고, 프로젝트 이름, 파일 이름 등을 넣어서 프로젝트를 만든다.

아래 소스는 이렇게 해서 생성된 소스에 두 문장을 첨가한 것이다. 여기서 밑줄 친 코드가 LCD 기능과 관련된 부분이며, 굵은 글씨가 첨가한 부분이다.

```
/*****************************************************
This program was produced by the
CodeWizardAVR V1.24.8d Professional
Automatic Program Generator
?Copyright 1998-2006 Pavel Haiduc, HP InfoTech s.r.l.
http://www.hpinfotech.com

Project :
Version :
Date    : 2006-11-17
Author  : F4CG
Company : F4CG
Comments:

Chip type           : ATmega8
Program type        : Application
Clock frequency     : 8.000000 MHz
Memory model        : Small
External SRAM size  : 0
Data Stack size     : 256
*****************************************************/

#include <mega8.h>

// Alphanumeric LCD Module functions
#asm
   .equ __lcd_port=0x12 ;PORTD
#endasm
#include <lcd.h>

// Declare your global variables here

void main(void)
{
// Declare your local variables here
    char *msg = "Hello, LCD!";          // ( 삽입
// Input/Output Ports initialization
// Port B initialization

// Func7=In Func6=In Func5=In Func4=In Func3=In Func2=In Func1=In Func0=In
// State7=T State6=T State5=T State4=T State3=T State2=T State1=T State0=T
PORTB=0x00;
DDRB=0x00;
```

```
// Port C initialization
// Func6=In Func5=In Func4=In Func3=In Func2=In Func1=In Func0=In
// State6=T State5=T State4=T State3=T State2=T State1=T State0=T
PORTC=0x00;
DDRC=0x00;

// Port D initialization
// Func7=In Func6=In Func5=In Func4=In Func3=In Func2=In Func1=In Func0=In
// State7=T State6=T State5=T State4=T State3=T State2=T State1=T State0=T
PORTD=0x00;
DDRD=0x00;

// Timer/Counter 0 initialization
// Clock source: System Clock
// Clock value: Timer 0 Stopped
TCCR0=0x00;
TCNT0=0x00;

// Timer/Counter 1 initialization
// Clock source: System Clock
// Clock value: Timer 1 Stopped
// Mode: Normal top=FFFFh
// OC1A output: Discon.
// OC1B output: Discon.
// Noise Canceler: Off
// Input Capture on Falling Edge
// Timer 1 Overflow Interrupt: Off
// Input Capture Interrupt: Off
// Compare A Match Interrupt: Off
// Compare B Match Interrupt: Off
TCCR1A=0x00;
TCCR1B=0x00;
TCNT1H=0x00;
TCNT1L=0x00;
ICR1H=0x00;
ICR1L=0x00;
OCR1AH=0x00;
OCR1AL=0x00;
OCR1BH=0x00;
OCR1BL=0x00;

// Timer/Counter 2 initialization
// Clock source: System Clock
// Clock value: Timer 2 Stopped
// Mode: Normal top=FFh
```

```
// OC2 output: Disconnected
ASSR=0x00;
TCCR2=0x00;
TCNT2=0x00;
OCR2=0x00;
// External Interrupt(s) initialization
// INT0: Off
// INT1: Off
MCUCR=0x00;

// Timer(s)/Counter(s) Interrupt(s) initialization
TIMSK=0x00;

// Analog Comparator initialization
// Analog Comparator: Off
// Analog Comparator Input Capture by Timer/Counter 1: Off
ACSR=0x80;
SFIOR=0x00;

// LCD module initialization
lcd_init(16);
lcd_puts(msg);              // ( 삽입

while (1) {
      // Place your code here

      };
}
```

3. 직접 LCD 제어하기

만일 CodeVision 이외의 컴파일러를 사용한다면, 프로그래머가 lcd를 직접 제어해야만 한다. 그리고 CodeVision으로 만든 소스를 다른 컴파일러로 변환하는 것이 어려운 일은 아니다. 뿐만 아니라, LCD를 제어하기 위해 하나의 포트를 할당하지 못하고 두 포트를(각각 4비트씩) 할당해야 하는 경우가 발생할 수 있는데, 이 경우 CodeVision 라이브러리를 사용할 수 없다. 이것이 LCD 제어를 직접 해야 하는 이유

이다.

아래 소스는 LCD 제어를 위한 모듈이다. 초기화, 문자 출력, 문자열 출력, 명령 입력, 출력 위치 지정 등의 함수가 있고, 명령은 제0장의 명령어 표를 기본으로 한 매크로가 정의되어 있으며, 이들을 명령 입력의 실인수(actual parameter)로 사용하면 된다.

[../inc/lcd.h] 텍스트 lcd 출력 라이브러리

```
#ifndef __LCD_HEADER______#ifndef __LCD_HEADER_______
#define __LCD_HEADER_______
#include <delay.h>
#include "../inc/macros.h"
#include "../inc/regaddr.h"

//-- LCD_PORT_TWO: 제어선과 데이터선을 각각 다른 포트에 할당할 때 정의
#ifdef LCD_PORTS_TWO
   REG_ADDR lcd_portH, lcd_portL;
   #define _lcd_put(c)   splitHL(c, PORT(lcd_portH), PORT(lcd_portL))
#else
   REG_ADDR lcd_port;
   #define _lcd_put(c)   PORT(lcd_port)=c
#endif

int lcd_cx, lcd_cy; //-- LCD의 열과 줄 수

//-- H/W Dependent parameters/functions ////////////

/*   P0 P1  P2   P3 P4 P5 P6 P7
    RS RW  E   X {   DATA   } */

#ifdef LCD_PORTS_TWO
#define LCD_ENABLE        (PORT(lcd_portL) |= 0x04)
#define LCD_DISABLE       (PORT(lcd_portL) &= 0xFB)
#else
#define LCD_ENABLE        (PORT(lcd_port) |= 0x04)
#define LCD_DISABLE       (PORT(lcd_port) &= 0xFB)
#endif

//-- LCD 인스트럭션 파라미터

#define LCD_CLEAR         0x01    //-- 화면 클리어, DD RAM 번지 00H
```

```
#define LCD_CURSOR_HOME 0x02        //-- DD RAM 번지 00H, 시프트 전 화면으로 복귀

#define LCD_ENTRY_MODE   0x04       //-- 엔트리 모드
#define LCD_CURSOR_INC   0x02       //-- 커서 이동 방향, 증가/감소
#define LCD_SHIFT_SHAPE  0x01       //-- 화면 시프트 모양, 표시 시프트 동반/비동반

#define LCD_DISPLAY      0x08       //-- 표시 온/오프
#define LCD_SCREEN_ON    0x04
#define LCD_CURSOR_ON    0x02
#define LCD_BLINK        0x01
#define LCD_DISPLAY_ALL  0x0f

#define LCD_SHIFT        0x10       //-- 커서/표시 시프트
#define LCD_SHIFT_SCREEN 0x08       //-- SCREEN/CURSOR
#define LCD_SHIFT_RIGHT  0x04       //-- RIGHT/LEFT

#define LCD_FUNCTION     0x20       //-- 펑션 세트
#define LCD_FUN_8BIT     0x10       //-- 8비트/4비트
#define LCD_FUN_2LINE    0x80       //-- 2라인/4라인
#define LCD_FUN_5X10DOT 0x40        //-- 5x10/5x7 DOT

#define LCD_DDRAM(addr)  (0x80 + addr)

void LCD_enable()  { LCD_ENABLE; LCD_DISABLE; }
void LCD_busy(void){ delay_ms(2); }

void LCD_puti(unsigned char cmd) //-- LCD에 명령 입력
{
   LCD_busy();
   _lcd_put(cmd&0xF0);              LCD_enable();
   _lcd_put((cmd<<4)&0xF0);         LCD_enable();
}

void LCD_putc (unsigned char c)  //-- LCD에 문자 입력
{
   LCD_busy();
   _lcd_put((c&0xF0)|0x01);                 LCD_enable();
   _lcd_put(((c<<4)&0xF0)|0x01); LCD_enable();
}

void LCD_puts(const char *str)   //-- LCD에 문자열 입력
{
   while(*str && *str != '\r')
      LCD_putc(*str++);
}
```

```
void LCD_xy(int x, int y)          //-- 커서 이동
{
   unsigned char data;
   switch(y)
   {
      case 0: data = 0x00+x; break;
      case 1: data = 0x40+x; break;
      case 2: data = 0x10+x; break;
      case 3: data = 0x50+x; break;
   }
   data |= 0b10000000;
   LCD_puti(data);
}

//-- LCD 초기화
//-- 파라미터:포트 주소(High), 포트 주소(Low), 열수, 줄수
//-- 또는 포트 주소, 열수, 줄수
#ifdef LCD_PORTS_TWO
void LCD_init (REG_ADDR portH, REG_ADDR portL, int cx, int cy)
#else
void LCD_init (REG_ADDR port, int cx, int cy)
#endif
{
   BYTE func;

#ifdef LCD_PORTS_TWO
   lcd_portH = portH;
   lcd_portL = portL;
#else
   lcd_port = port;
#endif
   lcd_cx = cx;   lcd_cy = cy;

#ifdef LCD_PORTS_TWO
   splitHL(0xFF, DDR(lcd_portH), DDR(lcd_portL));
#else
   DDR(lcd_port) = 0xff;
#endif
   delay_ms(16);

   //-- LCD Starts up in 8-Bit mode, busy cannot be checked at moment
   //-- we send these bytes according to the datasheet.
   _lcd_put(0x30); LCD_enable();  delay_ms(1);
   _lcd_put(0x30); LCD_enable();  delay_ms(1);
```

```
    _lcd_put(0x30); LCD_enable();

    //-- Now we can check the Busy
    LCD_busy();

    //-- This places the LCD in 4-bit mode.
    _lcd_put(0x20); LCD_enable();

    LCD_busy();

    func = LCD_FUNCTION;
    if(lcd_cy==2)
        func |= LCD_FUN_2LINE;
    LCD_puti(func);
    LCD_puti(LCD_DISPLAY_ALL);
    LCD_puti(LCD_ENTRY_MODE|LCD_CURSOR_INC);
    LCD_puti(LCD_CLEAR);
    LCD_puti(LCD_CURSOR_HOME);
}

void LCD_cline(int y)                //-- 줄 청소
{
    int i;
    LCD_xy(0, y);
    for(i = 0; i<lcd_cx; ++i)
        LCD_putc(' ');
    LCD_xy(0,y);
}

#endif__
#define __LCD_HEADER________
#include <delay.h>
#include "../inc/macros.h"
#include "../inc/regaddr.h"

//-- LCD_PORT_TWO: 제어선과 데이터선을 각각 다른 포트에 할당할 때 정의
#ifdef LCD_PORTS_TWO
    REG_ADDR lcd_portH, lcd_portL;
    #define _lcd_put(c)   splitHL(c, PORT(lcd_portH), PORT(lcd_portL))
#else
    REG_ADDR lcd_port;
    #define _lcd_put(c)   PORT(lcd_port)=c
#endif
int lcd_cx, lcd_cy; //-- LCD의 열과 줄 수
```

```
//-- H/W Dependent parameters/functions ////////////

/*  P0 P1  P2   P3 P4 P5 P6 P7
   RS RW  E   X {   DATA   } */

#ifdef LCD_PORTS_TWO
#define LCD_ENABLE        (PORT(lcd_portL) |= 0x04)
#define LCD_DISABLE       (PORT(lcd_portL) &= 0xFB)
#else
#define LCD_ENABLE        (PORT(lcd_port) |= 0x04)
#define LCD_DISABLE       (PORT(lcd_port) &= 0xFB)
#endif

//-- LCD 인스트럭션 파라미터

#define LCD_CLEAR         0x01     //-- 화면 클리어, DD RAM 번지 00H
#define LCD_CURSOR_HOME 0x02       //-- DD RAM 번지 00H, 시프트 전 화면으로 복귀

#define LCD_ENTRY_MODE    0x04     //-- 엔트리 모드
#define LCD_CURSOR_INC    0x02     //-- 커서 이동 방향, 증가/감소
#define LCD_SHIFT_SHAPE   0x01     //-- 화면 시프트 모양, 표시 시프트 동반/비동반
```

[메인 프로그램]

0에서부터 시작하여, 100ms 주기로 1씩 증가하면서 이 값을 LCD로 표시한다. 65535까지 표시한 후에는 0부터 다시 시작한다. 코드 중 'itoa' 함수를 이용하기 위해 'stdlib.h'를 include 하였다.

[program 21-1] LCD 출력

```
//#define __BUILTIN_LCD//-- CodeVision 내장 LCD 함수 이용
#include <mega8.h>
#include <stdlib.h>
 #include <delay.h>
#include "../inc/macros.h"

#ifdef __BUILTIN_LCD
```

```
// Alphanumeric LCD Module functions
#asm
   .equ __lcd_port=0x12 ;PORTD
#endasm
#include <lcd.h>
#include "../inc/lcd.h"
#endif

void main()
{
char dec[10];
#ifdef __BUILTIN_LCD
lcd_init(16);
#else
LCD_init(PORT_ADDR_D, 16, 2);
#endif
    for (;;)
    {
unsigned int i;
for(i = 0; i < 65535; ++i)
{
itoa(i, dec);
#ifdef __BUILTIN_LCD
lcd_gotoxy(0,0);
            lcd_puts(dec);
#else
            LCD_xy(0,0);
            LCD_puts(dec);
#endif
            delay_ms(90);
}
#ifdef __BUILTIN_LCD
        lcd_clear();
#else
        LCD_puti(LCD_CLEAR);      //-- 앞의 찌꺼기 청소
#endif
}
}
```

연습 문제

① 함수 itoa()는 정수를 ASCII 문자열로 변환해 주는 함수이다. 즉 정수 123 ☞ '123' 정수를 10진수, 16진수, 8진수, 2진수 ASCII로 각각 바꾸는 함수를 작성하시오. 단, 'stdio.h' 모듈의 'sprintf' 등의 포맷 함수는 사용하지 말 것.

② 본문의 예에서, LCD의 윗줄만 사용되고 아랫줄이 한가한 것이 맘에 걸린다. 0~65535의 수에 대해 다음과 같은 형태로 10진수, 16진수, 2진수를 LCD에 표시하도록 프로그램을 작성하시오. 단, 앞 절에서 만든 함수들을 이용할 것.

D	D	D	D	D		H	H	H	H						
B	B	B	B	B	B	B	B	B	B	B	B	B	B	B	B

제 3 장 세븐 세그먼트 표시(1)

1. 문자-핀 매핑
2. 세븐 세그먼트 연결
3. 세븐 세그먼트 구동 라이브러리
4. 예제 프로그램

✓ 이 장의 목표

- 세븐 세그먼트에 대해 이해한다.
- 세븐 세그먼트의 각 LED 요소와 핀의 연결에 대해 안다.
- 숫자, 문자 등을 세븐 세그먼트로 표시할 수 있다.

✓ 들어가기에 앞서

- 세븐 세그먼트가 사이즈, 색상 별로 어떤 것이 있는지 조사한다. 또한 각각의 용도에 대해 알아본다.
- LCD 모듈과 세븐 세그먼트를 비교해 보고, 세븐 세그먼트가 필요한 이유를 알아본다.

✓ 준비할 것

- MHT-SK100 키트

1. 문자-핀 매핑

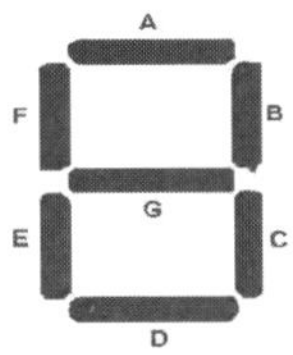

숫자 1을 세븐 세그먼트로 표시하기 위해서는 LED b와 c를 on으로 세트시켜 주어야 한다. 이것은 LED A에서부터 G까지의 7개의 세그먼트와 DP에 순서대로 P0~P7의 핀을 각각 할당하면, 0b00000110의 값을 가지게 된다. 예를 들어, '1' ==> 0b00000110의 매핑으로 숫자 1이 세븐 세그먼트에 표시된다. 이와 같은 방법으로 0~9까지의 매핑을 다음과 같이 만들 수 있다.

문자	세그먼트	HEX	DP	G	F	E	D	C	B	A
0		3F	0	0	1	1	1	1	1	1
1	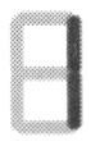	06	0	0	0	0	0	1	1	0
2		5B	0	1	0	1	1	0	1	1
3	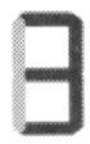	4F	0	1	0	0	1	1	1	1
4		66	0	1	1	0	0	1	1	0
5		6D	0	1	1	0	1	1	0	1
6		7D	0	1	1	1	1	1	0	1
7		27	0	0	1	0	0	1	1	1
8		7F	0	1	1	1	1	1	1	1
9		67	0	1	1	0	0	1	1	1

2. 세븐 세그먼트 연결

포트와 FND 연결은 다음과 같이 한다.

- FND:1..4(SEL0..3)를 PC0..4와 연결한다(4핀).
- FND:5..12(A..DP)를 PD0..8과 연결한다(8핀).

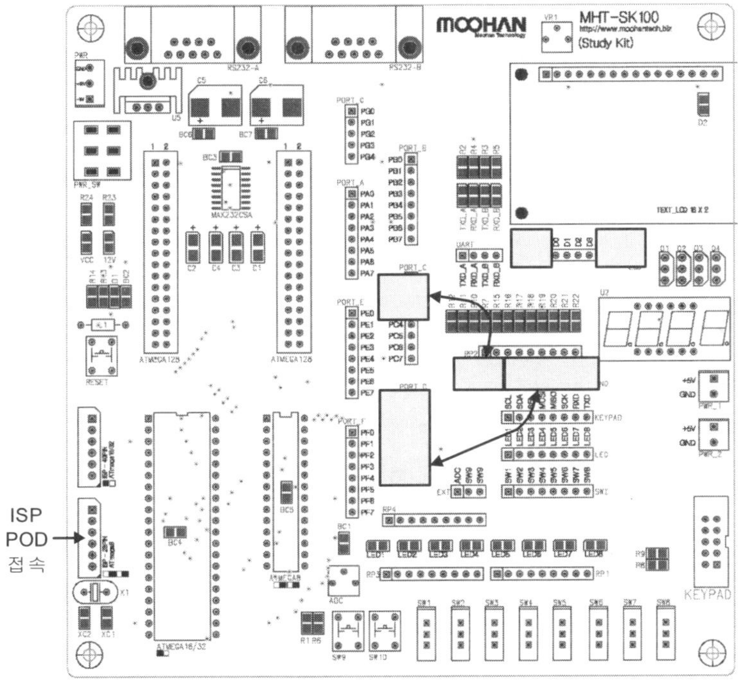

[그림 2.1] 세븐 세그먼트 표시 실습 케이블 연결

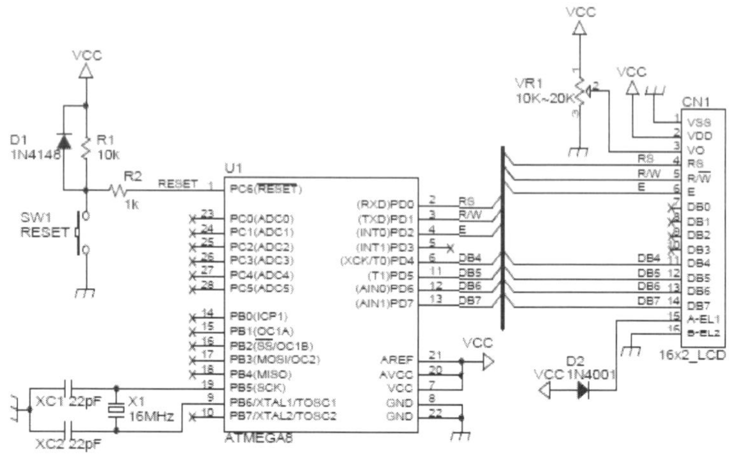

[그림 2.2] 세븐 세그먼트 표시 실습 회로도 연결

위의 회로에서 4개의 FND(common-anode형)의 각 LED 핀은 같은 종류들이 서로 묶여 있다(A는 A끼리, B는 B끼리, … DP는 DP끼리). 따라서 이들 중 원하는 LED들의 핀을 선택하고(low로 함) 4개의 FND 중 하나의 anode를 high 상태로 놓으면 해당 FND만 표시된다. 다시 말해서 각 FND의 anode 핀은 선택용으로, 각 LED 핀은 표시용으로 사용한다. 따라서 한 번에 하나의 FND만 표시 가능하다. 또한 FND의 선택은 SEL0..3 중 하나를 high로 함으로써 이루어지는데, 이 신호는 트랜지스터에 의해 증폭된 후 해당 FND의 anode로 입력된다. 트랜지스터에 의한 증폭은 작은 MCU의 소스능력을 확장하기 위해 필요하다.

3. 세븐 세그먼트 구동 라이브러리

앞에서 만든 매핑 표를 다음 코드와 같이 구현하였다.

[fnd.h] 세븐 세그먼트에 숫자 '0' ~ '9'를 쓰는 라이브러리

```
#ifndef __FND_HEADER___
#define __FND_HEADER___
#include "../inc/regaddr.h"

BYTE fnd_ind = 0;
BYTE fnd_num;
BYTE fnd_mask;
char fnd_data[8];

REG_ADDR fnd_addr_data;
REG_ADDR fnd_addr_sel;

//-- Function:   포트를 초기화한다.
//--     data:   데이터 출력용 포트 주소(PORT_ADDR_x)
//--     sel:    FND 선택용 포트 주소(PORT_ADDR_x)
//--     n:      FND 수, 최대 8.
//-- Note:       선택선은 0번 핀부터 차례로 연결된다.
void fnd_init(REG_ADDR data, REG_ADDR sel, BYTE n)
{
int i;
fnd_addr_data = data;
fnd_addr_sel = sel;
fnd_num = n;

DDR(fnd_addr_data) = 0xFF;
PORT(fnd_addr_data) = 0xFF;
fnd_mask = BitsMask(0, n);
DDR(fnd_addr_sel) = DDR(fnd_addr_sel) | fnd_mask;
DDR(fnd_addr_sel) = DDR(fnd_addr_sel) | fnd_mask;

    for(i = 0; i < n; ++i)
        fnd_data[i] = '0';
}

//-- 선택된 FND에 글자 c를 표시한다. Dot가 TRUE이면 점도 표시.
//-- 글자 범위: "0123456789ABCDEF-."
void fnd_put(BYTE c, BOOL dot)
{

case '0': c = ~0x3F; break;
case '1': c = ~0x06; break;
case '2': c = ~0x5B; break;
```

```
case '3': c = ~0x4F; break;
case '4': c = ~0x66; break;
case '5': c = ~0x6D; break;
case '6': c = ~0x7D; break;
case '7': c = ~0x27; break;
case '8': c = ~0x7F; break;
case '9': c = ~0x6F; break;
default: c = 0x00; break;
}
if(dot)
c &= (~0x80);
PORT(fnd_addr_data) = c;
}

void fnd_data_put(char *data) //-- 표시할 데이터를 버퍼에 쓴다.
{
  int i;
char *p = fnd_data;
for(i=0; i<fnd_num; ++i)
  *p++ = *data++;
}

void fnd_data_num(int n) //-- 표시할 정수를 버퍼에 쓴다.
{
int i;
for(i = fnd_num-1; i>=0; --i)
fnd_data[i] = n%10 + '0', n /= 10;
}

void fnd_sel(int n)                //-- n번째 FND를 선택하고 버퍼 내용을 FND에 표시
{
fnd_ind = n;
PORT(fnd_addr_sel) = (PORT(fnd_addr_sel)|fnd_mask) & ~(0x01<<n);
fnd_put(fnd_data[n], FALSE);
}
#endif
```

4. 예제 프로그램

다음 예제 프로그램은 0.5초 간격으로 0 ~ 9까지의 수를 번갈아 가면서 세븐 세그먼트에 표시한다 또한 짝수 번째 표시할 때에는 dot까지 표시한다.

[program 22-1] 세븐 세그먼트 출력

```
#include <mega8.h>
#include <delay.h>
#include "../inc/macros.h"

#define FND_DATA_PORT2
#include "../inc/fnd.h"

char *str = "0123456789";
void main()
{
    int i, size;
BOOL dot = TRUE; //-- 구둣점을 함께 찍을 것인가?

fnd_init(PORT_ADDR_D, PORT_ADDR_C, 4);
fnd_sel(0);
while(1)
{
for(i = 0; i < 10; ++i)
{
fnd_put(str[i], dot);
dot = !dot;
delay_ms(100);
}
}
}
```

연습 문제

① (토론)우리 주변에서 세븐 세그먼트나, 도트 매트릭스를 세븐 세그먼트 모양으로 만든 것을 많이 볼 수 있다(예: 주유소 유가 표시). 세븐 세그먼트를 LCD와 비교해 보고, 이것의 특징에 대해 말하시오.

② FND로 표시할 수 있는 문자에 '–', 'A', 'B', 'C', 'D', 'E', 'F'를 추가하시오. 알파벳은 대소문자를 구분하지 않는다. 내친 김에 알파벳 26자를 모두 포함하는 것을 구상해 볼 것.

(토론) 본 장에서는 하나의 세븐 세그먼트를 구동시키는 실습을 하였다. 그러나 실제 현장 적용에서는 최소한 4개의 세븐 세그먼트가 필요하다(예: 온도계, 시계 등). 이렇게 여러 개의 세븐 세그먼트를 구동시킬 때 어떤 문제점이 있는지, 또한 해결 방안이 무엇인지 토론하시오.

제 4 장 세븐 세그먼트 표시(2)

1. FND 어레이
2. 멀티플렉싱
3. 회로 연결
4. FND 어레이 예제 프로그램

✓ 이 장의 목표

· 세븐 세그먼트의 FND 어레이 구성에 대해 이해한다.
· 세븐 세그먼트의 멀티플렉싱에 대해 이해한다.
· FND 어레이 구성 회로를 연결할 수 있다.

✓ 들어가기에 앞서

· 세븐 세그먼트를 이용한 FND 어레이의 적용 분야에 대해 조사한다.
· LCD 모듈과 세븐 세그먼트, FND 어레이 등을 비교해 본다.

✓ 준비사항

· MHT-SK100 키트

1. FND 어레이

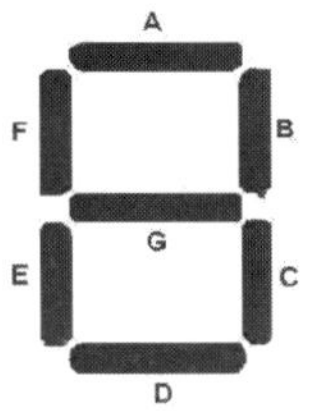

세븐 세그먼트는 하나만 단독으로 사용되는 경우는 거의 없고, 대개 4개 정도의 FND를 어레이로 사용하는 것이 보통이다. 예를 들어 온도를 표시하는 데에도 최소한 4개의 FND가 필요하다(-99.0~100.0). 그런데 이렇게 FND 어레이를 사용하기 위해서는 두 가지 문제를 고려해야 한다.

첫째, FND 한 개 당 8개의 출력 핀을 사용한다면 산술적으로 너무 많은 출력 포트가 소요되어, AVR이 감당할 수 없게 된다. 둘째, 다수의 FND가 한꺼번에 켜질 경우, 전력 소모도 문제가 된다. 전력 절감은 임베디드 시스템에서 고려할 민감한 사항이다.

2. 멀티플렉싱

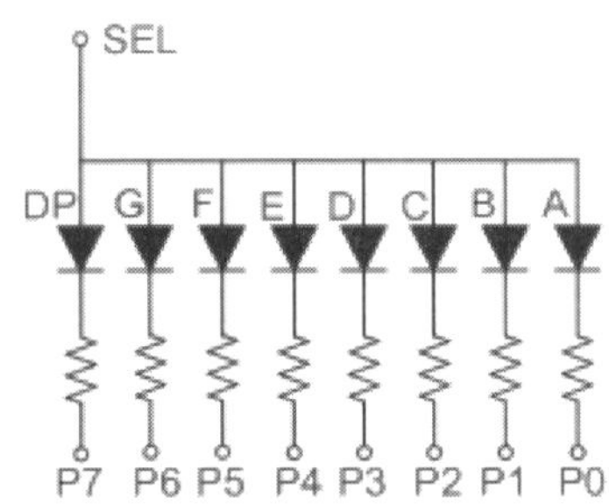

멀티플렉싱(multiplxing)이 해결책이다. 즉 다수의 FND를 빠른 속도로 번갈아 가며 발광시킨다. 이렇게 해도 우리의 눈에는 모든 FND가 동시에 켜져 있는 것처럼 보인다. 선택적 발광은, 각 FND의 공통 핀(common-anode의 경우, anode)을 AVR의 출력으로 제어하는 것이다. 이렇게 하기 위해, FND 개수만큼 추가 AVR 출력 핀이 필요하다. A~G, DP 핀은 다수의 FND의 같은 핀들끼리 묶은 다음 저항을 통해 AVR의 출력 포트에 접속한다.

그러나, 이 경우에도 여전히 문제는 존재하고 있다. 그림의 SEL 선에 AVR 출력 핀을 통해 5V를 공급하는 경우, 최대 8개의 LED에 동시에 전압을 공급하게 된다. 이것은 AVR의 제한된 소스 능력을 고려할 때 문제가 된다. 그래서 적은 전류로 FND에 전압을 공급할 수 있는 지렛대 역할을 할 수 있는 회로가 추가로 필요한데, Transistor(TR)가 이 일을 해 준다.

3. 회로 연결

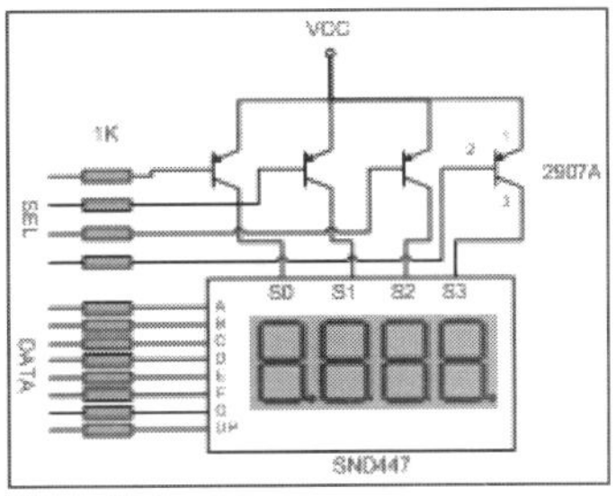

오른쪽 회로와 같이 DATA는 PortD로 연결하고, SEL은 PC0~PC3에 연결하는데, 이 연결은 앞 장에서 이미 연결되어 있는 그대로다.

4. FND 어레이 예제 프로그램

"1234"를 표시하는 프로그램을 작성한다. 사용되는 주요 파라미터와 매크로는 다음과 같다.

- NUM_FND

세븐 세그먼트 개수. 현재는 4로 설정하지만, 달라질 수 있는 수치이다.

- SCAN_TIME

전체를 한 번 순회하는 시간으로, SCAN_TIME/NUM_FND의 시간마다 각 세그먼트를 번갈아 가며 출력한다. 수치를 바꿔가며 테스트해 보고 적정한 수치를 알아낸다.

- sel_fnd(n)

n번 FND를 선택한다. 즉 해당 핀에 0을 출력한다.

[program 23-2] FND 어레이 프로그램

```
#include <mega8.h>
#include <delay.h>
#include "../inc/macros.h"
#include "../inc/fnd.h"

#define SCAN_TIME          (1000/40)
#define NUM_FND            4

void main()
{
char *seg = "1234";        //-- 세그먼트 버퍼
        //-- 한 세그먼트 당 지연 시간
```

```
//-- 적절한 시간을 찾는 것도 중요.
int delay_time = SCAN_TIME/NUM_FND;

fnd_init(PORT_ADDR_D, PORT_ADDR_C, 4);
while(1)
{
        BYTE  i;
        for(i = 0; i < NUM_FND; ++i)
        {
            fnd_sel(i);  //-- 다음 세그먼트 선택
            fnd_put(seg[i], FALSE);         //-- 선택한 세그먼트에 글자 출력
            delay_ms(delay_time);           //-- 지정 시간 동안 지연
        }
}
}
```

연습
문제

① 앞의 프로그램에서 매 지연시간을 변경시키면서 테스트하고 현상을 관찰하시오. 지연시간이 짧을 때와 길 때 어떤 차이점이 있는가?

② (토론)본문의 예제 프로그램[Program23.4.1]에서, 멀티플렉싱(또는 스캔) 방식으로 세븐 세그먼트를 구동하였는데, 이것을 모듈화하고 싶다. 즉 라이브러리화하려고 하는데, 이 때 어떤 문제가 발생하는지 예측하시오. 함수의 프로토타입은 아래와 비슷한 모양이 될 것이다. 문제의 해결 방안에 대해서도 논의하시오.

void seg_show(const char *seg);

임베디드용 디스플레이장치에는 LCD, FND 외에 도트 매트릭스(Dot Matrix)도 많이 사용된다. 역 대합실 등에서 흔히 볼 수 있는데, 이것의 구동 원리에 대해 조사하여 정리하시오.

제 5 장 프로젝트 · 워크샵

이 장에서는 지금까지 실습한 지식을 바탕으로 하나의 프로젝트를 수행한다. 다음 쪽에 제시된 순서대로 프로젝트를 실행하시오. 조별 워크샵으로 진행하되, 먼저 조원들의 역할 할당표를 작성한다. 아래 표를 참조하되 조별, 실험별 특성을 고려하여 변경하여도 무방하다.

[역할 할당표(템플릿)]

업무 \ 조원		
부품 준비		
하드웨어 구성		
라이브러리 작성		
코딩		
테스트		

[프로젝트]

1. 제목 : 2진수 학습기
2. 목적 : 10진수를 입력하여 2진수로 변환하고, 이들의 원리를 알아내는 데 도움을 준다.
3. 하드웨어 준비 :
   1. ATmega8 기본 회로
   2. LCD 모듈(16 char x 2열)
   3. 4 x 4 키패드
4. 사양
   4. 키패드 입력 :

      1 2 3 4

      5 6 7 8

      9 0 + -

      R * * *

      - +: 1 증가(255 다음에 0), -: 1 감소(0 다음에 255)
      - R: 0으로 리셋, *: 사용하지 않음.

   - LCD 출력:

     DDD

     HH/OOO/BBBBBBBB

     - DDD: 0 ~ 255

       만일 키의 입력이 범위를 넘어서게 되면, 값이 범위 안에 들 때까지 앞에서부터 한 디지트(digit)씩 차례로 소거한다.
5. 실험 절차
   5. 키패드, LCD에 포트 할당
   6. 회로 구성
   7. 라이브러리 정리
   8. 메인 함수 코딩
   9. 테스트

연습문제

① PART 1의 프로젝트의 연습문제를 참조하여, 이와 같은 방법으로 프로그램을 작성하시오.
② 지금은 컨버전스의 시대라고 말한다. 기능의 복합화는 대세이다. 본 프로젝트에서 만든 2진 학습기에 보다 다양한 기능을 부가할 수 있는 방안에 대해 논하시오.
③ 위의 프로그램을 다음과 같이 수정한다. 리셋, 혹은 파우어를 켜면 키를 입력하는 프롬프트가 LCD에 뜬다. 키를 누르면 해당 기능을 수행한다.

1-BLearn/2-99Dan

1을 누르면 2진 학습기가 작동하고, 2를 누르면 구구단 학습 기능이 작동한다. 구구단은, 1~9 사이의 숫자 키를 두 번 누르면 두 수의 곱셈 결과를 LCD에 표시한다(예: 8 x 9 = 72).

④ 학습자 자신이 제3의 기능을 고안하여 첨가하여 보시오.

연습문제 / 힌트풀이

여기서는 Part 1에 제시된 문제들에 대한 힌트/풀이를 선택적으로 제시한다.

▎제1장 ▎

① Common-anode 타입의 세븐 세그먼트를 가지고, 앞에서 제시한 핀 배열을 참고하여 '0'을 표시하도록 회로를 구성하시오. 주의할 것은 각 선택 핀(a~h, dp)과 VCC 사이에 300~1kΩ의 저항을 직렬로 연결해야 한다는 것이다. 만일 저항을 연결하지 않으면 각 LED에 과전류가 흘러 세븐 세그먼트가 망가지게 된다.
'0'을 표시하기 위해서는 a, b, c, d, e, f의 LED를 On하면 된다.

[풀이]

다음 그림과 같이 연결한다.

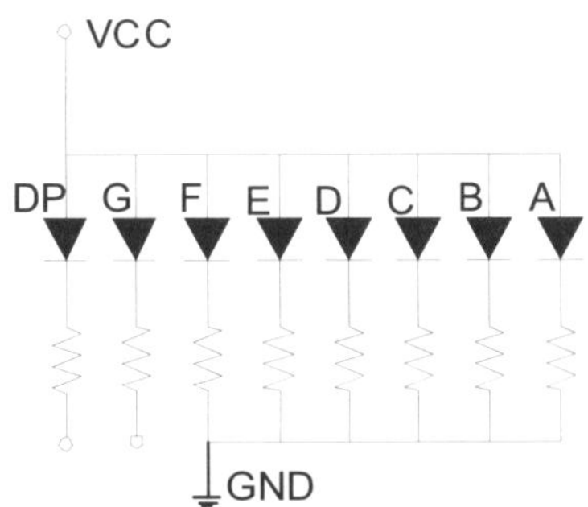

▎제2장 ▎

① 함수 itoa()는 정수를 ASCII 문자열로 바꾼다. 이를 이용, 123 ☞ "123" 정수를 10진수, 16진수, 8진수, 2진수 ASCII로 각각 바꾸는 함수를 작성하시오. 단, stdio.h 모듈의 sprintf 등의 포맷 함수는 사용하지 말 것.

[풀이]

여기서는 10진 문자열로 바꾸는 것만 예시한다. 효율성보다는 코드를 간단화하는 데 주안점을 두었다. 코드를 보고 프로그램 로직을 이해하기 바란다.

```
// //-- 두 수의 값을 서로 맞바꾸는 매크로- 정수형(integral type)에서만 유효.
#define swap(a, b) (a^=b; b^=a; b^=a;)

//-- 기능: 정수(short)를 십진 문자열로 바꾼다.
//-- v: 입력/정수
//-- asc: 출력/변환 10진 문자열
//-- 반환 값: 변환 문자 수
//-- 배열 asc의 길이 최소한 6바이트일 것

int i2dec(int v, char *asc)
{
    //-- 음수의 경우, 먼저 unsigned로 변경
    unsigned short val = (unsigned short)v;
int i = 0;
int to;

    while(val) {
asc[i++] = val % 10 + '0';
        val /= 10;
    }

    asc[i] = '\0';
    to = i-1;

    //-- 배열 순서를 반대로
for (i = 0; i < to/2; ++i) {
        swap(asc[i], asc[to-i]);
        --i;
    }
}
```

16진수, 8진수, 2진수의 문자열로 변환할 때에는 변환되는 문자열의 길이를 각각 4, 6, 16으로(NULL 문자 제외) 고정시키면 된다.

② 본문의 예에서, LCD의 윗줄만 사용되고 아랫줄이 한가한 것이 맘에 걸린다.

0~65535의 수에 대해 다음의 형태로 십진수, 16진수, 2진수를 표시하도록 코딩을 하시오. 앞에서 만든 함수들을 이용할 것.

D	D	D	D	D		H	H	H	H						
B	B	B	B	B	B	B	B	B	B	B	B	B	B	B	B

[풀이]

다음의 함수를 가정한다. 이것은 앞의 문제를 여러분이 풀어서, 함수를 완성하기 바란다. 모든 함수의 타입은 void형이다.

- i2dec(int v, char *asc)

정수를 십진수 다섯 자리 문자열로 변환한다. 자리수가 5 미만이면 외쪽부터 공백으로 채운다.

- i2hex(int v, char *asc)

정수를 16진수 4자리 문자열로 변환한다.

- i2bin(int v, char *asc)

정수를 2진수 16자리 문자열로 변환한다.

[프로그램 소스]

```
#include <mega8.h>
#include <stdlib.h>

#include <delay.h>
#include "macros.h"
#include "lcd2.h"

void show(int val)
{
    char dec[6];
    char hex[5];
    char bin[17];

    //-- 데이터 변환
    i2dec(val, dec);
    i2hex(val, hex);
    i2bin(val, bin);
```

```
    //-- LCD 출력
    LCD_xy(0, 0);     LCD_puts(dec);
    LCD_xy(6,0);      LCD_puts(hex);
    LCD_xy(0, 1);     LCD_puts(bin);
}


void main()
{
LCD_init();
unsigned int i;

    for (;;)
    {
        for(i = 0; i < 65535; ++i)
        {
            show(val);
             delay_ms(100);
        }
}
}
```

❚ 제3장 ❚

② FND로 표시할 수 있는 문자에 '–', 'A', 'B', 'C', 'D', 'E', 'F'를 추가하시오. 알파벳은 대소문자를 구분하지 않는다. 내친 김에 알파벳 26자를 모두 포함하는 것을 구상해 볼 것.

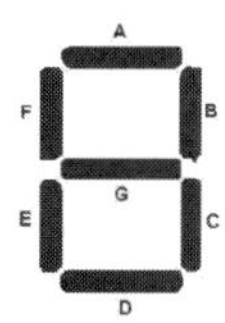

[풀이]

문자	세그먼트	HEX	DP	G	F	E	D	C	B	A
–		40	0	1	0	0	0	0	0	0
A		F7	1	1	1	1	0	1	1	1

문자	세그먼트	HEX	DP	G	F	E	D	C	B	A
B		FC	1	1	1	1	1	1	0	0
C	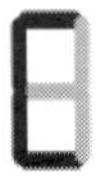	B9	1	0	1	1	1	0	0	1
D		DE	1	1	0	1	1	1	1	0
E		F9	1	1	1	1	1	0	0	1
F		F1	1	1	1	1	0	0	0	1

[라이브러리 코드] 〈기타 다른 코드는 이전과 동일함〉

```
void fnd_put(BYTE c, BOOL dot)
{
switch(c)
{
        case '0': c = ~0x3F; break;
        case '1': c = ~0x06; break;
        case '2': c = ~0x5B; break;
        case '3': c = ~0x4F; break;
        case '4': c = ~0x66; break;
        case '5': c = ~0x6D; break;
        case '6': c = ~0x7D; break;
        case '7': c = ~0x27; break;
        case '8': c = ~0x7F; break;
        case '9': c = ~0x6F; break;
        case '-': c = ~0x40; break;
        case 'a':        case 'A': c = ~0xF7; break;
        case 'b':        case 'B': c = ~0xFC; break;
        case 'c':        case 'C': c = ~0xB9; break;
        case 'd':        case 'D': c = ~0xDE; break;
        case 'e':        case 'E': c = ~0xF9; break;
        case 'f':        case 'F': c= ~0xF1; break;
```

```
        default: c = 0x00; break;
}
if(dot)
        c &= (~0x80);
PORT(fnd_addr_data) = c;
}
```

❙ 제4장 ❙

① (토론)본문의 예제 프로그램에서, 멀티플렉싱(또는 스캔) 방식으로 세븐 세그먼트를 구동하였는데, 이것을 모듈화하고 싶다. 즉 라이브러리화하려고 하는데, 이 때 어떤 문제가 발생하는지 예측하시오. 함수의 프로토타입은 아래와 비슷한 모양이 될 것이다. 문제의 해결 방안에 대해서도 논의하시오.

void seg_show(const char *seg);

[제시]

예를 들어 다음과 같은 함수를 만들어 사용한다고 가정한다.

```
void seg_show(const char *seg)
{
while(1)
{
        int i;
        for(i = 0; i < NUM_FND; ++i)
        {
            sel_fnd(i);
            fnd_put(seg[i], FALSE);
            delay_ms(delay_time);
        }
}
}
```

함수의 형태는 위의 것에서 크게 벗어나지 않을 것이다. 그런데, 이 함수를 호출한

쪽에서는 다음을 진행하지 못한다. 이 함수 안에 무한 루프가 있기 때문이다.

하드웨어적으로 해결한다면, 세븐 세그먼트를 구동시키는 전용 칩이 있어서, 이것을 이용하면 되지만, 이 경우에는 숫자 외에 유저가 글자를 추가할 수 없다. 또한 비용이 추가된다.

쓰레드 개념을 사용하면 AVR이 두 가지 이상의 일을 동시에 행할 수 있지만, 이를 위해서는 멀티쓰레드 라이브러리가 포함된 운영체제(OS)를 탑재해야 한다. 하지만 이것은 AVR의 종류에 제한이 따르며, 본 워크샵의 취지에도 맞지 않는다.

이런 경우, 타이머를 이용하게 된다. 타이머는 PC에 win32가 탑재되기 전에 사용되었던 DOS(Disk Operating System) 환경에서 많이 사용되었고, 지금도 사용되고 있는 방법이다. 타이머를 이용하면 MCU가 주기적으로 어떤 일을 하도록 할 수 있다. 이것은 다음 PART의 주제이기도 하다.

▌제5장▐

[프로젝트]

1. 키패드 입력:

   1 2 3 4

   5 6 7 8

   9 0 + -

   R * * *

   - +: 1 증가(255 다음에 0)
   - -: 1 감소(0 다음에 255)
   - R: 0으로 리셋
   - *: 사용하지 않음.

- LCD 출력:

  DDD

HH/OOO/BBBBBBBB

- DDD: 0 ~ 255
  만일 키의 입력이 범위를 넘어서게 되면, 값이 범위 안에 들 때까지 앞에서 부터 한 디지트씩 차례로 소거한다.

[풀이]

이것은 이전 Part의 프로젝트에서 만들었던 프로그램의 LCD 버전이다. 즉 앞에서는 LED로 출력했던 것을 여기서는 LCD 버전으로 바꾸면서, Hex, Oct, Bin 형식의 표시까지 하는 것이다

여기서는 다음의 함수가 있다고 가정하며, 구현은 여러분께 맡긴다.

```
void c2dec(BYTE n, char *dec);
void c2hex(BYTE n, char *hex);
void c2oct(BYTE n, char *oct);
void c2bin(BYTE n, char *bin);
```

[코드]

```
#include <mega8.h>
#include <stdlib.h>
#include <delay.h>
#include <stdlib.h>
#include "macros.h"
#include "keypad2.h"
#include "lcd2.h"

int sum = 0;

//-- 메모리 복사를 위한 매크로
#define copy(to, from) (while(*from) *to++=*from++;)

void show_lcd(BYTE key)
{
    char dec[4];
    char hex[3];
```

```
    char oct[4];
    char bin[9];
    char str[16];
    char *p = str;
    c2dec(key, dec);
    c2hex(key, hex);
    c2oct(key, oct);
    c2bin(key, bin);

    copy(p, hex);  *p++ = '/';
    copy(p, oct);  *p++ = '/';
    copy(p, bin);
    *p = '\0';

    LCD_xy(0,0);
    LCD_puts(dec);
    LCD_xy(0,1);
    LCD_puts(str);
}

void main()
{
BYTE key;

key_init();
    LCD_init();

    for (;;)
    {
show_lcd((BYTE)sum);
        key = key_get();
        switch(key)
        {
            case 0:
            break;

            default:
            sum = sum * 10 + (key % 10);
            if(sum > 255)
                sum = (sum % 1000);
            if(sum > 255)
                sum = (sum % 100);
            break;
```

```
            case 11:
            sum++;
            if(sum > 255)
                sum = 0;
            break;

            case 12:
            sum--;
            if(sum < 0)
                sum = 255;
            break;

          case 13:
          sum = 0;
            break;
        }
        while(key_pressed())
        ;
    }
}
```

PART 4. 인터럽트, 타이머

본 PART 4에서는
인터럽트와 타이머/카운터에 대해 알아본다.
인터럽트(혹은 예외처리), 타이머 등의 개념은
범용 컴퓨터에서도 사용되는 개념이지만,
하드웨어를 직접 제어하고, 운영체제(OS)가
탑재되지 않는 임베디드 시스템에서 인터럽트와
타이머는 특히 중요하다.

제1장 **인터럽트와 타이머**

제2장 **타이머**

제3장 **외부 인터럽트**

제4장 **이벤트 처리 라이브러리**

제5장 **프로젝트 · 워크샵**

제 1 장 인터럽트와 타이머

1. 인터럽트
2. 외부 인터럽트
3. 타이머

✓ 이 장의 목표

- 임베디드 프로그래밍에서 인터럽트와 타이머의 일반적인 역할을 이해한다.
- 효율적 프로그래밍을 위한 인터럽트 및 타이머 처리 방법론을 익힌다.
- AVR 환경에서 인터럽트와 타이머 처리를 익힌다.

✓ 들어가기에 앞서

- 일상 생활에서 인터럽트와 타이머의 의미를 생각해 본다.
- 임베디드 프로그래밍에서 타이머의 역할에 관해 자료를 조사해 본다.

1. 인터럽트

1.1 인터럽트란?

먼저, MCU와 연결된 주변 장치와 통신하는 방법에 대해 생각해 본다. 기본적으로 두 가지 방법이 있다: 폴링(polling)과 인터럽트(interrupt). 어느 경우이든 프로세서는 보통 일종의 명령을 메모리나 I/O 공간을 통해 보내고 디바이스가 할당 받은 일을 끝낼 때까지 기다린다. 예를 들어, 프로세서는 타이머에게 1000에서 0까지 카운트 다운할 것을 요구한다. 카운트다운이 시작된 후에는 프로세서는 오로지 한가지에 관심이 있을 뿐이다: 타이머가 카운팅을 끝냈는가?

폴링이 사용되는 경우, 프로세서는 반복적으로 체크를 하여 그 작업이 완료되었는지 알아본다. 이것은 긴 여행에서 어린아이가 "아직 도착하지 않았어요?" 하고 계속해서 묻는 것과 유사하다. 이 어린이처럼 프로세서는 유용할 막대한 시간을 질문하고 부정적인 대답을 듣는 데 소모한다. 폴링을 소프트웨어적으로 구현하기 위해 당신은 단지 루프 하나를 생성해서 디바이스의 상태 레지스터를 읽으면 된다. 다음이 그 예이다.

```
do
{
//-- Play games, read, listen to music, etc.
...
//-- Poll to see if we're there yet
   status = areWeThereYet();
}
while(status == NO);
```

두 번째 통신 기술은 인터럽트이다. 인터럽트는 외부 장치에서 프로세서로 오는 비동기 전기 신호이다. 인터럽트가 사용될 때, 프로세서는 외부 장치에 앞에서와 똑같은 방법으로 명령을 보낸다. 그러나 할당된 작업의 끝을 신호하는 인터럽트를 기다린다. 프로세서가 인터럽트 도착을 기다리는 동안, 이것은 자유롭게 다른 일들을 계속한다. 마침내 인터럽트 신호가 감지되면, 프로세서는 일시적으로 현재 작업을 미뤄 놓고 인터럽트 서비스 루틴(ISR)이라고 하는 작은 크기의 소프트웨어를 실행한다. ISR이 끝나면 프로세서는 인터럽트 되었던 작업으로 복귀한다.

일반적인 인터럽트 처리 과정을 요약하면 다음과 같다.

① 인터럽트가 준비된 장치는 인터럽트 요구 플래그 비트를 설정하고 CPU에 인터럽트를 요구한다.
② CPU는 인터럽트 확인(INTA, Interrupt acknowledge) 신호를 보내고, INTA를 받은 장치는 인터럽트 요구(INTR, Interrupt request) 신호를 삭제한다.
③ CPU는 PC, PSW, 레지스터 등을 스택에 저장한다(PUSH).
④ CPU는 인터럽트 서비스 루틴(ISR)의 주소를 프로그램 카운터(PC)에 적재한다.
⑤ 인터럽트 서비스 루틴을 수행한다.
⑥ PSW, 레지스터 등을 스택으로부터 되돌린다(POP).
⑦ 본래 위치로 복귀한다.

물론 이것이 모두 자동적으로 이루어지는 것은 아니다. 프로그래머 스스로 ISR을 작성해야 하고 이것을 설치하고 인에이블(enable)해서 적절한 인터럽트가 발생했을 때 실행되도록 해야 한다. 여러분이 이것을 하는 처음 몇 번은 대단한 도전이다. 그러나, 그럼에도 불구하고 인터럽트의 사용은 일반적으로 더 개선된 구조를 부여하게 되어, 전체 코드의 복잡성을 감소시킨다.

대체적으로 인터럽트는 폴링보다 프로세서를 한층 효과적으로 사용하는 방법이다. 프로세서는 더 큰 비율의 대기 시간을 유용한 일에 사용할 수 있다. 그러나 매 인터럽트에 관련된 오버헤드가 있다. 이것은 프로세서의 현재 작업을 미루고 제어를 인터럽트 서비스 루틴으로 이전하는 데 꽤 많은 시간 - 동작 코드(opcode)를 실행시키는 데 필요한 시간의 길이에 상대적으로 - 을 소모한다. 프로세서의 많은 레지스터들이 메모리에 저장되고, 우선순위가 낮은 인터럽트는 금지되어야 한다. 그래서 실제적으로 두 가지 방법이 모두 빈번히 사용된다. 효율성이 최고이거나 다수의 디바이스가 동시에 감시되어야 할 때에는 인터럽트가 사용된다. 인터럽트를 사용할 때보다 더 신속히 프로서가 어떤 이벤트에 응답해야 할 때에는 폴링이 사용된다.

1.2 리셋과 인터럽트 처리

AVR은 여러 가지의 다른 인터럽트 소스를 제공한다. 이 인터럽트들과 분리된 Reset Vector는 각기 프로그램 메모리 공간 안에 분리된 프로그램 벡터를 가지고 있다. 모든 인터럽트에는 개별적으로 허용 비트가 배정되어, 여기에 상태 레지스터 내의 Global Interrupt Enable 비트와 함께 논리 1이 쓰여서 인터럽트를 허용하게 된다. 프로그램 카운터 값에 따라 인터럽트는 Boot Lock 비트 BLB02 또는 BLB12가 프로그램 될 때 자동으로 금지되게 된다. 이런 특징에 따라 소프트웨어 보안이 개선된다.

프로그램 메모리 공간에서 가장 낮은 주소들은 기본적으로 리셋 및 인터럽트 벡터로 정의되어 있다. 인터럽트 벡터의 전체 목록을 제3절에 나타내었다. 이 목록은 또한 상이한 인터럽트의 우선 순위를 결정한다. 주소가 낮을수록 우선순위는 높다. RESET이 가장 높은 우선순위를 가지며, 다음이 INT0, 외부 인터럽트 요구 0이다. 인터럽트 벡터는 범용 인터럽트 제어 레지스터(GICR) 내의 인터럽트 벡터 선택(IVSEL) 비트를 설정함으로써 부트 플래시 섹션의 시작 위치로 이동할 수 있다. 리셋 벡터는 또한 BOOTRST 퓨즈를 프로그램함으로써 부트 플래시 섹션의 시작 위치로 이동할 수 있다.

인터럽트가 발생하면 전역 인터럽트 허용 I-bit가 클리어 되고 모든 인터럽트가 디스에이블된다. 유저 소프트웨어에서는 인터럽트 중첩을 허용하기 위해 I-bit에 로직 1을 쓸 수 있다. 그러면 인에이블된 모든 인터럽트는 현재 인터럽트 루틴을 인터럽트 할 수 있다. 인터럽트 복귀 명령, RETI가 실행되면 I-bit는 자동으로 설정된다.

기본적으로 두 가지 타입의 인터럽트가 있다. 첫 번째 타입은 인터럽트 플래그를 설정하는 이벤트에 의해 트리거(trigger)된다. 이러한 인터럽트를 위해 프로그램 카운터는 인터럽트 처리 루틴을 실행하기 위해 실제 인터럽트 벡터로 분기되며, 하드웨어는 해당 인터럽트 플래그를 클리어한다. 인터럽트 플래그는 또한 클리어 될 플래그 비트 위치에 논리 1을 씀으로써 클리어될 수 있다. 해당 인터럽트 인에이블 비트가 클리어 되는 동안 인터럽트 상태가 발생하면, 인터럽트 플래그는 설정되고 인터럽트가 인에이블될 때까지 기억되거나, 플래그가 소프트웨어에 의해 클리어된다. 이와 비슷하게 글로벌 인터럽트 인에이블 비트가 클리어 될 때 하나 혹은 그 이상의 인터럽트 플래그가 발생하면, 해당 인터럽트 플래그들은 설정되고 글로벌 인터럽트 인에이블 비트가 설정될 때까지 기억되며, 우선순위 순서에 따라 실행된다.

두 번째 타입의 인터럽트는 인터럽트 조건이 존재하는 한 트리거하게 된다. 이 인터럽트는 인터럽트 플래그를 가질 필요가 없다. 인터럽트가 인에이블되기 전에 인터럽트 조건이 사라지면, 인터럽트는 트리거되지 않는다.

AVR이 인터럽트로부터 빠져 나가면, 이것은 항상 주 프로그램으로 복귀하여 임의의 대기중인 인터럽트가 서브되기 전에 하나 이상의 명령을 실행한다.

인터럽트 루틴에 들어갈 때 상태 레지스터는 자동으로 저장되지 않고, 인터럽트 루틴에서 복귀할 때에도 회복되지 않는 것에 주의해야 한다. 이것은 소프트웨어에 의해 처리되어야 한다.

인터럽트를 디스에이블하기 위해 CLI 명령을 사용할 때, 인터럽트는 즉시 디스에이블된다. CLI 명령 후에는 어떤 인터럽트도, 설령 CLI 명령과 동시에 발생했어도, 실행되지 않는다. 다음 예는 EEPROM 라이트 절차 동안 어떻게 인터럽트가 디스에이블 되는지를 보여준다.

```
char cSREG;
cSREG = SREG;              // store SREG value
_CLI();                    // disable interrupts during timed sequence
EECR |= (1<<EEMWE);        // start EEPROM write
EECR |= (1<<EEWE);
SREG = cSREG;              // restore SREG value (I-bit)
```

SEI 명령을 사용하여 인터럽트를 인에이블할 때, SEI 뒤에 오는 명령은 대기중인 어떤 인터럽트보다 그 이전에 실행되게 된다.

```
_SEI();                    // set global interrupt enable
_SLEEP();                  // enter sleep, waiting for interrupt
// note: will enter sleep before any pending interrupt(s)
```

1.3 ATmega8에서 인터럽트 처리

[표 1.1] 리셋 및 인터럽트 벡터

벡터 번호	프로그램 주소 (2)	소스	인터럽트 정의
1	0x000(1)	RESET	External Pin, Power-on Reset, Brown-out Reset, and Watchdog Reset
2	0x001	INT0	External Interrupt Request 0
3	0x002	INT1	External Interrupt Request 1
4	0x003	TIMER2 COMP	Timer/Counter2 Compare Match
5	0x004	TIMER2 OVF	Timer/Counter2 Overflow
6	0x005	TIMER1 CAPT	Timer/Counter1 Capture Event
7	0x006	TIMER1 COMPA	Timer/Counter1 Compare Match A
8	0x007	TIMER1 COMPB	Timer/Counter1 Compare Match B
9	0x008	TIMER1 OVF	Timer/Counter1 Overflow
10	0x009	TIMER0 OVF	Timer/Counter0 Overflow
11	0x00A	SPI, STC	Serial Transfer Complete
12	0x00B	USART, RXC	USART, Rx Complete
13	0x00C	USART, UDRE	USART Data Register Empty
14	0x00D	USART, TXC	USART, Tx Complete
15	0x00E	ADC	ADC Conversion Complete
16	0x00F	EE_RDY	EEPROM Ready
17	0x010	ANA_COMP	Analog Comparator
18	0x011	TWI	Two-wire Serial Interface
19	0x012	SPM_RDY	Store Program Memory Ready

Notes: 1. BOOTRST 퓨즈가 프로그램되면 디바이스는 리셋 때 Boot Loader 주소로 점프하게 된다.
2. GICR 내의 IVSEL 비트가 설정될 때, 인터럽트 벡트는 부트 플래시 섹션 시작점으로 이동하게 된다. 그러면 각 인터럽트 벡터의 주소는 이 테이블 안에서 부트 플래시 섹션의 시작 점에 첨가된 주소가 된다.

다음 표는 BOOTRST와 IVSEL 설정의 다양한 조합에 대한 리셋과 인터럽트 벡터 위치 지정을 보여준다. 만일 프로그램이 인터럽트 소스를 전혀 인에이블하지 않으면, 인터럽트 벡터는 사용되지 않으며, 정규 프로그램 코드는 이 위치에 놓일 수 있다.

[표 1.2] 리셋 및 인터럽트 벡터 위치 설정

BOOTRST(1)	IVSEL	Reset Address	Interrupt Vectors Start Address
1	0	0x000	0x001
1	1	0x000	Boot Reset Address + 0x001
0	0	Boot Reset Address	0x001
0	1	Boot Reset Address	Boot Reset Address + 0x001

Note: 1. BOOTRST 퓨즈에서 “1”은 프로그램되지 않았음을 의미하고 “0”은 프로그램됨을 의미한다.

• 일반 인터럽트 제어 레지스터 – GICR

일반 인터럽트 제어 레지스터는 인터럽트 벡터 테이블의 배치를 제어한다.

Bit	7	6	5	4	3	2	1	0	
	INT1	INT0	–	–	–	–	IVSEL	IVCE	GICR
Read/Write	R/W	R/W	R/W	R/W	R/W	R/W	R/W	R/W	
Initial Value	0	0	0	0	0	0	0	0	

일반 인터럽트 제어 레지스터

번호	이름	설　명
1	IVSEL	Interrupt Vector Select. 이 비트가 클리어(0)될 때 인터럽트 벡터들이 플래시 메모리 시작점에 위치한다. 이 비트가 설정(1)되면 인터럽트 벡터들은 플래시의 부트 로더 섹션 시작점으로 이동한다. 부트 플래시 섹션의 시작점의 실제 주소는 BOOTSZ 퓨즈에 의해 결정된다.
0	IVCE	Interrupt Vector Change Enable. IVSEL 비트의 변경을 허용할 때 이 비트의 값을 논리 1로 쓴다. IVCE는 이것이 쓰여진 후 4 사이클 뒤에 하드웨어에 의해, 또는 IVSEL이 쓰여지면 클리어된다. IVCE를 설정하면 인터럽트는 금지된다.

C 코드 예제

```
void Move_interrupts(void)
{
GICR = (1<<IVCE); // 인터럽트 벡터 변경 허용
GICR = (1<<IVSEL);             // 인터럽트를 부트 플래쉬 섹션으로 이동
}
```

2. 외부 인터럽트

외부 인터럽트는 INT0과 INT1 핀에 의해 트리거된다. 인터럽트가 인에이블되면, INT0..1 핀이 출력으로 설정되었어도 인터럽트가 트리거한다. 이 특징은 소프트웨어 인터럽트 생성 방법을 제공한다. 외부 인터럽트는 하강 혹은 상승 에지, 또는 낮은 레벨에서 트리거될 수 있다. 이것은 MCU 제어 레지스터 - MCUCR에 대한 스펙에서 지시한 것과 같이 설정된다. 외부 인터럽트가 인에이블되고 레벨 트리거되도록 설정되면, 핀이 낮은 레벨로 유지되는 한 인터럽트는 트리거한다. INT0와 INT1에 대한 상승 혹은 하강 에지의 인식에는 I/O 클럭이 필요하다. INT0/INT1에 대한 낮은 레벨 인터럽트는 비동기로 검출된다. 이는 이 인터럽트들이 idle 모드 외에 sleep 모드로부터도 깨우는 데 사용될 수 있음을 의미한다.

만일 레벨 트리거 되는 인터럽트가 Power-down 모드로부터 깨우기 위해 사용된다면, MCU를 깨우기 위한 약간의 시간 동안 변경된 레벨이 유지되어야 한다. 이것은 MCU를 노이즈에 덜 민감하게 만든다.

2.1 MCU 제어 레지스터 - MCUCR

MCU 제어 레지스터는 인터럽트 감지 제어 및 일반 MCU 기능을 위한 비트들을 포함한다.

Bit	7	6	5	4	3	2	1	0	
	SE	SM2	SM1	SM0	ISC11	ISC10	ISC01	ISC00	MCUCR
Read/Write	R/W	R/W	R/W	R/W	R/W	R/W	R/W	R/W	
Initial Value	0	0	0	0	0	0	0	0	

MCU 제어 레지스터

번호	이름	설 명
3,2	ISC11 ISC10	인터럽트 감지 제어 1 비트 1, 0. 인터럽트를 활성화시키는 INT1의 레벨과 에지를 정의한다(아래 표 참조).
1,0	ISC01 ISC00	인터럽트 감지 제어 0 비트 1, 0. 인터럽트를 활성화시키는 INT0의 레벨과 에지를 정의한다(아래 표 참조).

[표 2.1] 인터럽트 n(1/0) 감지 제어

ISCn1	ISCn0	설 명
0	0	낮은 레벨의 INTn이 인터럽트 요구 생성
0	1	INTn 상에서 임의의 논리적 변경이 인터럽트 요구 생성
1	0	INTn의 하강 에지가 인터럽트 요구 생성
1	1	INTn의 상승 에지가 인터럽트 요구 생성

일반 인터럽트 제어 레지스터 - GICR

Bit	7	6	5	4	3	2	1	0	
	INT1	INT0	–	–	–	–	IVSEL	IVCE	GICR
Read/Write	R/W	R/W	R	R	R	R	R/W	R/W	
Initial Value	0	0	0	0	0	0	0	0	

일반 인터럽트 제어 레지스터

번호	이름	설 명
7	INT1	외부 인터럽트 요구 n(=1/0) 허용. INTn 비트가 설정되고(1) 상태 레지스터(SREG)내의 I-비트가 설정되면(1), 외부 핀 인터럽트가 인에이블된다. MCU 범용 제어 레지스터(MCUCR) 내의 인터럽트 센스 제어 n 비트 1/0(ISCn1과 ISCn0)은 외부 인터럽트가 INTn 핀의 상승에지/하강에지에서 혹은 감지되는 레벨상에서 활성화될지를 정의한다. 핀상에서의 활동은 INTn 핀이 출력으로 설정되어 있어도 인터럽트 요구를 일으키게 된다. 외부 인터럽트 요구 n의 해당 인터럽트는 INTn 인터럽트 벡터로부터 실행된다.
6	INT0	

일반 인터럽트 플래그 레지스터 - GIFR

Bit	7	6	5	4	3	2	1	0	
	INTF1	INTF0	–	–	–	–	–	–	GIFR
Read/Write	R/W	R/W	R	R	R	R	R	R	
Initial Value	0	0	0	0	0	0	0	0	

일반 인터럽트 플래그 레지스터

번호	이름	설 명
7	INTF1	외부 인터럽트 플래그 n(=1/0). INTn 핀 상에서 이벤트가 인터럽트 요구를 트리거하면, INTFn이 설정된다(1). SREG 내의 I-비트와 GICR 내의 INTn 비트가 설정되면(1), MCU는 해당 인터럽트로 점프하게 된다. 인터럽트 루틴이 실행된 후에는 플래그는 클리어된다. 이와 다르게, 플래그는 이것에 논리 1을 씀으로써 클리어 될 수 있다. 이 플래그는 INTn이 레벨 인터럽트로 설정될 때 항상 클리어된다.
6	INTF0	

3. 타이머

3.1 타이머의 역할

어떤 일을 주기적으로 할 경우, 이를테면 이전 파트의 세븐 세그먼트 어레이를 표시할 때 주기적으로 각 세그먼트를 반복적으로 표시해야 하는 경우, 메인 프로그램의 통제 없이 주기적, 독립적 실행이 가능해야 한다. 타이머가 이 일을 가능하게 한다.

타이머를 설정하면 하드웨어적으로 주기적인 인터럽트가 발생하게 되며, 이 때 MCU는 유저가 지정한 ISR(Interrupt Service Routine)을 수행하는 것이다. ISR이 끝나면 원래 작업 장소로 복귀한다.

3.2 8비트 Timer/Counter0

타이머/카운터0은 일반 목적의 단일 채널 8-비트로 구성되며, 다음과 같은 특징이 있다.

- 싱글 채널 카운터
- 주파수 발생
- 외부 이벤트 카운터
- 10비트 클럭 프리스케일러

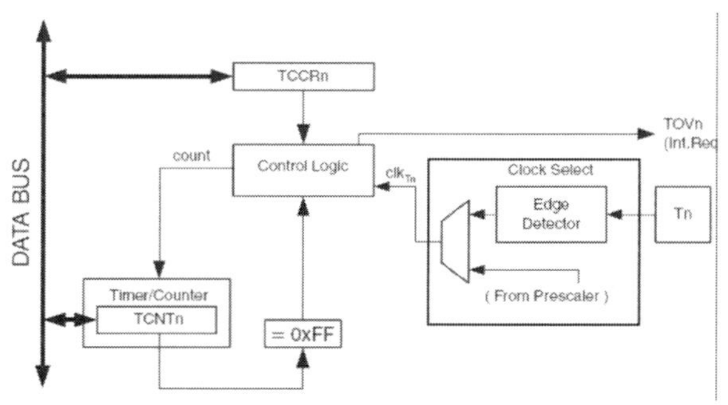

[그림 3.1] 8비트 타이머/카운터 블록 다이어그램

- **타이머/카운터 클럭 소스**

타이머/카운터는 내부 혹은 외부 클럭 소스로부터 클럭을 받을 수 있다. 클럭 소스는 클럭 선택 로직에 의해 선택될 수 있는데, 이 로직은 타이머/카운터 제어 레지스터(TCCR0) 내에 위치한 클럭 선택(CS02:0) 비트들에 의해 제어된다.

• **카운터 유닛**

8비트 Timer/Counter의 주요 부분은 프로그램 가능한 카운터 유닛이다.

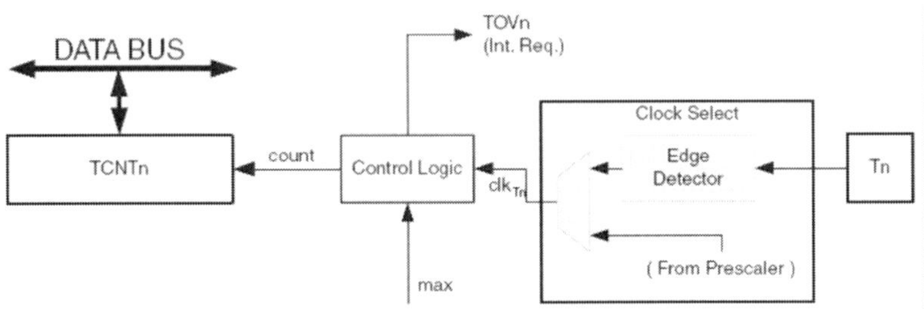

[그림 3.2] 카운터 유닛 블록 다이어그램

신호(내부 신호) :

count	TCNT0을 1씩 증가
clkTN	Timer/Counter 클럭, 아래에서 clkTO로 언급

counter는 매 타이머 클럭(clkTO)마다 증가한다. clkTO는 외부 혹은 내부 클럭 소스로부터 생성될 수 있으며, 클럭 선택 비트(CS02:0)에 의해 선택된다. 클럭 소스가 선택되지 않으면 (CS02:0=0) 타이머는 정지한다. 그러나 TCNT0 값은 clkTO의 존재 여부에 관계없이 CPU에서 접근 가능하다. CPU는 모든 카운터 클리어나 혹은 카운트 동작에 대해 우선순위를 가진다.

• **동작**

카운트 방향은 항상 상향(증가)이며, 어떤 카운터 클리어도 수행되지 않는다. 카운터는 최대 8-비트값(MAX=0xFF)에 다다를 때, 바닥(0x00)에서 다시 시작한다. 보통의 동작에서 타이머/카운터 오버플로우 플래그(TOV0)은 TCNT0가 0이 될 때 동일 타이머 클럭에서 설정된다. 이 경우 TOV0 플래그는, 이것이 클리어되지 않고 단지 설정된다는 점을 제외하고, 9번째 비트처럼 행동한다. 그러나 TOV0 플래그를 자동으로 클리어하는 타이머 오버플로우 인터럽트와 함께 결합하면 타이머 정밀도가 소프트웨어적으로 증가될 수 있다. 새 카운터 값은 어느 때든지 작성될 수 있다.

• **타이머/카운터 타이밍 다이어그램**

타이머/카운터는 동기식 디자인이며 따라서 타이머 클럭 clkTO는 다음 그림에서 클럭 인에이블 신호로 나타난다. 그림에는 언제 인터럽트 플래그가 설정되는지에 관한 정보가 포함된다. 그림에는 기본 타이머/카운터 동작을 위한 타이밍 데이터가 포함된다. 이 그림은 MAX 값에 가까운 카운트 절차를 보여준다.

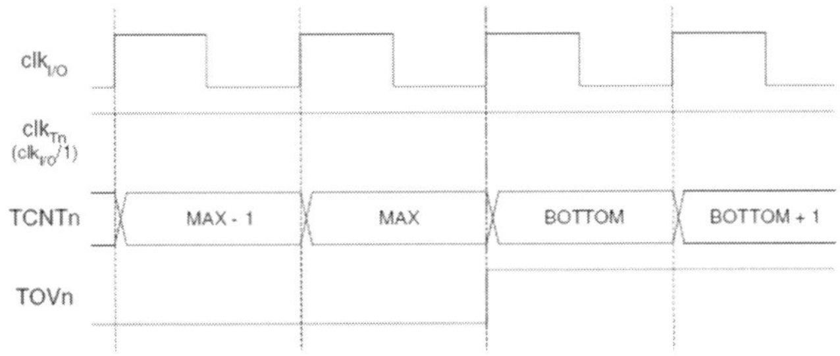

[그림 3.3] 타이머/카운팅 다이밍 다이어그램, prescaling 없음

다음 그림은 동일 타이밍 데이터를 보여주지만, prescaler가 인에이블되어 있다.

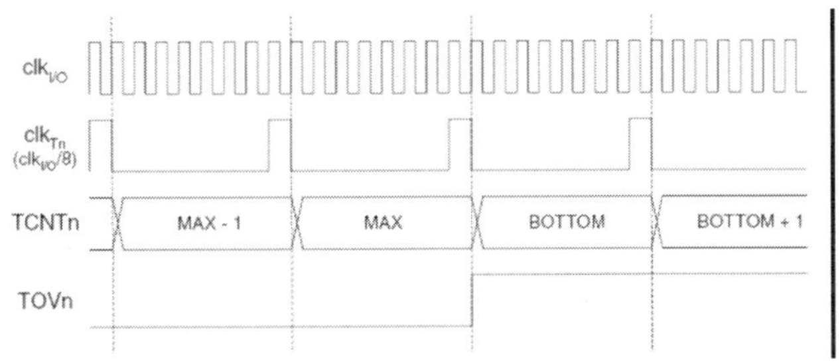

[그림 3.4] 타이머/카운터 타이밍 다이어그램, 프리스케일러 (fclk_I/O/8)

- **8-비트 타이머/카운터 레지스터**

TCCR0

Bit	7	6	5	4	3	2	1	0	
	–	–	–	–	–	CS02	CS01	CS00	TCCR0
Read/Write	R	R	R	R	R	R/W	R/W	R/W	
Initial Value	0	0	0	0	0	0	0	0	

- **Bit 2:0 – CS02:0: 클럭 선택**

세 개의 클럭 선택 비트는 타이머/카운터에서 사용될 클럭 소스를 선택한다.

[표 3.1] 클럭 선택 비트

CS02	CS01	CS00	설 명
0	0	0	클럭 소스 없음(타이머/카운터 정지)
0	0	1	clkI/O/(No prescaling)
0	1	0	clkI/O/8(From prescaler)
0	1	1	clkI/O/64(From prescaler)
1	0	0	clkI/O/256(From prescaler)
1	0	1	clkI/O/1024(From prescaler)
1	1	0	T0 핀의 외부 클럭 소스. 하강 에지에서 클럭.
1	1	1	T0 핀의 외부 클럭 소스. 상승 에지에서 클럭.

외부 핀 모드가 사용될 때, 핀이 출력으로 설정되어 있어도 T0 핀은 카운터를 클럭한다. 이 특징으로 카운팅의 소프트웨어 제어가 가능하다.

TCNT0

Bit	7	6	5	4	3	2	1	0	
	TCNT0[7:0]								TCNT0
Read/Write	R/W	R/W	R/W	R/W	R/W	R/W	R/W	R/W	
Initial Value	0	0	0	0	0	0	0	0	

이것은 타이머/카운터 유닛 8-비트 카운터로의 리드와 라이트 동작 모두를 위한 직접 억세스를 하게 한다.

TIMSK

Bit	7	6	5	4	3	2	1	0	
	OCIE2	TOIE2	TICIE1	OCIE1A	OCIE1B	TOIE1	–	TOIE0	TIMSK
Read/Write	R/W	R/W	R/W	R/W	R/W	R/W	R	R/W	
Initial Value	0	0	0	0	0	0	0	0	

- **Bit 0 – TOIE0: 타이머/카운터0 오버플로우 인터럽트 인에이블**

TOIE0 비트가 1로 쓰여지고 상태 레지스터의 I-비트가 설정(1)되면, 타이머/카운터

0 오버플로우 인터럽트가 인에이블된다. 타이머/카운터0에서 오버플로우가 일어나면, 즉 타이머/카운터 인터럽트 플래그 레지스터 TIFR의 TOV0 비트가 설정될 때, 해당 인터럽트가 실행된다.

TIFR

Bit	7	6	5	4	3	2	1	0	
	OCF2	TOV2	ICF1	OCF1A	OCF1B	TOV1	–	TOV0	TIFR
Read/Write	R/W	R/W	R/W	R/W	R/W	R/W	R	R/W	
Initial Value	0	0	0	0	0	0	0	0	

- **Bit 0 – TOV0: 타이머/카운터0 오버플로우 플래그**

타이머/카운터0에서 오버플로우가 발생하면 TOV0 비트가 설정된다(1). TOV0는 해당 인터럽트 처리 벡터를 실행할 때 하드웨어에 의해 클리어된다. 다른 방법으로, TOV0는 논리 1을 이 플래그에 씀으로써 클리어된다.

3.2 프리스케일러(prescaler)

타이머/카운터1과 타이머/카운터0은 동일한 프리스케일러(prescaler)를 공유하지만, 두 타이머/카운터는 서로 다른 프리스케일러 설정을 가질 수 있다. 아래의 설명은 양자 모두에 적용된다.

- **내부 클럭 소스**

타이머/카운터는 시스템 클럭으로부터 직접(CSn2:0=1로 설정하여) 클럭을 받을 수 있다. 이것은 시스템 클럭 주파수(fCLK_I/O)와 동일한 최대 타이머/카운터 클럭 주파수의 가장 빠른 동작을 제공한다. 또한 클럭 소스로, 프리스케일러로부터 4가지 탭 중 하나가 클럭 소스로 사용될 수 있다. 프리 스케일된 클럭은 fCLK_I/O/8, fCLK_I/O/64, fCLK_I/O/256, fCLK_I/O/1024중 하나의 주파수를 갖는다.

• 프리스케일러 리셋

프리스케일러는 자유롭게 작동하며(즉 타이머/카운터의 클럭 선택 로직과 관계없이 동작) 타이머/카운터1과 타이머/카운터0에서 공유된다. 프리스케일러가 타이머/카운터의 클럭 선택의 영향을 받지 않기 때문에, 프리스케일러의 상태는 프리스케일된 클럭이 사용되는 곳에서의 상황에 관계된다. 한 예가, 타이머가 인에이블되고 프리스케일어에 의해 클럭을 받을 때(6 〉 CSn2:0 〉 1) 발생한다. 타이머가 인에이블된 때부터 첫번째 카운트가 발생할 때까지 시스템 클럭 사이클의 수는 1에서 N+1 시스템 클럭 사이클일 수 있다. 여기서N은 프리스케일러 젯수(8, 64, 256, 또는 256)이다.

타이머/카운터를 프로그램 실행과 동기를 맞추기 위해 프리스케일러 리셋을 사용할 수 있다. 그러나 동일한 프리스케일러를 공유하는 다른 타이머/카운터가 프리스케일링을 사용하면 주의해야 한다. 프리스케일러 리셋은 연결된 모든 타이머/카운터에 대한 프리스케일러 주기에 영향을 미치게 된다.

• 외부 클럭 소스

T1/T0 핀에 인가되는 외부 클럭 소스는 타이머/카운터 클럭(clkT1/ClkT0)으로 사용될 수 있다. T1/T0 핀은 핀 동기화 로직에 의해 매 시스템 클럭 사이클마다 한 번씩 샘플링된다. 다음에 이 신호는 에지 검출기를 통해 넘겨진다. 아래 그림은 T1/T0 동기화 및 에지 검출기 로직의 기능적 등가 블록 다이어그램을 보여준다. 레지스터들은 내부 시스템 클럭(clkI/O)의 상승 에지에서 클럭된다. 래치는 내부 시스템 클럭 기간 동안 투명하다.

에지 검출기는 검출되는 매 상승(CSn2:0=7) 혹은 하강(CSn2:0=6) 에지에 대해 하나의 clkT1/clkT0 펄스를 생성한다.

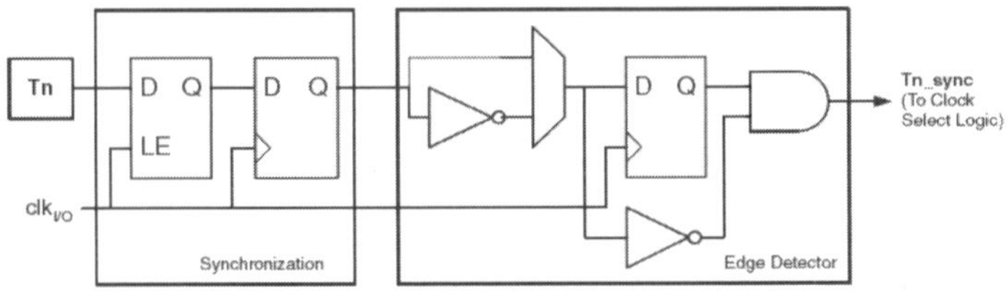

[그림 3.5] T1/To 핀 샘플링

클럭 입력을 허용 또는 금지하는 것은 T1/T0가 최소한 한 시스템 클 사이클 동안 안정화되었을 때 행해져야 하는데, 그렇지 않으면 잘못된 타이머/카운터 클럭 펄스가 생성될 위험성이 있다.

• **특별 기능 IO 레지스터 SFIOR**

Bit	7	6	5	4	3	2	1	0	
	–	–	–	–	ACME	PUD	PSR2	PSR10	SFIOR
Read/Write	R	R	R	R	R/W	R/W	R/W	R/W	
Initial Value	0	0	0	0	0	0	0	0	

• **Bit 0 – PSR10: 프리스케일러 리셋 타이머/카운터1과 타이머/카운터0**

이 비트가 1로 쓰여지면 타이머/카운터1과 타이머/카운터0 프리스케일러는 리셋된다. 이 비트는 동작 수행 후 하드웨어에 의해 클리어된다. 이 비트에 0을 쓰는 것은 아무 효과도 없다. 타이머/카운터1과 타이머/카운터0은 동일 프리스케일러를 공유하고 이 프리스케일러의 리셋은 두 타이머 모두에 영향을 미치게 된다. 이 비트는 항상 0으로 읽혀지게 된다.

3.3 16비트 Timer/Counter1

16비트 타이머/카운터 유닛을 사용하면 정확한 프로그램 실행 타이밍(이벤트 관리), 파형 생성, 신호 타이밍 측정 등이 가능하다.

다음은 16비트 타이머/카운터의 간단한 블록 다이어그램이다.

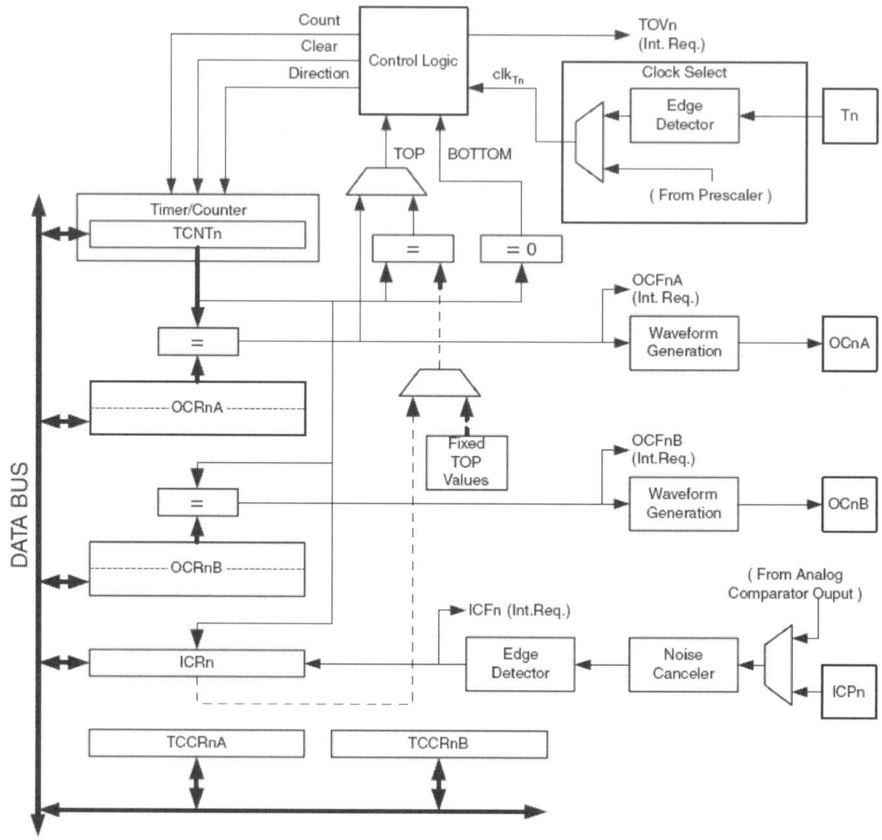

[그림 3.6] 16비트 타이머/카운터 블록 다이어그램

타이머/카운터(TCNT1), 출력 비교 레지스터(OCR1A/B), 입력 캡쳐 레지스터(ICR1) 등은 모두 16-비트 레지스터들이다. 16-비트 레지스터를 억세스할 때에는 특별한 절차를 따라야만 한다. 타이머/카운터 제어 레지스터들(TCCR1A/B)은 8-비트 레지스터로 CPU 접근 제한이 없다. 인터럽트 요구 신호는 모두 타이머 인터럽트 플래그 레지스터 (TIFR)에 의해 볼 수 있다. 모든 인터럽트는 개별적으로 타이머 인터럽트 마스크 레지스터 (TIMSK)에 의해 마스킹된다. TIFR과 TIMSK는 다른 타이머 유닛들과 공유되기 때문에 그림에서 보여지지 않는다.

타이머/카운터는 프리스케일러를 통해, 혹은 T1 핀에 연결된 외부 클럭 소스에 의해, 내부적으로 클럭을 받을 수 있다. 클럭 선택 로직 블록은 타이머/카운터가 그 값을 증가(혹은 감소)하기 위해 어떤 클럭 소스와 에지를 사용할지를 제어한다. 클럭 소스가 선택되지 않으면 타이머/카운터는 비활성화된다. 클럭 선택 로직으로부터의 출력을 타이머 클럭(clkT1)으로 언급한다.

2중 버퍼로 된 출력 비교 레지스터들(OCR1A/B)은 항상 타이머/카운터 값과 비교된다. 비교의 결과는 PWM, 혹은 출력 비교 핀(OC1A/B) 상에서 가변 주파수 출력을 생성하기 위해 파형 생성기에 의해 사용될 수 있다. 비교 매치 이벤트는 또한 출력 비교 인터럽트 요구를 생성하기 위해 사용될 수 있는 비교 매치 플래그(OCF1A/B)를 설정하게 된다.

입력 비교 레지스터는 주어진 외부(edge triggered) 이벤트에서 입력 캡쳐 핀(ICP1)이나 아날로그 비교 핀 상에서 타이머/카운터 값을 캡쳐할 수 있다. 입력 캡쳐 유닛은 노이즈 스파이크를 캡쳐할 기회를 줄이기 위해 디지털 필터링 유닛(노이즈 소거기)를 포함한다.

- **Timer/Counter 클럭 소스**

Timer/Counter는 내부 혹은 외부 클럭 소스로부터 클럭을 받을 수 있다. 클럭 소스는 클럭 선택 로직에 의해 선택될 수 있는데, 이 로직은 Timer/Counter 제어 레지스터 B(TCCR1B) 내에 위치한 클럭 선택(CS12:0) 비트들에 의해 제어된다.

- **카운터 유닛**

16비트 타이머/카운터의 주요 부분은 프로그램 가능한 16비트 양방향 카운터 유닛이다. 다음 그림은 카운터와 그 주변의 블록 다이어그램을 보여준다.

16비트 카운터는 두 개의 I/O 메모리 위치 - 카운터의 상위 8비트를 포함하는 카운터 high(TCNT1H), 그리고 하위 8 비트를 포함하는 카운터 low(TCNT1L) - 로 매핑된다. TCNT1H 레지스터는 CPU에 의해 간접적으로 억세스될 수 있을 뿐이다. CPU가 TCNT1H I/O 위치에 억세스할 때, CPU는 high 바이트 임시 레지스터(TEMP)를 억세스한다. 임시 레지스터는 TCNT1L이 읽힐 때 TCNT1H에 의해 업데이트되고, TCNT1H는 TCNT1L이 쓰여질 때 임시 레지스터 값에 의해 업데이트된다. 이렇게 함

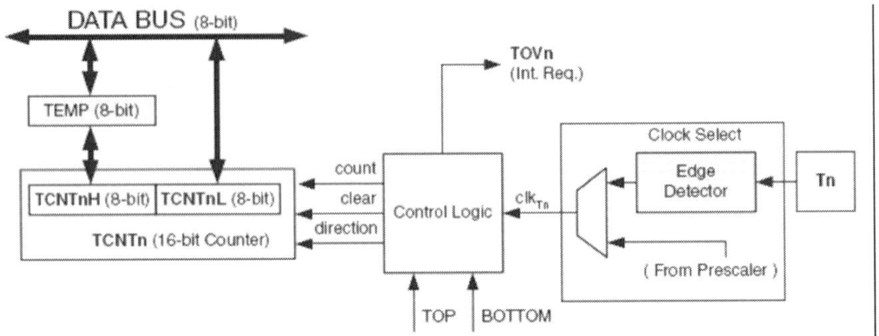

[그림 3.7] 카운터 유닛 블록 다이어그램

내부 신호 표시:

count	TCNT1을 1 증가 혹은 감소
direction	증가와 감소 중 선택
clear	TCNT1을 클리어(모든 비트를 0으로 설정)
clkT1	타이머/카운터 클럭
TOP	TCNT1이 최대값에 도달했음을 신호
BOTTOM	TCNT1이 최소값(0)에 도달했음을 신호

으로써 CPU는 16비트 카운터 값 전체를 한 클럭 사이클 안에 8비트 데이터 버스를 통해 읽거나 쓸 수 있게 된다.

사용되는 동작 모드에 따라 카운터는 각 타이머 클럭(clkT1)에서 클리어 되거나 증가, 감소된다. clkT1은 클럭 선택 비트(CS12:0)에 의해 선택된 외부 혹은 내부 클럭 소스로부터 생성될 수 있다. 어떤 클럭 소스도 선택되지 않으면(CS12:0=0) 타이머는 정지한다. 하지만, TCNT1 값은 clkT1의 존재와 관계없이 CPU에 의해 접근 가능하다. CPU에 의한 쓰기는 모든 카운터 클리어 및 동작에 우선한다.

계수 절차는 타이머/카운터 제어 레지스터 A와 B(TCCR1A, TCCR1B)에 위치한 파형 생성 모드 비트(WGM13:0)의 설정으로 결정된다.

타이머/카운터 오버플로우(TOV1) 플래그는 WGM12:0에 의해 선택된 동작 모드에 따라 설정된다. TOV1은 CPU 인터럽트 생성에 사용될 수 있다.

- **16비트 타이머/카운터 레지스터**

TCCR1A

Bit	7	6	5	4	3	2	1	0	
	COM1A1	COM1A0	COM1B1	COM1B0	FOC1A	FOC1B	WGM11	WGM10	TCCR1A
Read/Write	R/W	R/W	R/W	R/W	W	W	R/W	R/W	
Initial Value	0	0	0	0	0	0	0	0	

- Bit 7:6 – COM1A1:0: 채널 A용 출력 비교 모드
- Bit 5:4 – COM1B1:0: 채널 B용 출력 비교 모드

COM1A1:0과 COM1B1:0은 출력 비교 핀(각각 OC1A와 OC1B)동작을 제어한다. COM1A1:0 비트 중 하나 혹은 두 개 모두 1로 쓰여지면, OC1A 출력은 이것이 연결된 I/O 핀의 정상적 포트 기능을 무효화한다. COM1B1:0 비트 중 하나 혹은 두 개 모두 1로 쓰여지면, OC1B 출력은 이것이 연결된 I/O 핀의 정상적 포트 기능을 무효화한다. 그러나 출력 드라이버를 인에이블하기 위해서는 OC1A 혹은 OC1B 핀에 대응하는 데이터 방향 레지스터(DDR) 비트가 설정되어야 한다는 점을 주목하라.

OC1A나 OC1B가 핀에 연결되어 있을 때 COM1x1:0 비트의 기능은 WGM13:0 비트 설정에 따라 달라진다. 다음 표는 WGM12:0 비트들이 정상 혹은 CTC 모드(비 PWM)로 설정될 때 COM1x1:0비트 기능을 보여준다.

[표 3.2] 출력 비교 모드, 비 PWM

COM1A1/ COM1B1	COM1A0/ COM1B0	설 명
0	0	정상적 포트 동작, OC1A/OC1B 분리
0	1	Toggle OC1A/OC1B on Compare Match
1	0	Clear OC1A/OC1B on Compare Match(Set output to low level)
1	1	Set OC1A/OC1B on Compare Match(Set output to high level)

- Bit 3 – FOC1A: Force Output Compare for Channel A
- Bit 2 – FOC1B: Force Output Compare for Channel B

이 두 비트는 WGM13:0 비트들이 비 PWM 모드를 지정할 때에만 작동한다. 하지만 미래 디바이스와의 호환성을 위해 PWM 모드에서 동작할 때, TCCR1A를 쓸 때 이 비트들은 0으로 설정해야 한다. FOC1A/FOC1B 비트에 논리값 1을 쓸 때, 파형 발생 유닛상에 즉각적 매치 비교가 강제된다. OC1A/OC1B 출력은 COM1x1:0 비트 설정에 따라 변한다. FOC1A/FOC1B 비트는 스트로브로 구현됨에 주목하라. 따라서 강제되는 비교의 효과를 결정하는 것은 COM1x1:0 비트에 존재하는 값이다.

FOC1A/FOC1B 스트로브는 Clear Timer on Compare Match(CTC) 모드에서 OCR1A를 TOP으로 사용할 때, 어떤 인터럽트도 생성하지 않고 타이머를 클리어하지도 않게 된다. FOC1A/FOC1B 비트는 항상 0으로 읽힌다.

- **Bit 1:0 – WGM11:0: 파형 발생 모드**

이 비트들은 TCCR1B 레지스터에서 발견되는 WGM13:2 비트와 결합하여 카운터의 계수 절차, 최대(TOP) 카운터 값의 소스, 그리고 사용될 파형의 형태 등을 제어한다.

TCNT1H, TCHT1L

Bit	7	6	5	4	3	2	1	0	
	TCNT1[15:8]								TCNT1H
	TCNT1[7:0]								TCNT1L
Read/Write	R/W	R/W	R/W	R/W	W	W	R/W	R/W	
Initial Value	0	0	0	0	0	0	0	0	

두 개의 타이머/카운터 I/O 위치(TCNT1H와 TCNT1L, 결합하여 TCNT1)은 타이머/카운터 유닛 16비트 카운터로의 읽기 및 쓰기 동작을 위해 직접 억세스할 수 있게 한다. CPU가 이 레지스터들을 억세스할 때 high 및 low 바이트들 모두를 동시에 읽고 쓰는 것을 보장하기 위해 접근은 8비트 임시 high 바이트 레지스터(TEMP)를 사용하여 수행된다. 이 임시 레지스터는 다른 모든 16 비트 레지스터가 공유한다.

카운터가 작동중일 때 카운터(TCNT1)를 변경하는 것은 TCNT1과 OCR1x 레지스터 중 하나 사이의 비교 매치를 잃을 위험성을 야기한다.

TIMSK

Bit	7	6	5	4	3	2	1	0	
	OCIE2	TOIE2	TICIE1	OCIE1A	OCIE1B	TOIE1	–	TOIE0	TIMSK
Read/Write	R/W	R/W	R/W	R/W	R/W	R/W	R	R/W	
Initial Value	0	0	0	0	0	0	0	0	

- **Bit 2 – TOIE1: 타이머/카운터1, Overflow Interrupt Enable**

이 비트가 1로 쓰여지고 상태 레지스터의 I 플래그가 설정되면(인터럽트 전역적 인에이블), 타이머/카운터1 오버플로우 인터럽트가 인에이블된다. TIFR에 위치한 TOV1 플래그가 설정되면 대응하는 인터럽트 벡터가 실행된다.

TIFR

Bit	7	6	5	4	3	2	1	0	
	OCF2	TOV2	ICF1	OCF1A	OCF1B	TOV1	–	TOV0	TIFR
Read/Write	R/W	R/W	R/W	R/W	R/W	R/W	R	R/W	
Initial Value	0	0	0	0	0	0	0	0	

- **Bit 2 – TOV1: 타이머/카운터1 오버플로우 플래그**

이 플래그 설정은 WGM13:0 비트 설정에 따라 다르다. 정상 혹은 CTC 모드에서 TOV1 플래그는 타이머가 오버플로우일 때 설정된다.

TOV1은 타이머/카운터 1 오버플로우 인터럽트 벡터가 실행되면 자동적으로 클리어된다. 이와 다르게 TOV1은 이 비트 위치에 논리값 1을 씀으로써 클리어될 수도 있다.

연습문제

☞ 다음 문제들에 대한 설명을 제출하시오.

① ATmega8에서 타이머 인터럽트의 동작 원리를 간단히 설명하시오.
② 외부 인터럽트에 대해 설명하시오.

제 2 장 타이머(timer)

1. 구현 목표
2. 타이머 초기화 및 인터럽트 처리 루틴
3. 기타 필요한 함수들
4. 구현
5. 두 개의 타이머를 동시에 사용하기

✓ 이 장의 목표

· 이벤트 처리 프로그래밍 감각을 익힌다.
· 타이머를 이용한 프로그래밍 능력을 배양한다.
· 세븐 세그먼트 어레이를 타이머를 이용하여 구동한다.

✓ 들어가기에 앞서

· 앞 장의 이벤트 및 타이머 부분을 다시 한번 읽어본다.

✓ 준비할 것

· Part 2 제2장과 동일

1. 구현 목표

본 파트에서는 전 Part에서 구현했던 세븐 세그먼트 어레이 구동 기능을 라이브러리화하여, 메인 프로그램 부분에서 세븐 세그먼트 관련 부분의 부담을 덜고 고유의 일을 할 수 있도록 한다. 즉 다음을 고려한다.

- 세븐 세그먼트 어레이 구동 라이브러리
  대략 1000/40 (ms)에 전체를 한 번 스캔할 때 세븐 세그먼트가 무난히 잘 보였고, 이보다 길면 LED들의 깜박거림이 눈에 띈다. 따라서 4개의 세븐 세그먼트를 구동하므로, 하나 당 1000/40/4, 즉 6msec마다 세븐 세그먼트를 번갈아 선택, 표시한다.
- 메인 프로그램 - "0000"~"9999"까지 숫자를 1초에 한번 꼴로 번갈아 표시. "9999" 다음에는 다시 "0000"으로 돌아옴.

회로 연결은 파트2의 제2장과 동일하다.

2. 타이머 초기화 및 인터럽트 처리 루틴(타이머 함수)

여기서는 16비트 타이머를 사용하기로 한다.

타이머를 사용하기 위해서는 타이머에서 사용하는 클럭에 대해서 설정을 해야 하는데, 이는 프리스케일러 값으로 조절할 수 있다. 프리스케일러 값은 각 타이머의 컨트롤 레지스터(TCCRn)에서 설정할 수 있다. 타이머 인터럽트는 각 타이머 관련 컨트롤 레지스터에서 적절한 프리스케일러 값을 설정한 후, 각 타이머 레지스터(TCNTn)에 얼마마다 한번씩 인터럽트를 걸게 할 것인지, 그 값을 써주면 된다.

[매크로 및 변수 정의]

```
#include "fnd.h"
int ind = 0;                    //-- sel seg number
char *seg = "0000";
#define sel_fnd(n) (PORTC = (PORTC|0x0f) &(~ (0x01<<n)))

int tint_hz1 = 160;                     //-- 타이머 주기(Hz)
#define CLK_DIV 1024       //-- 분주
#define  CLK_DIV_SET 5  //-- 분주 설정치
    /*-- CLK_DIV_SET  ClK_DIV
            0          No Clock source(Timer/Counter Stop)
            1          1 분주
            2          8 분주
            3          64 분주
            4          256 분주
            5          1024 분주       */

//-- TCNT1_VAL: Timer1이 오버플로우하기 위한 카운트
#define TCNT1_VAL          (F_CPU/CLK_DIV/tint_hz1)
```

tint_hz1

스캔 주기. 전체 스캔 주기를 40Hz, 즉 1초에 40회 스캔하는 것으로 정한다. 그런데 세븐 세그먼트가 4개이므로, 한 개씩 스캔하기 위해서는 160Hz로 잡아야 한다.

TCNT1_VAL

CLK_DIV만큼 분주를 하게 되면, 클럭이 CLK_DIV만큼 지나갔을 때 한 번씩 카운터가 증가한다. 따라서 F_CPU(클럭 주파수)/CLK_DIV는 CLK_DIV로 분주시, 카운트 주파수이다(1초당 카운트 회수). 즉 이것의 역수는 한 번 카운트할 때 걸리는 시간이 된다. 스캔 시간은 1/tint_hz1이므로, 분주 시계로 카운트해야 할 수는 (스캔시간) / (분주시간)이 된다. 이것을 계산하면

Scan time = 1/tint_hz1

Divide time = CLK_DIV/F_CPU

Count = (1/tint_hz1)/(CLK_DIV/F_CPU)

= F_CPU/CLK_DIV/tint_hz1

이 된다.

[timer interrupt 초기화]

```
void init_timer1(void)
{
TCCR1B = CLK_DIV_SET;
TCNT1 = 0x10000 - TCNT1_VAL;
TIMSK = 0x04;
}
```

```
TCCR1B = CLK_DIV_SET;
프리스케일러 세팅.
(System Clock ) / Prescale = (Divide Clock)

TCNT1 = 0x10000 - TCNT1_VAL;
```

타이머 레지스터에 인터럽트 주기를 설정한다. 카운트가 TCNT1_VAL이 되면 TCNT1이 오버플로우되면서 타이머 인터럽트를 요구하게 된다.

- TIMSK = 0x04;

타이머 인터럽트 마스크의 TOIE1 비트를 세트(1)시킨다.

[interrupt 처리 루틴]

```
interrupt [TIM1_OVF] void TIM1_OVF_isr(void)
{
disable_interrupt();
TCNT1 = 0x10000 - TCNT1_VAL;      //-- 새로운 타이머 값 로드(주기 설정)
enable_interrupt();

ind = (ind+1) % 4;
sel_fnd(ind);
fnd_put(seg[ind], FALSE);
}
```

타이머 1의 오버플로우 인터럽트가 발생할 때마다 앞의 처리 루틴이 작동한다. 이 루틴은 다음 세븐 세그먼트를 선택한다.

```
Interrupt [TIME1_OVF] void TIM_OVF_isr(void)
```

타이머 1이 오버플로우 걸리면 이 루틴이 호출된다.

```
TCNT1 = 0x10000 - TCNT1_VAL;
```

인터럽트 처리 루틴에서는 먼저 타이머 레지스터를 재설정한 후, 필요한 처리를 행한다. 이것을 실행해야 다음 인터럽트 발생 주기를 일정하게 유지시킬 수 있다. 그리고, TCNT1은 16비트 레지스터인데, 16비트 레지스터를 억세스할 때에는 인터럽트를 디스에이블해 주어야 한다.

3. 기타 필요한 함수들

포트를 초기화시키는 함수, 0000~9999까지를 세그먼트 문자열로 변환시키는 함수 등이 필요하다. 표시는 타이머 인터럽트 루틴에서 할 몫이다.

```
void init_port() {   DDRC = 0x0f; PORTC = 0x00; }

void set_seg(int n)
{
seg[3] =  n % 10 + '0'; n /= 10;
seg[2] =  n % 10 + '0'; n /= 10;
seg[1] =  n % 10 + '0'; n /= 10;
seg[0] =  n % 10 + '0';
}
```

4. 구현

다음은 이상을 종합한 것이다.

[프로그램 31-1] 0000-9999를 번갈아 FND 표시

```
#define F_CPU 16000000
#include <mega8.h>
#include <delay.h>
#include "../inc/macros.h"
#include "../inc/fnd.h"

int ind = 0;                          //-- 세그먼트 번호 선택
int tint_hz1 = 220;                           //-- 타이머 주기(Hz)
#define CLK_DIV          1024     //-- 분주
#define CLK_DIV_SET 5             //-- 분주 설정치
    /*-- CLK_DIV_SET     ClK_DIV
      0          No Clock source(Timer/Counter Stop)
      1          1 분주
      2          8 분주
      3          64 분주
      4          256 분주
      5          1024 분주   */

//-- TCNT1_VAL: Timer1이 오버플로우하기 위한 카운트
#define TCNT1_VAL        (F_CPU/CLK_DIV/tint_hz1)
interrupt [TIM1_OVF] void TIM1_OVF_isr(void)
{
//-- 새로운 타이머 값 로드(주기 설정)
disable_interrupt();
TCNT1 = 0x10000 - TCNT1_VAL;
enable_interrupt();
   fnd_sel(ind);
   ind = (ind+1)%4;
}

void init_timer1(void)

{
TCNT1 = 0x10000 - TCNT1_VAL;      //-- 16-bit
TCCR1B = CLK_DIV_SET;     //-- 클럭 분주 설정 - Xtal/1024
```

```
TIMSK = 0x04;               //-- TImer1 오버플로우 인터럽트 허용
}

/*   Timer1 Overflow 발생 조건
    1) Timer1의 TOIE1(TIMSK 레지스터)이 설정
        TIMSK = 0x80;
    2) Global Interrupt Enable bit(I: SREG 레지스터의)가 설정
        #asm("sei"); 또는 enable_interrupt(); */

void main()
{
int n = 0;
fnd_init(PORT_ADDR_D, PORT_ADDR_C, 4);
init_timer1();
enable_interrupt();
while(1)
{
        fnd_data_num(n);
        n = (n+1) % 10000;
        delay_ms(100);
}
}
```

5. 두 개의 타이머를 동시에 사용하기

이번에는 타이머0(8비트)과 타이머1(16비트)를 동시에 사용해 본다. 프로그램의 동작은 앞과 동일한데, 표시되는 숫자의 카운트 업을 메인 함수가 아니라 타이머에서 하고 싶다. 앞에서 만든 프로그램에 8비트 타이머에 관한 내용들을 추가해야 하는데, 그다지 어렵진 않을 것이다.

1초당 한 번의 업 카운트를 수행하기 위해서는 타이머가 F_CPU (8,000,000)/1024/1 = 7812의 카운트를 수행해야 한다. 그러나 이 수치는 8비트로 표현할 수 없다. 즉, 타이머 0(8비트)으로는 업 카운트를 할 수 없다. 이제 앞에서 했던 리프레쉬(160Hz)를 검토해 보자. F_CPU (8,000,000)/1024/160 = 48인데 이것은 8비트로 표현 가능하다.

이에 따라 업 카운트를 카운터1로 하고, 기존의 리프레쉬 작업을 카운터1에서 카운터0으로 옮긴다.

[프로그램 31-2] 두 개의 타이머를 이용한 FND 표시

매크로 및 변수 정의

```
#define F_CPU 16000000
#include <mega8.h>
#include <delay.h>
#include "../inc/macros.h"
#include "../inc/fnd.h"
int num = 0;                //-- 표시되는 숫자
int ind = 0;                //-- sel seg number
int tint_hz0  = 220;
int tint_hz1 = 1;                     //-- 1초 간격으로 업 카운트
#define CLK_DIV 1024        //-- 분주
#define  CLK_DIV_SET 5  //-- 분주 설정치
      /*-- CLK_DIV_SET      ClK_DIV
               0            No Clock source(Timer/Counter Stop)
               1            1 분주
               2            8 분주
               3            64 분주
               4            256 분주
               5            1024 분주        */

#define TCNT0_VAL           (F_CPU/CLK_DIV/tint_hz0)
#define TCNT1_VAL           (F_CPU/CLK_DIV/tint_hz1)
```

timer interrupt 초기화

```
void init_timer0(void)
{
TCCR0 = CLK_DIV_SET;
TCNT0 = 0x100 - TCNT0_VAL;
TIMSK  |= 0x01;  //-- TOIE0
}

void init_timer1(void)
{
TCCR1B = CLK_DIV_SET;
```

```
TCNT1 = 0x10000 - TCNT1_VAL;
TIMSK |= 0x04;
}
```

interrupt 처리 루틴

```
interrupt [TIM0_OVF] void TIM0_OVF_isr(void)
{   //-- 새로운 타이머 값 로드(주기 설정)
disable_interrupt();
TCNT0 = 0x100 - TCNT0_VAL;
enable_interrupt();

   ind = (ind+1)%4;
fnd_sel(ind);
}

interrupt [TIM1_OVF] void TIM1_OVF_isr(void)
{   //-- 새로운 타이머 값 로드(주기 설정)
disable_interrupt();
TCNT1 = 0x10000 - TCNT1_VAL;
enable_interrupt();

   fnd_data_num(num++);
num %= 10000;
}
```

메인 함수

```
void main()
{
fnd_init(PORT_ADDR_D, PORT_ADDR_C, 4);
init_timer0();
init_timer1();
enable_interrupt();

while(1) { }
}
```

연습 문제

☞ 다음 문제들에 대한 설명과 실험실습 결과를 실험 결과 보고서와 함께 제출하시오.

① 위의 프로그램을 실행시켜 보시오. 스캔 간격(tint_hz=160)은 적당한가? 이 값에도 리프레시하는 것이 눈에 띈다면, 그 이유는 무엇인가? 또한 이 값을 조절하여 출력이 보기에 좋도록 하시오.

② 두 번째 프로그램에서는 메인 함수가 할 일이 없다. 그래서, 프로그램의 기능을 좀더 업그레이드하고자 한다. 사용하지 않는 포트의 핀 하나에 스위치를 달아서, 이 값을 읽어서 상태 변화가 있을 때 카운트 방향을 업/다운으로 바꾸도록 두 번째 프로그램을 변경하시오. 다운 카운트시, 0 다음에는 9999로 간다.

③ (토론)타이머의 도입 덕분에 AVR에서도 두 개의 타스크를 동시에 수행할 수 있는 방법이 생겼다. 그러나 만약 임베디드 시스템이 무거워진다면 세븐 세그먼트 어레이 구동이 부담이 될 수도 있다(최소한 12개의 핀의 사용과, 리프레시 하는 데 소요되는 MCU 연산 자원). 그렇다면 세븐 세그먼트 디스플레이를 독립 모듈화하는 것을 검토할 수 있는데, 이에 대해 생각해 보시오.

제 3 장 외부 인터럽트

✓ 이 장의 목표

- 범용 포트 핀을 통해 들어오는 외부 신호를 인터럽트로 처리하는 방법을 익힌다.
- C 라이브러리를 만드는 과정을 익힌다.

✓ 들어 가기에 앞서

- 제1장의 외부 인터럽트 편을 다시 한번 읽어 본다.
- 앞장의 프로그램을 정리한다.

✓ 하드웨어 준비

- 앞장과 동일하지만, 회로를 다시 꾸민다.

1. 개요

제0장에서도 인터럽트에 대한 언급에서 이야기가 되었지만, 외부에서의 트리거에 의해 특정 작업을 해야 할 경우, 외부로부터의 요청(즉 특정 포트 입력핀)을 폴링 방식으로 감시하고 있을 수는 없다. 이 경우, 아까운 MCU를 플래그 감시하는 데 소모하고 만다. 그래서, 외부로부터의 요청을 특정 포트 입력핀에 의한 인터럽트로 처리하는 것이 효과적이다.

본 장에서는 앞장에서 만든 숫자 세그먼트 표시기를 업데이트하여, 유저의 요구에 따라 업 카운트와 다운 카운트를 번갈아 할 수 있도록 하는데, 유저의 요구를 인터럽트로 처리하고자 한다(제1장 연습문제 2번 참조).

2. 회로 연결 변경

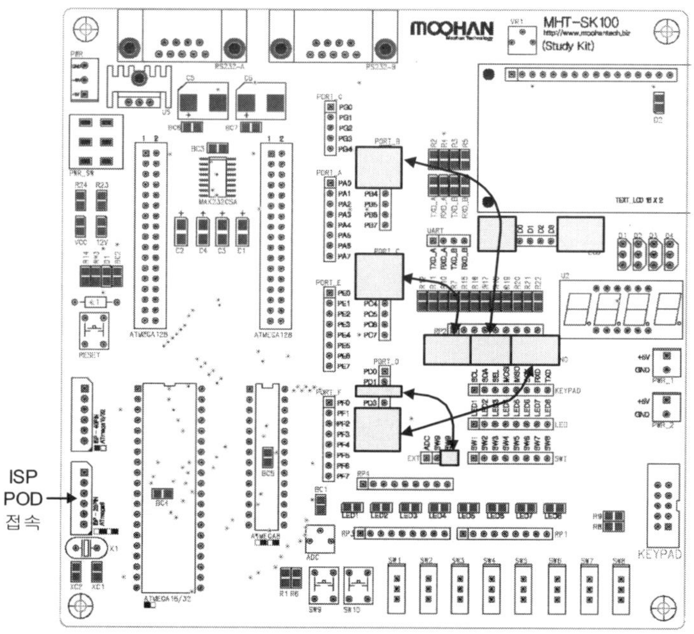

[그림 2.1] 외부 인터럽트 실습 케이블 연결

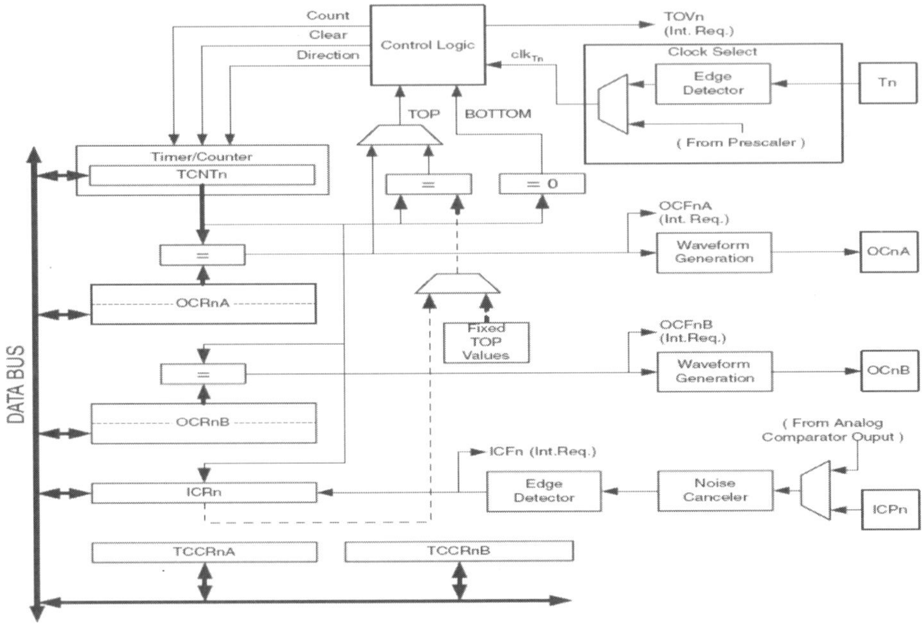

[그림 2.2] 외부 인터럽트 실습 회로도 연결

안타깝게도 앞장의 회로와 프로그램을 그대로 재사용하지 못한다. 왜냐하면 세븐 세그먼트 출력에 사용되는 Port D에 외부 인터럽트 핀이 포함되어 있기 때문이다.

[그림 2.3]과 같이 ATmega8 MCU에는 외부 인터럽트 입력 핀이 두 개(INT0..1) 있는데, 이것은 PD2..3과 핀을 공유한다. 따라서 이 인터럽트 입력 기능을 사용하기 위해서는 MCU 핀 할당을 다시 하지 않으면 안 된다.

새 회로에서는 기존의 PD0..3으로 연결한 것을 PB0..3으로 옮긴다. 즉 아래와 같이 핀을 할당한다.

- 세븐 세그먼트 입력 : PB0..3, PD4..7
- 세븐 세그먼트 선택 : PC0..3
- 인터럽트 입력 : INT0(PD2-4번 핀 - SW8 스위치를 통해 GND로 연결)

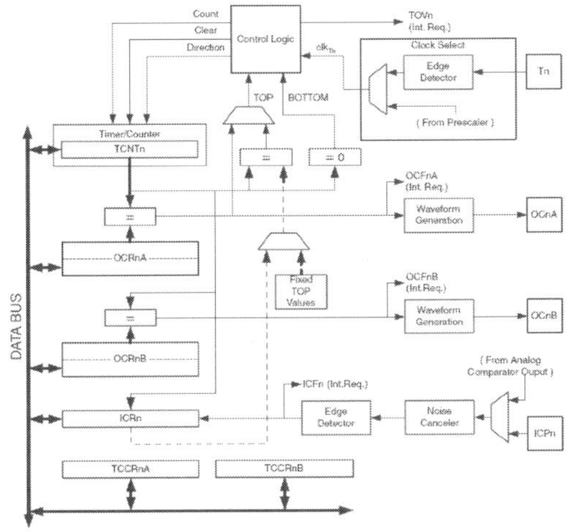

[그림 2.3] 외부 인터럽트 입력 핀

3. FND 라이브러리 변경

현재의 FND 라이브러리는 데이터 출력을 하나의 포트를 통해서 하도록 되어 있기 때문에, 인터럽트 핀과 포트 D가 핀의 중복이 생기는 상황에서는 이 라이브러리를 온전히 사용할 수 없다. 따라서 FND 라이브러리를 변경하여 두 개의 포트로 데이터를 나누어 출력할 수 있도록 할 필요가 있다.

```
#ifndef __FND_HEADER___
#define __FND_HEADER___
#include "../inc/regaddr.h"

BYTE fnd_ind = 0;
BYTE fnd_num;
BYTE fnd_mask;
char fnd_data[8];

#ifdef FND_DATA_PORT2
REG_ADDR fnd_addr_high;
REG_ADDR fnd_addr_low;
```

```
#else
REG_ADDR fnd_addr_data;
#endif
REG_ADDR fnd_addr_sel;

//-- 초기화
#ifdef FND_DATA_PORT2
void fnd_init(REG_ADDR high, REG_ADDR low, REG_ADDR sel, BYTE n)
#else
void fnd_init(REG_ADDR data, REG_ADDR sel, BYTE n)
#endif
{
int i;

#ifdef FND_DATA_PORT2
fnd_addr_high = high;
fnd_addr_low = low;
#else
fnd_addr_data = data;
#endif
fnd_addr_sel = sel;
fnd_num = n;

#ifdef FND_DATA_PORT2
splitHL(0xFF, DDR(fnd_addr_high), DDR(fnd_addr_low));
splitHL(0xFF, PORT(fnd_addr_high), PORT(fnd_addr_low));
#else
DDR(fnd_addr_data) = 0xFF;
PORT(fnd_addr_data) = 0xFF;
#endif
fnd_mask = BitsMask(0, n);
DDR(fnd_addr_sel) = DDR(fnd_addr_sel) | fnd_mask;
DDR(fnd_addr_sel) = DDR(fnd_addr_sel) | fnd_mask;

    for(i = 0; i < n; ++i)
        fnd_data[i] = '0';
}

void fnd_put(BYTE c, BOOL dot)              //-- 글자 표시
{
switch(c)
{
        case '0': c = ~0x3F; break;
        case '1': c = ~0x06; break;
```

```
        case '2': c = ~0x5B; break;
        case '3': c = ~0x4F; break;
        case '4': c = ~0x66; break;
        case '5': c = ~0x6D; break;
        case '6': c = ~0x7D; break;
        case '7': c = ~0x27; break;
        case '8': c = ~0x7F; break;
        case '9': c = ~0x6F; break;
        case '-': c = ~0x40; break;
        case 'a':        case 'A': c = ~0xF7; break;
        case 'b':        case 'B': c = ~0xFC; break;
        case 'c':        case 'C': c = ~0xB9; break;
        case 'd':        case 'D': c = ~0xDE; break;
        case 'e':        case 'E': c = ~0xF9; break;
        case 'f':        case 'F': c= ~0xF1; break;

        default: c = 0x00; break;
}
if(dot)
        c &= (~0x80);
#ifdef FND_DATA_PORT2
   splitHL(c, PORT(fnd_addr_high), PORT(fnd_addr_low));
#else
PORT(fnd_addr_data) = c;
#endif
}

void fnd_data_put(char *data)     //-- 표시 데이터 라이트
{
   int i;
char *p = fnd_data;
for(i = 0; i < fnd_num; ++i)
       *p++ = *data++;
}

void fnd_data_num(int n)           //-- 정수를 표시 데이터로 라이트
{
int i;
for(i = fnd_num-1; i>=0; --i)
{
        fnd_data[i] = n%10 + '0';
        n /= 10;
}
}
```

```
void fnd_sel(int n)                           //-- 세그먼트 선택 & 표시
{
fnd_ind = n;
PORT(fnd_addr_sel) = (PORT(fnd_addr_sel)|fnd_mask) & ~(0x01<<n);
fnd_put(fnd_data[n], FALSE);
}
#endif
```

4. 외부 인터럽트 처리부

INT0 핀에(PD2) 스위치를 연결한 후 스위치를 누르면 하강 에지에서 인터럽트를 발생하도록 설정하고, 인터럽트 서비스 루틴에서 카운트 업/다운 방향을 바꾸어주도록 한다.

```
void init_ext_int0()
{
GICR |= 1<<6;                 //-- INT0 인에이블
MCUCR = (MCUCR & 0b11111100) | 0b00000010; //-- INT0 설정
GIFR &= 0b10111111;           //-- 인터럽트 플래그 레지스터 클리어
}
```

먼저 INT0 인터럽트를 인에이블해야 하는데, 이것은 일반 인터럽트 제어 레지스터(GICR)의 INT0 비트(bit 6)를 1로 설정함으로써 이루어진다(INT1은 bit 7).

다음에 INT0의 하강 에지에서 인터럽트를 발생하도록 설정해야 하는데, 이것은 MCUCR의 ISC01(bit 1)과 ISC00(bit 0)에서 설정된다.

[표 4.1] ISC01..0 설정

ISC01	ISC00	설 명
0	0	INT0의 낮은 레벨이 인터럽트 요구 생성
0	1	INT0 상에서의 임의의 논리 변경이 인터럽트 요구 생성
1	0	INT0의 하강 에지가 인터럽트 요구 생성
1	1	INT0의 상승 에지가 인터럽트 요구 생성

마지막으로 일반 인터럽트 플래그 레지스터(GIFR)의 INTF0 비트(bit 6, INTF1은 bit 7)를 클리어해 준다.

외부 인터럽트 0의 인터럽트 벡터는 EXT_INT0로 정의되며(mega8.h 참조) 서비스 루틴은 다음의 형태로 만들어진다.

```
interrupt [EXT_INT0] void EXT_INT0_isr(void)
{
}
```

5. 구현

[프로그램 ex32-1] 외부 인터럽트에 의한 카운트 방향 변경

```
#include <mega8.h>
#include "macros.h"
#include <delay.h>
#include "../inc/fnd2.h"

BOOL dir_up = TRUE;

int num = 0;   //-- 표시되는 숫자
int ind = 0;   //-- sel seg number

int tint_hz0  = 220;
```

```
int tint_hz1 = 1;        //-- 1초 간격으로 업 카운트
#define        CLK_DIV 1024     //-- 분주
#define  CLK_DIV_SET 5  //-- 분주 설정치
 /*-- CLK_DIV_SET ClK_DIV
       0         No Clock source(Timer/Counter Stop)
       1         1 분주
       2         8 분주
       3         64 분주
       4         256 분주
       5         1024 분주 */

#define        TCNT0_VAL        (F_CPU/CLK_DIV/tint_hz0)
#define        TCNT1_VAL        (F_CPU/CLK_DIV/tint_hz1)

void init_ext_int0()
{
  GICR |= 1<<6;          //-- INT0 인에이블
  MCUCR = (MCUCR & 0b11111100) | 0b00000010;  //-- INT0 설정
  GIFR &= 0b10111111;  //-- 인터럽트 플래그 레지스터 클리어
}

void init_timer0(void)
{
  TCCR0 = CLK_DIV_SET;
  TCNT0 = 0x100 - TCNT0_VAL;
  TIMSK  |= 0x01;        //-- TOIE0
}

void init_timer1(void)
{
  TCCR1B = CLK_DIV_SET;
  TCNT1 = 0x10000 - TCNT1_VAL;
  TIMSK |= 0x04;
}

interrupt [EXT_INT0] void EXT_INT0_isr(void) { dir_up = !dir_up; }

interrupt [TIM0_OVF] void TIM0_OVF_isr(void)
{
  TCNT0 = 0x100 - TCNT0_VAL; //-- 새로운 타이머 값 로드(주기 설정)
    ind = (ind+1)%4;
  fnd_sel(ind);
}
```

```
interrupt [TIM1_OVF] void TIM1_OVF_isr(void)
{
  disable_interrupt();
  TCNT1 = 0x10000 - TCNT1_VAL; //-- 새로운 타이머 값 로드(주기 설정)
  enable_interrupt();

  fnd_data_num(num);
  num = dir_up?  (num+1)%10000 : (num+9999)%10000;
}

void main()
{
  int n = 0;
  fnd_init();
  init_timer0();
  init_timer1();
  init_ext_int0();

  enable_interrupt();
  while(1) {}
}
```

연습 문제

다음 문제들에 대한 설명과 실험실습 결과를 실험 결과 보고서와 함께 제출하시오.

(1) 앞에서 만든 프로그램을 실행시켜 보고, 업/다운 카운트 버튼관 관련되어 어떤 문제가 있는지 살펴 보시오. 그리고, 그 문제를 해결하기 위해서는 어떻게 하면 될지 조사해 보시오.
(2) 위 카운터에 버튼을 하나 더 추가한다. INT1 외부 인터럽트 핀에 스위치를 연결하여, 이것을 누를 때 표시되는 값을 0으로 리셋되게 하시오.

제 4 장 인터럽트 처리 라이브러리

1. 문제점
2. 타이머
3. 외부 인터럽트 처리
4. 세븐 세그먼트 어레이
5. 주 프로그램

✓ 이 장의 목표

- 라이브러리의 모듈화, 추상화에 대한 개념을 익힌다.
- 인터럽트 처리 라이브러리를 재사용이 가능하도록 일반화, 추상화하기 위한 방법을 익힌다.

✓ 들어가기에 앞서

- Event-driven 방식의 프로그래밍에 대해 알아본다.

✓ 하드웨어 준비

- 앞장과 동일.

1. 문제점

이번 장에서는 순수한 프로그래밍 관점의 주제를 주로 다룬다.

라이브러리를 작성할 때에는 가능하면 코드의 변경을 최소화하여 재사용할 수 있도록 고려한다. 즉 모듈화를 잘 해야 한다. 파라미터화한 옵션에 의해 함수 동작을 규격화한다. 내가 작성한 라이브러리를 다른 사람이 프로토타입만 보고 그대로 이용할 수 있어야 한다.

앞 장에서 다루었던 카운터에 관해서는 다음과 같은 문제점들이 이슈화될 수 있다.

- 인터럽트 서비스 루틴을 모듈화하지 않아, 메인 프로그램을 작성할 때마다 소스를 복사해 사용한다. 개념상 인터럽트 서비스 -타이머, 외부 인터럽트 등은 모듈화가 가능할 것으로 판단된다.
- 세븐 세그먼트를 구동하는 코드의 일부가 인터럽트 서비스 루틴에 들어 있다. 이는 세븐 세그먼트 모듈의 독립 선언을 방해한다. 이것은 사실 인터럽트 서비스 루틴이 모듈화되지 않아서 세븐 세그먼트의 기능의 일부를 물고 들어간 것이다.

2. 타이머

개념상 타이머는 일정 주기에 한 번씩 유저가 지정한 일을 하는 것이다. 유저가 지정하는 일은 유저가 작성하는 기능이며, 타이머에서는 이 기능의 실행을 위한 게이트웨이를 제공한다. 이로써 타이머의 모듈화, 독립화를 실현한다. 소스가 최적화되지는 않았지만, 모듈화의 개념을 잘 익힐 수 있을 것이다.

- **함수** set_timer(n, scale, time, task)

타이머를 기동한다. 관련 레지스터 및 데이터들을 설정 및 초기화한다. n은 타이머 번호이고, scale은 분주, time은 주기(msec)이다. 또한 task는 함수 포인터로서, 인터럽트 발생시 실행할 클라이언트 함수이다. 이러한 event-driven 방식의 코딩은 타이머 라이브러리의 모듈화에 도움을 준다. 타이머 라이브러리의 궁극적 목적은 함수의 프로토타입만으로(소스의 변경 없이) 어떤 클라이언트에서도 사용 가능하게 하는 것이다.

- **함수 kill_timer(n)**

타이머를 중지시킨다.

- **인터럽트 서비스 루틴**

함수 set_timer에서 지정한 클라이언트 함수를 실행한다.

[timer.h]

```
#ifndef __TIMER_HEADER_____
#define __TIMER_HEADER_____

#define NUM_TIMERS       2

int tcnt_val[NUM_TIMERS];          //-- Timer Counter number
void (*p_t_cb0)();                 //-- Timer Client Function
void (*p_t_cb1)();

//-- 분주prescaler => set_timer(..scale..)
enum  {  CLK_DIV_NO,  CLK_DIV_1,  CLK_DIV_8,  CLK_DIV_64,  CLK_DIV_256,
CLK_DIV_1024 };

void set_timer(int n, int scale, int time, void (*func)())
{
switch(scale)
{
        case CLK_DIV_1:    tcnt_val[n] = F_CPU/1/1000*time;     break;
        case CLK_DIV_8:    tcnt_val[n] = F_CPU/8/1000*time;     break;
        case CLK_DIV_64:   tcnt_val[n] = F_CPU/64/1000*time;    break;
        case CLK_DIV_256:  tcnt_val[n] = F_CPU/256/1000*time;   break;
        case CLK_DIV_1024: tcnt_val[n] = F_CPU/1024/1000*time;  break;
}
```

```
switch(n)
{
        case 0:
        TCCR0 = scale;
        TCNT0 = 0x100 - tcnt_val[n];
        TIMSK |= 0x01;
        p_t_cb0 = func;
        break;

        case 1:
        TCCR1B = scale;
        TCNT1 = 0x10000 - tcnt_val[n];
        TIMSK |= 0x04;
        p_t_cb1 = func;
}
}

void kill_timer(int n)
{
switch(n)
{
        case 0: TIMSK &= ~0x01;  break;
        case 1: TIMSK &= ~0x04;  break;
}
}

interrupt [TIM0_OVF] void TIM0_OVF_isr(void)
{
TCNT0 = 0x100 - tcnt_val[0];       //-- 새로운 타이머 값 로드(주기 설정)
p_t_cb0();                         //-- Execute user-defined client function
}

interrupt [TIM1_OVF] void TIM1_OVF_isr(void)
{
disable_interrupt();               //-- 새로운 타이머 값 로드(주기 설정)
TCNT1 = 0x10000 - tcnt_val[1];
enable_interrupt();
p_t_cb1();                         //-- Execute user-defined client function
}

#endif
```

3. 외부 인터럽트 처리

외부 인터럽트 처리 라이브러리 역시 타이머와 비슷하게 구현 가능하다.

•함수 set_eint(n, con, p)

외부 인터럽트를 설정한다. n은 인터럽트 번호이고 con은 외부 인터럽트의 조건(하강 에지, 상승 에지 등)을 나타낸다. 또한 p는 인터럽트 발생시 수행할 클라이언트 함수이다.

•kill_eint(n)

번호 n의 외부 인터럽트를 종료한다.

•인터럽트 서비스 루틴

함수 set_eint에서 지정한 클라이언트 함수를 실행한다.

[eint.h]

```
#ifndef __EXT_INT_____
#define __EXT_INT_____
#define NUM_EXT_INT 2

void (*p_ei_cb0)();
void (*p_ei_cb1)();

enum //=> set_eint(...con...)
{ EINT_LOW_LEVEL, EINT_LOGIC_CHANGE, EINT_FALLING_EDGE, EINT_RISING_EDGE };

void set_eint(int n, int con, void (*p)())
{
switch(n) {
        case 0:
        GICR |= 0b01000000;         //-- INT0 인에이블
        MCUCR = (MCUCR & 0b11111100) | con;          //-- INT0 설정
        GIFR &= 0b10111111;         //-- 인터럽트 플래그 레지스터 클리어
        p_ei_cb0 = p;
```

```
        break;

        case 1:
        GICR |= 0b10000000;        //-- INT1 인에이블
        MCUCR = (MCUCR & 0b11110011) | (con << 2); //-- INT1 설정
        GIFR &= 0b01111111;        //-- 인터럽트 플래그 레지스터 클리어
        p_ei_cb1 = p;
}
}
void kill_eint(int n)
{
switch(n)
{
        case 0:  GICR &= 0b10111111; break;
        case 1:  GICR &= 0b01111111; break;
}
}

interrupt [EXT_INT0] void EXT_INT0_isr(void) { p_ei_cb0(); }
interrupt [EXT_INT1] void EXT_INT1_isr(void) { p_ei_cb1(); }
#endif
```

4. 세븐 세그먼트 어레이

이제는 세븐 세그먼트 표시 라이브러리를 다시 손볼 때이다. 타이머에게 내어 주었던 스캐닝 부분을 이 라이브러리에 포함하고, 명실상부한 “세븐 세그먼트 어레이” 모듈을 구현한다.

초기화 루틴에서 set_timer를 호출하여 세그먼트 스캐닝을 타이머에 등록시키고, 세그먼트 선택 함수를 없애고 대신 세그먼트 스캐닝 함수 fnd_switch를 만든다.

[seg7.h]

```
#ifndef SEG_7_HEADER_____
#define SEG_7_HEADER_____
#include "../inc/regaddr.h"
#include "../inc/timer.h"
```

```
int fnd_ind = 0;
BYTE fnd_num;
BYTE fnd_mask;
char fnd_data[8];

#ifdef FND_DATA_PORT2
REG_ADDR fnd_addr_high;
REG_ADDR fnd_addr_low;
#else
REG_ADDR fnd_addr_data;
#endif
REG_ADDR fnd_addr_sel;

extern void fnd_switch();

//-- 초기화
#ifdef FND_DATA_PORT2
void fnd_init(REG_ADDR high, REG_ADDR low, REG_ADDR sel, BYTE n)
#else
void fnd_init(REG_ADDR data, REG_ADDR sel, BYTE n)
#endif
{
int i;

#ifdef FND_DATA_PORT2
fnd_addr_high = high;
fnd_addr_low = low;
#else
fnd_addr_data = data;
#endif
fnd_addr_sel = sel;
fnd_num = n;

#ifdef FND_DATA_PORT2
splitHL(0xFF, DDR(fnd_addr_high), DDR(fnd_addr_low));
splitHL(0xFF, PORT(fnd_addr_high), PORT(fnd_addr_low));
#else
DDR(fnd_addr_data) = 0xFF;
PORT(fnd_addr_data) = 0xFF;
#endif
fnd_mask = BitsMask(0, n);
DDR(fnd_addr_sel) = DDR(fnd_addr_sel) | fnd_mask;
DDR(fnd_addr_sel) = DDR(fnd_addr_sel) | fnd_mask;
```

```
for(i = 0; i < n; ++i)
fnd_data[i] = '0';

//-- 타이머 기동 - 완전 독립 모듈!!
set_timer(0, CLK_DIV_1024, 4, fnd_switch);
}

//-- 표시할 글자 - '0'..'9': 숫자 / 'A'..'F', '-', '.': 문자 / 'a'..'g': 각 단위
LED
static BYTE fnd_map[] =
{ 0xC0, 0xCF, 0xA4, 0xB0, 0x99, 0x92, 0x82, 0xD8, 0x80, 0x90,
0x88, 0x83, 0xC6, 0xA1, 0x86, 0x8E, 0xC2, 0x8B, 0xF9, 0xE5, 0x89, 0xC7,
0xAA, 0xAB, 0xA3, 0x8C, 0x98, 0xAF, 0x9E, 0x87, 0xC1, 0x81, 0x95, 0xA8,
0x91, 0xB5,
0xFE, 0xFD, 0xFB, 0xF7, 0xEF, 0xDF, 0xBF };

void fnd_put(BYTE c, BOOL dot)
{
switch(c) {
case '-': c =0xBF; break;
case '.':        c = 0x7F; break;
default:
if(c >= '0' && c <= '9')
c = fnd_map[c-'0'];
else if(c >= 'A' && c <= 'Z')
c = fnd_map[c-'A'+10];
else if(c >= 'a' && c <= 'g')
c = fnd_map[c-'a'+36];
else
c = 0xFF;
break;
}
if(dot)
c &= 0x7F;
#ifdef FND_DATA_PORT2
  splitHL(c, PORT(fnd_addr_high), PORT(fnd_addr_low));
#else
PORT(fnd_addr_data) = c;
#endif
}
void fnd_data_put(char *data)          //-- 표시 데이터 라이트
{
  int i;
```

```
    char *p = fnd_data;
    for(i = 0; i < fnd_num; ++i)
        *p++ = *data++;
}

void fnd_data_num(int n)            //-- 정수를 표시 데이터로 라이트
{
int i;
for(i = fnd_num-1; i>-1; --i)  {
fnd_data[i] = n%10 + '0';
n /= 10;
}
}

void fnd_switch()           //-- 세그먼트 변경 및 표시 - 타이머 클라이언트
{
fnd_ind = (fnd_ind+1) % fnd_num;
PORT(fnd_addr_sel) = (PORT(fnd_addr_sel)|fnd_mask) & ~(0x01<<fnd_ind);
fnd_put(fnd_data[fnd_ind], FALSE);
}
#endif
```

5. 주 프로그램

여기서 만드는 프로그램의 기능은 앞의 장에서와 똑 같은 카운터이다. 타이머와 외부 인터럽트 처리의 모듈화로 클라이언트 측의 프로그램이 얼마나 단순화되는지를 살펴볼 필요가 있다.

[프로그램 33-1] 업다운 카운터 - 라이브러리 버전

```
#define F_CPU 16000000
#include <mega8.h>
#include "../inc/macros.h"
#include <delay.h>
#define FND_DATA_PORT2
#include "../inc/seg7.h"
#include "../inc/eint.h"
```

```
BOOL dir_up = TRUE;         //-- 카운트 방향, UP/DOWN.
int num = 0;                //-- 표시되는 숫자

//-- 외부 인터럽트 클라이언트 - 카운트 방향을 바꾼다.
void eint_client()  {     dir_up = !dir_up; }

void time1_client()//-- 타이머 클라이언트
{ //-- 카운트 방향에 따라 숫자를 증가/감소하면서 세그먼트 데이터를 갱신
fnd_data_num(num);
if(dir_up)
num = (num+1) % 10000;
else
num = (num+9999)%10000;
}

void main()
{
fnd_init(PORT_ADDR_D, PORT_ADDR_B, PORT_ADDR_C, 4);
set_timer(1, CLK_DIV_1024, 100, time1_client);
set_eint(0, EINT_FALLING_EDGE, eint_client);

enable_interrupt();
while(1) { }
}
```

연습문제

다음 문제들에 대한 설명과 실험실습 결과를 실험 결과 보고서와 함께 제출하시오.

① 모듈화 프로그래밍에 대해 설명하시오.

② 외부 인터럽트 처리 1을 이용하여, INT1 핀으로 인터럽트가 발생했을 때 카운트 값을 0으로 리셋하는 기능을 위의 프로그램에 첨가하시오.

제 5 장 프로젝트 · 워크샵

이 장에서는 지금까지 실습한 지식을 바탕으로 하나의 프로젝트를 수행한다. 다음 쪽에 제시한 순서대로 프로젝트를 실행하시오. 조별 워크샵으로 진행하되, 먼저 조원들의 역할 할당표를 작성한다. 아래 표를 참조하되 조별, 실험별 특성을 고려하여 변경하여도 무방하다.

[역할 할당표(템플릿)]

업무 \ 조원		
부품 준비		
하드웨어 구성		
라이브러리 작성		
코딩		
테스트		

[프로젝트]

1. 제목 : 룰렛(roulette)
2. 개요 : 원래 룰렛은 원형으로 배치된 LED를 순차 점멸하여 회전시키는 것이다. 회전하다가 어느 순간 멈춘다. 여기서는 원형 LED 배열을 구성할 수 없으므로, 기존의 세븐 세그먼트 어레이를 이용한다. 여기서 두 가지 고려해야 할 사항이 있다.
   - 세븐 세그먼트 어레이로 회전을 구현해야 한다. 이것은 오른쪽 그림과 같은 모양으로 한다. 여기서 각 숫자의 순서대로 해당 LED가 점멸한다. 즉 0~11의 12개 LED 중 하나를 선택하는데, 각 LED를 표시하기 위해서는 세븐 세그먼트의 선택과 해당 세그먼트의 표시가 있어야 한다. 0~12의 수에 대한 세그먼트의 선택과 표시는 다음과 같다.

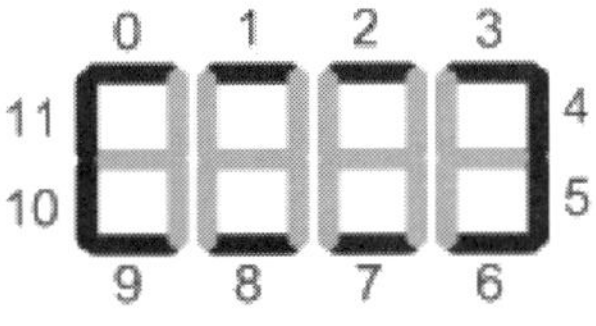

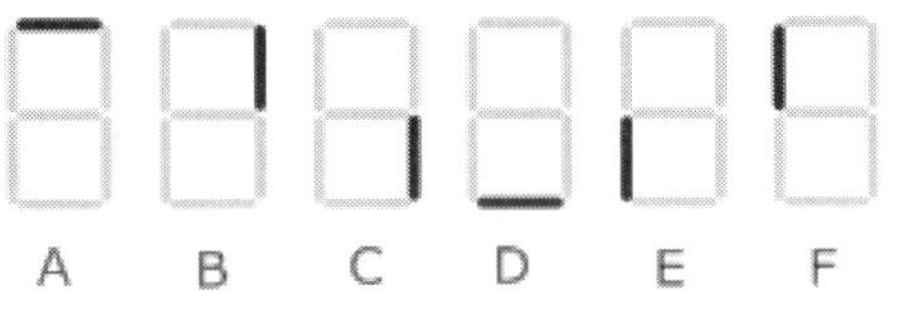

LED #	Seg #	Char Code	LED #	Seg #	Char Code
0	0	A	6	3	D
1	1	A	7	2	D
2	2	A	8	1	D
3	3	A	9	0	D
4	3	B	10	0	E
5	3	C	11	0	F

   - 0~11의 중 하나의 수를 선택해야 한다. 즉 난수를 발생시켜야 한다. OS가 있는 시스템에서는 클럭 타임을 이용하여 의사 난수를 발생시키는 라이브러리를 이용하는 것이 보통이지만, AVR에서는 이것이 곤란하다.

이는 타이머 클럭을 이용하여 해결 가능하다. 즉 미리 타이머를 기동시켜 두었다가 유저의 선택이 있는 시점에 타이머의 값을 읽어서, 그 값을 난수 발생에 이용하는 것이다. 난수 발생 함수 프로토타입은 stdlib.h에서 선언되어 있다.

```
void srand(int seed);        //-- seed는 작동중인 TCNTn 값을 넣는다.
int rand(void);              //-- 이 함수의 반환값을 12로 나눈 나머지를 구한다.
```

3. 하드웨어 준비

제3장에서 사용했던 회로를 그대로 이용한다.

4. 사양

항목 상태	초 기	진 행	정 지
표 시	느린 회전	빠른 회전	선택된 수의 LED
키 입력	⇒ (진행)	X	⇒ (진행)
처리		선택된 수만큼 LED 진행 ⇒ (정지)	

5. 실험 절차

- 세븐 세그먼트 출력 라이브러리를 만든다(먼저 출력 코드표 작성)
- 회전(속도 파라미터: 빠름/느림)부 구현 타이머
- 난수 발생 로직을 구현
- 테스트

6. 난수 발생 관련 힌트

- 리셋(초기), 정지할 때 난수 발생을 위한 타이머 기동
- 키 입력할 때 TCNTn을 읽어들이고 타이머 해제.

연습 문제

다음 문제들에 대한 설명과 실험실습 결과를 실험 결과 보고서와 함께 제출하시오. 그리고 PART 1의 프로젝트의 연습 문제를 참조하여, 이와 같은 방법으로 프로그램을 작성하시오.

① 룰렛의 기능을 다음과 같이 업그레이드하시오. 하나는 기존의 룰렛, 또 하나는 아이큐를 보여주는 것이다. PD4는 룰렛 시작 버튼이고 PD5는 아이큐 계산 시작 버튼이다. 표시 방법은 둘 다 전과 동일하고, 끝날 때 룰렛의 선택번호/아이큐 숫자를 보여준다.

연습문제 / 힌트풀이

여기서는 PART 3에 제시된 문제들에 대한 힌트/풀이를 선택적으로 제시한다.

Ⅰ 제2장 Ⅰ

두 번째 프로그램에서는 메인 함수가 할 일이 없다. 그래서, 프로그램의 기능을 좀더 업그레이드하고자 한다. 사용하지 않는 포트의 핀 하나에 스위치를 달아서, 이 값을 읽어서 상태 변화가 있을 때 카운트 방향을 업/다운으로 바꾸도록 두 번째 프로그램을 변경하시오. 다운 카운트시, 0 다음에는 9999로 간다.

[풀이]

카운트 방향 변경용 스위치를 PB0에 부착한다. 포트 초기화에 이 부분을 첨가하고, 메인 함수에서 이 비트 상태 변경을 감시하다가 방향을 바꿔준다. 인터럽트 처리 함수에서는 방향에 따라 업/다운이 되도록 코드를 수정한다.

```
#define F_CPU 16000000
#include <mega8.h>
#include <delay.h>
#include "../inc/macros.h"
#include "../inc/fnd.h"

int num = 0;                        //-- 표시되는 숫자
int ind = 0;                        //-- sel seg number
BOOL dir_up = TRUE;                 //-- 추가

int tint_hz0  = 220;
int tint_hz1 = 1;                   //-- 1초 간격으로 업 카운트
#define CLK_DIV 1024                //-- 분주
#define CLK_DIV_SET 5               //-- 분주 설정치
#define TCNT0_VAL          (F_CPU/CLK_DIV/tint_hz0)
#define TCNT1_VAL          (F_CPU/CLK_DIV/tint_hz1)

void init_timer0(void)
```

```
{
TCCR0 = CLK_DIV_SET;
TCNT0 = 0x100 - TCNT0_VAL;
TIMSK  |= 0x01;  //-- TOIE0
}

void init_timer1(void)
{
TCCR1B = CLK_DIV_SET;
TCNT1 = 0x10000 - TCNT1_VAL;
TIMSK |= 0x04;
}

interrupt [TIM0_OVF] void TIM0_OVF_isr(void)
{
//-- 새로운 타이머 값 로드(주기 설정)
disable_interrupt();
TCNT0 = 0x100 - TCNT0_VAL;
enable_interrupt();

fnd_sel(ind = (ind+1)%4);
}

interrupt [TIM1_OVF] void TIM1_OVF_isr(void)
{
//-- 새로운 타이머 값 로드(주기 설정)
disable_interrupt();
TCNT1 = 0x10000 - TCNT1_VAL;
enable_interrupt();

fnd_data_num(num);
if(dir_up)
num = (num+1)%10000;
else
num = (num+9999)%10000;
}

void main()
{
DDRB.0 = 0;
PORTB.0 = 1;
fnd_init(PORT_ADDR_D, PORT_ADDR_C, 4);
init_timer0();
init_timer1();
```

```
enable_interrupt();

while(1)
{
if(PINB.0 == 0)
{
      dir_up = !dir_up;
      while(PINB.0 == 0)//-- 버튼 해제 대기
;
}
delay_ms(10);
}
}
```

③ (토론)타이머의 도입 덕분에 AVR에서도 두 개의 타스크를 동시에 수행할 수 있는 방법이 생겼다. 그러나 만약 임베디드 시스템이 무거워진다면 세븐 세그먼트 어레이 구동이 부담이 될 수도 있다(최소한 12개의 핀의 사용과, 리프레시 하는 데 소요되는 MCU 연산 자원). 그렇다면 세븐 세그먼트 디스플레이를 독립 모듈화하는 것을 검토할 수 있는데, 이에 대해 생각해 보시오.

[생각]

FND 전용 구동칩이 이미 시중에 나와 있다. 그러나 이 경우, 숫자 외에는 사용할 수 없다는 것이 문제이다.

세그먼트 디스플레이를 독립 모듈화한다면, 문제에서 제기한 것과 같이 핀과 MCU의 부하를 절약할 수 있다. 뿐만 아니라 문자의 점멸을 미세하게 제어하여 여러 가지 시각적 효과를 부가할 수 있다. 데이터 전달은 직렬 통신(USART)을 이용하는 것이 일반적이다. 아래와 같은 점들을 고려하여 잘 설계한다면, 산업용으로 쓰일 수 있는 제품이 만들어질 것 같다.

- 최대 세그먼트 수 - 4개/8개
- 통신 - Serial 통신, 주소 기능
- 데이터 전달
- 특수 표시 기능의 규격화

▌제5장▐

[프로젝트] 룰렛(roulette)

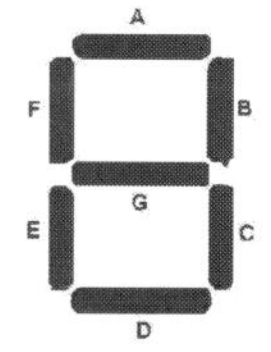

[풀이]

(1) 코드표 작성

문자	세그먼트	HEX	DP	G	F	E	D	C	B	A
A	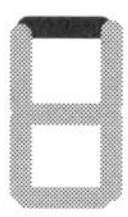	01	0	0	0	0	0	0	0	1
B	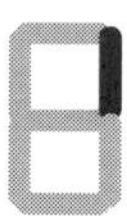	02	0	0	0	0	0	0	1	0
C		04	0	0	0	0	0	1	0	0
D	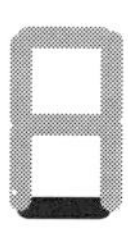	08	0	0	0	0	1	0	0	0
E	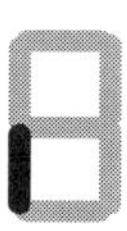	10	0	0	0	1	0	0	0	0
F	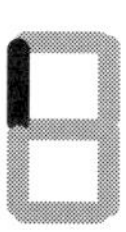	20	0	0	1	0	0	0	0	0

(2) 세븐 세그먼트 출력 라이브러리 작성

이것은 이미 seg7.h에 반영되어 있다.

(3) 회전 부분 코딩

이것은 앞 장의 타이머(카운트 업/다운) 부분을 수정함으로써 구현해 낸다. 카운트를 증가시키면서 counter % 12에 의해 현재의 LED 번호를 찾고, 이 수에 매핑되는 세그먼트의 문자를 교체하면 된다. 아울러 이전 것은 널로 놓는다.

[p34.c] FND에 의한 룰렛 구현

```
#define F_CPU 16000000
#include <mega8.h>
#include <delay.h>
#include <stdlib.h>
#define FND_DATA_PORT2
#include "../inc/macros.h"
#include "../inc/seg7.h"
#include "../inc/eint.h"

int status = 1;            // 0/stop, 1/ready, 2/hot
BOOL hot = FALSE;          //-- 난수 동작중인가?
int rnd=0;                          //-- 카운터에서 얻어내는 수.

int num = 0;               //-- 표시되는 숫자
int nSeg = 0;

int nSegs[]  = { 0, 1, 2, 3, 3, 3, 3, 2, 1, 0, 0, 0 };
char chars[] = { 'a', 'a', 'a', 'a', 'b', 'c', 'd', 'd', 'd', 'd', 'e', 'f' };

void time1_client()
{
int n;
n = num % 12;
fnd_data[nSeg] = ' ';

nSeg = nSegs[n];
fnd_data[nSeg] = chars[n];

++num;
if(status == 2 && num == (rnd+60))
{
kill_timer(1);
status = 0;
}
}

void main()
{
DDRD.2 = 0;       PORTD.2 = 1;
```

```
fnd_init(PORT_ADDR_D, PORT_ADDR_B, PORT_ADDR_C, 4);
set_timer(1, CLK_DIV_1024, 70, time1_client);

enable_interrupt();
while(1)
{
if(PIND.2 == 0)
{
while(PIND.2 == 0)   //-- 버튼을 뗄 때까지 대기
;
switch(status)
{
case 0:
status = 1;
num = 0;
set_timer(1, CLK_DIV_1024, 70, time1_client);
break;

case 1:
srand(timer_cnt(0));
rnd = rand() % 12;
status = 2;
num %= 12;
set_timer(1, CLK_DIV_1024, 50, time1_client);
break;
}
}
delay_ms(50);
}
}
```

이것을 실행시킨다. 세븐 세그먼트 어레이에서 회전하는 모양이 멋있는가?

(4) 난수 발생 로직

이제 event-driven 방식의 프로그래밍도 클라이막스에 다다르고 있다. 여기서는 타이머1을 두 가지 용도로 사용하며, 이에 따라 다음과 같은 클라이언트 함수를 준비한다.

- timer1_client – 화면 표시용. 초기 상태와 난수 발생 상태로 구분하여 동작. 난수 발생 상태의 경우, 카운터를 난수와 비교하여 같은 값이 되면 정지.

난수는 Timer0에서 얻는다. 세븐 세그먼트를 표시하기 위해 Timer0는 계속 작동하고 있다.

메인 함수에서는 DP2의 입력을 받아 난수 발생 상태로 상태를 변경시키는 일을 한다.

```
void main()
{
int n = 0;
DDRD.2 = 0;  PORTD.2 = 1;
fnd_init();
set_timer(1, CLK_DIV_1024, 70, time1_client);

enable_interrupt();
while(1)
{
        if(PIND.2 == 0)
        {
           while(PIND.2 == 0); //-- wait until key release
           switch(status)
           {
                case 0:
                status = 1;  num = 0;
                set_timer(1, CLK_DIV_1024, 70, timer1_client);
                break;

                case 1:
                srand(timer_cnt(0));
                rnd = rand()%12; status = 2;  num = 0;
                set_timer(1, CLK_DIV_1024, 50, timer1_client);
                break;
           }
        }
        delay_ms(50);
}
}
```

카운터 값을 읽기 위한 함수를 Timer 라이브러리에 첨가한다.

[timer.h]

```
int timer_cnt(int i)
{
int val;
switch(i)
```

```
{
        case 0: val = 0x100-TCNT0-tcnt_val[0];    break;

        case 1:
        disable_interrupt();
        val = 0x10000-TCNT1-tcnt_val[1];
        enable_interrupt();
        break;
}
return val;
}
```

PART 5. AVR 통신

PART 5에서는 임베디드 시스템에서 매우 중요한 통신을 다룬다.
PART 4까지 학습해 오는 동안에
우리는 HMI(Human-Machine Interface)까지 접근하였으나,
보다 큰 시스템의 하부 구조로 들어가게 되는
AVR(즉 임베디드 시스템)은 어떤 식으로든 주 시스템,
혹은 다른 임베디드 시스템과의 통신이 가능해야 한다.
임베디드 통신의 최근 추세는 통신 회선을 최소화하는 것이다.

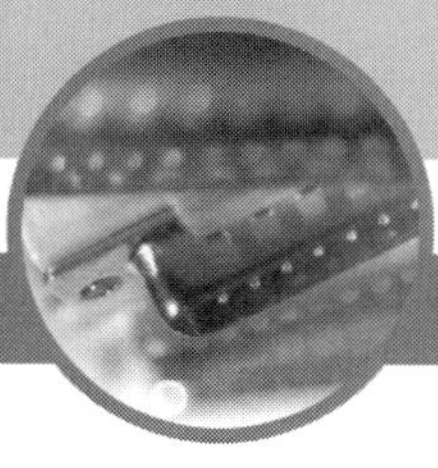

제1장 통신 개요

1. 직렬 통신(USART)
2. SPI 통신

✓ **이 장의 목표**

- AVR 아키텍쳐에서 지원되거나 임베디드 시스템에서 사용되는 통신에 어떤 것들이 있는지 안다.
- 이중 가장 기본이 되는 비동기(UART) 통신과 SPI 통신 프로그래밍을 익힌다.

✓ **들어가기에 앞서**

- 임베디드 산업에서 사용되는 통신에는 어떤 종류들이 있는지 조사해 본다.
- 시리얼 통신(RS232C)에 대해 조사한다.

✓ **준비 사항**

- MHT-SK100, RS232 케이블

1. 직렬 통신(USART)

범용 동기식 및 비동기식 직렬 수신 및 송신 장치(USART: *Universal Synchronous and Asynchronous serial Receiver and Transmitter*)는 매우 유연성 있는 통신 디바이스이다. 주요 특징은 다음과 같다.

- 전이중 통신(직렬 수신 및 송신 레지스터가 독립적)
- 비동기식 혹은 동기식 동작
- 고정밀 보율 생성기(baud rate generator)
- 5~9개 데이터 비트와 1 혹은 2개 스톱 비트의 직렬 프레임 지원
- 기수 혹은 우수 패리티 생성 및 패리티 체크를 하드웨어적으로 지원
- 데이터 초과(Overrun) 감지
- 프레임 에러 감지
- 잡음 제거에 거짓 스타트 비트 검출과 디지털 저역 통과 필터 포함
- TX 완료, TX Data Register Empty, RX 완료에 대한 3개의 인터럽트
- 다중 프로세서 통신 모드
- 2배속 비동기 통신 모드

USART 송신기의 단순화된 블록 다이어그램을 다음 그림에 예시한다. CPU에서 접근 가능한 I/O 레지스터와 I/O 핀들은 볼드로 표시된다.

발생 로직은 동기화 전송 모드에 의해 사용되는 외부 클럭 입력을 위한 동기화 로직과 보율 생성기로 구성된다. [그림 401.1]의 블록 다이어그램에서 점선은 USART의 3개 주요 부분을 분리한다: 클럭 발생기, 송신기, 수신기 제어 레지스터들은 모든 유닛(unit)에서 공유된다. 클럭 송신기는 단일 쓰기 버퍼, 직렬 시프트 레지스터, 패리티 생성기 및 상이한 직렬 프레임 포맷을 처리하기 위한 제어 로직 등으로 구성된다. 수신기는 클럭 및 데이터 복구 유닛 때문에 USART 모듈에서 가장 복잡한 부분이다. 복구 유닛들은 비동기 데이터 수신을 위해 사용된다. 수신기는 복구 유닛 외에 패리티 체크기, 제어 로직, 시프트 레지스터 및 2 레벨 수신 버퍼(UDR)를 포함한

다. 수신기는 송신기와 같은 프레임 포맷을 지원하며, 프레임 에러, 데이터 초과, 패리티 에러 등을 감지할 수 있다.

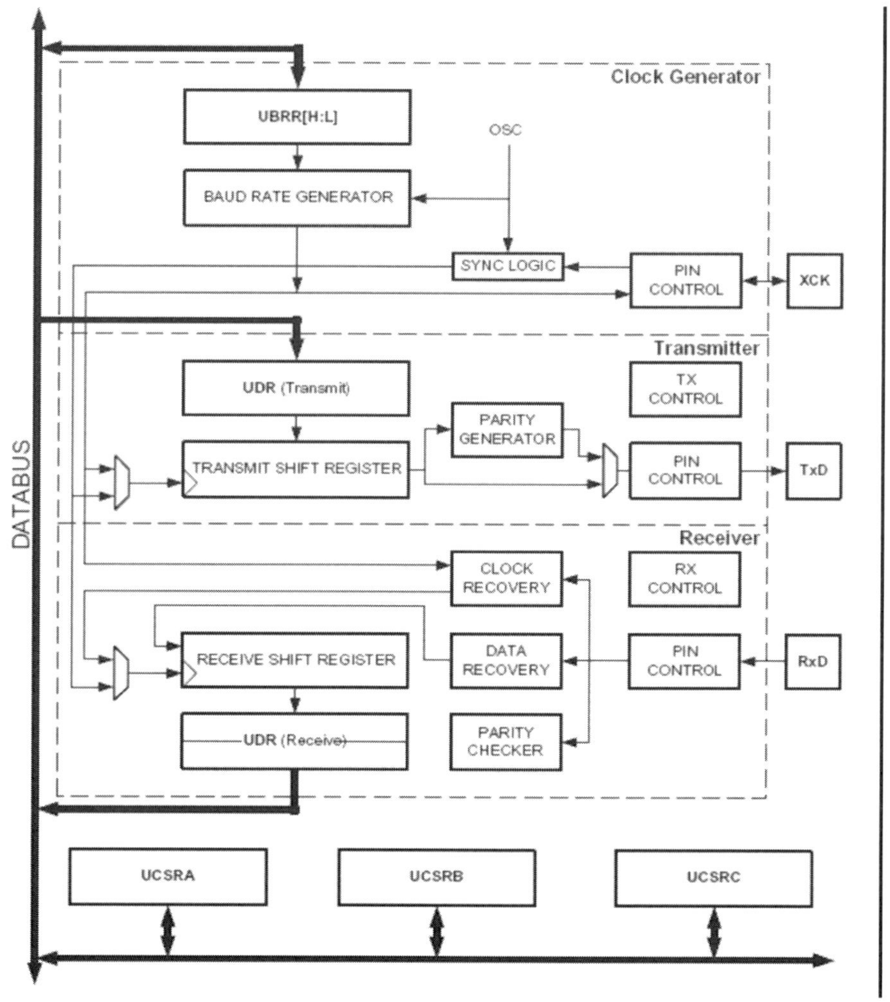

[그림 1.1] USART 통신 블록 다이어그램

1.1 클럭 발생

클럭 발생 로직은 송신기 및 수신기를 위한 베이스 클럭을 발생시킨다. USART는 4가지 모드의 클럭 동작을 지원한다: 정규 비동기, 2배속 비동기, 마스터 동기, 그리

고 슬레이브 동기 모드. USART 제어 및 상태 레지스터 C(UCSRC)의 UMSEL 비트는 비동기와 동기 동작 중에서 선택한다. 2배속(비동기에서)은 UCSRA 레지스터의 U2X에 의해 제어된다. 동기 모드(UMSEL=1)를 사용할 때 XCK 핀을 위한 Data Direction Register는 클럭 소스가 내부(마스터 모드)인지 외부(슬레이브 모드)인지를 제어한다. XCK 핀은 동기 모드를 사용할 때에만 사용된다.

다음 그림은 클럭 발생 로직을 나타낸다.

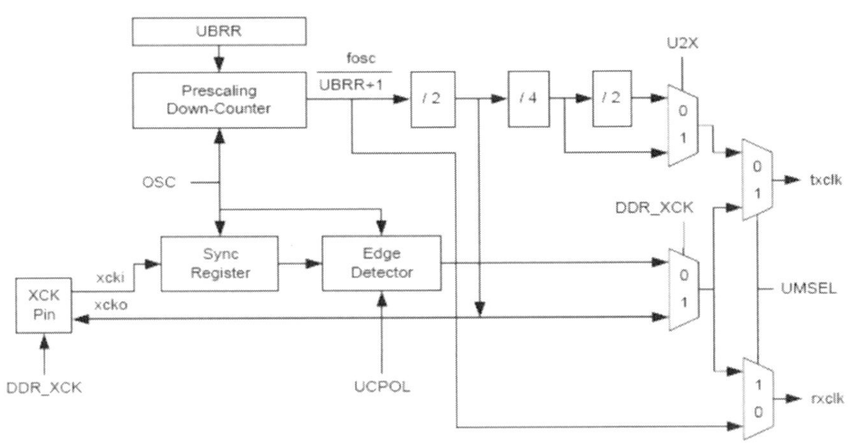

[그림 1.2] 클럭 발생 로직

신호 표시 :

txclk	송신기 클럭(내부 신호)
rxclk	수신기 베이스 클럭(내부 신호)
xcki	XCK 핀으로부터의 입력(내부 신호). 동기 슬레이브 동작에서 사용
xcko	XCK 핀으로의 클럭 출력(내부 신호). 동기 마스터 독장에서 사용
fosc	XTAL 핀 주파수(시스템 클럭)

- **내부 클럭 생성 – 보율 생성기**

내부 클럭 생성은 비동기 및 동기 마스터 동작에서 사용된다. USART 보율 레지스터(UBRR)과 이것에 연결된 감수 카운터는 프로그램 가능한 프리스케일러 혹은 보율 생성기로 기능한다. 감수 카운터는 시스템 클럭(fosc)상에서 작동하며, 카운터가 0이 되거나 UBRR 레지스터가 쓰여질 때마다 UBRR에 의해 적재된다. 클럭은 이 카운터가 0이 될 때마다 생성된다. 이 클럭이 보율 생성 클럭 출력(=fosc/(UBRR+1))이다. 송신기는 모드에 따라 보율 생성기 클럭 출력을 2, 8, 16 등으로 나눈다. 보율 생성기 출력은 수신기의 클럭과 데이터 복구 유닛에서 곧바로 사용된다. 그러나 복구 유닛은 UMSEL, U2X, 그리고 DDR_XCK 비트의 상태에 의해 설정된 모드에 따라 2, 8, 16 상태를 가지는 상태 기계(state machine)를 사용한다.

다음 표는 보율을 계산(bps로 계산)하고 내부적으로 생성되는 클럭 소스를 사용하는 각각의 동작 모드를 위한 UBRR을 계산하는 공식을 나타낸다.

[표 1.1] 보율 계산 공식

운전 모드	보율 계산 공식(1)	UBRR 값 계산 공식
비동기 정규 모드(U2X=0)	$BAUD = f_{osc}/16(UBRR+1)$	$UBRR = f_{osc}/16BAUD - 1$
비동기 2배속 모드(U2X=1)	$BAUD = f_{osc}/8(UBRR+1)$	$UBRR = f_{osc}/8BAUD - 1$
동기 마스터 모드	$BAUD = f_{osc}/2(UBRR+1)$	$UBRR = f_{osc}/2BAUD - 1$

BAUD : 보율(bps, bits per second)
F_{osc} : 시스템 발진기 클럭 주파수
UBRR UBRRH와 UBRRL 레지스터의 내용, (0-4095)

- **2배속 동작(U2X)**

전송율은 UCSRA의 U2X 비트를 설정함으로써 2배로 될 수 있다. 이 비트 설정은 비동기식에서만 유효하며, 동기식에서는 0으로 두어야 한다.

이 비트를 설정하면 보율 분할기의 제수를 16에서 8로 감소시키고, 비동기 통신을 위한 전송율을 효과적으로 2배로 만든다. 그러나 이 경우 수신기는 데이터 샘플링과 클럭 복구에서 샘플의 절반(16에서 8로 감소)만 사용하게 되며, 따라서 더 정확한 보율 설정과 시스템 클럭이 필요하다. 송신기에서 감소되는 것은 없다.

- **외부 클럭**

외부 클럭은 동기식 슬레이브 모드에서 사용된다. XCK 핀으로부터의 외부 클럭 입력은 동기화 레지스터에 의해 샘플링됨으로써 준안정성(meta-stability)의 기회를 최소화시킨다. 동기 레지스터 출력은 송신기와 수신기에서 사용될 수 있기 전에 먼저 에지 검출기를 통과해야 한다. 이 절차는 두 개의 CPU 클럭 주기 지연을 유도하며 최대 외부 XCK 클럭 주파수는 다음 공식에 의해 제한된다.

$$f_{XCK} < f_{osc}/4$$

f_{osc}는 시스템 클럭 소스의 안정성의 영향을 받으므로 주파수 변이에 따른 데이터 손실의 가능성을 피하기 위해 약간의 여유를 주는 것이 좋다.

• **동기식 클럭 동작**

동기 모드에서(UMSEL=1) XCK 핀은 클럭 입력(슬레이브) 혹은 클럭 출력(마스터)로 사용된다. 클럭 에지와 데이터 샘플링 또는 데이터 변경 사이의 의존성은 동일하다. 기본 원리는 (RxD에서)데이터 입력이 데이터 출력(TxD)이 변하는 에지의 반대편 XCK 클럭 에지에서 샘플링된다는 것이다.

UCSRC의 UCPOL은 데이터 샘플링을 위해 어떤 XCK 클럭 에지가 사용되고 어떤 것이 데이터 변경에 사용되는지를 선택한다. 아래 그림에서 보인 것처럼, UCPOL이 0일 때 데이터는 상승 XCK 에지에서 변하고 하강 XCK 에지에서 샘플링된다. UCPOL이 설정된 경우, 데이터는 하강 XCK 에지에서 변경되고 상승 XCK 에지에서 샘플링된다.

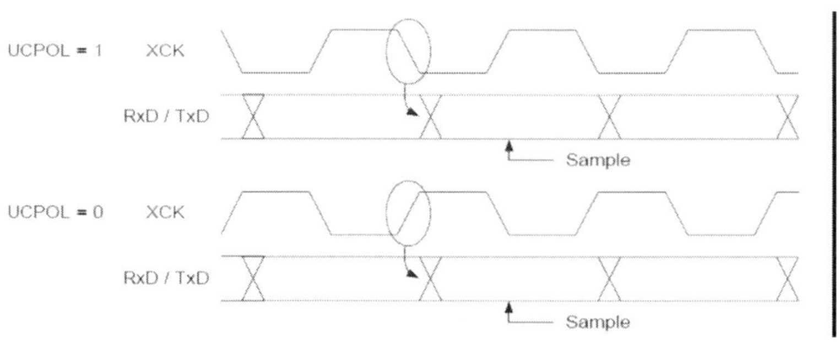

[그림 1.3] 동기 모드 XCK 타이밍

1.2 프레임 포맷

직렬 프레임은 동기화 비트(스타트/스톱 비트)와 선택적으로 에러 체크를 위한 패리티 비티가 포함된 데이터 비트들의 한 문자로 정의된다. USART는 다음 항목들의 모든 30가지 조합을 유효 프레임 포맷으로 수용한다.

- 1개의 스타트 비트
- 5, 6, 7, 8, 혹은 9개의 데이터 비트
- no, 우수, 기수 패리티 비트
- 1, 2개의 스톱 비트

프레임은 스타트 비트로 시작하고 LSB가 뒤따른다. 이어서 다음 데이터 비트가 이어지고, MSB로(총 9개까지의 데이터 비트) 끝난다. 패리티 비트가 인에이블 된 경우, 이것은 데이터 비트 뒤, 스톱 비트 앞에 첨가된다. 완성된 프레임이 전송될 때, 이것 뒤에는 새로운 프레임이 곧바로 뒤따르거나, 통신 선로가 idle(high) 상태로 설정될 수 있다. 다음 그림은 프레임 포맷들의 가능한 조합을 예시한다. 괄호 안의 비트들은 선택적이다.

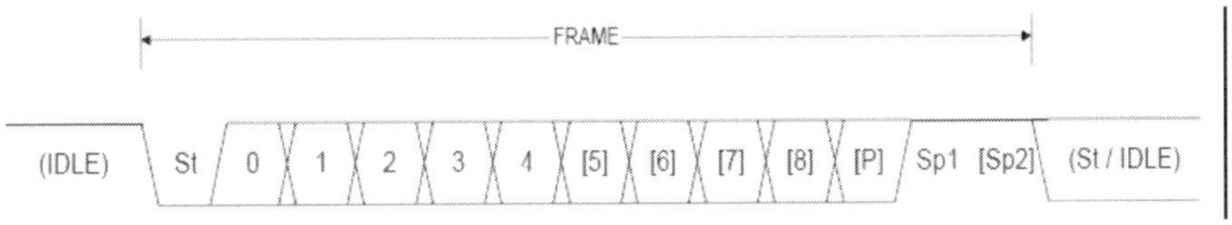

[그림 1.4] 프레임 포맷

St	Start bit, 항상 low
(n)	Data bits (0 ~ 8)
P	피리티 비트. 기수 혹은 우수.
Sp	스톱 비트. 항상 high.
IDLE	통신선로(RxD, TxD)상에 전송이 없음. IDLE 선은 high 상태이어야 함.

USART에서 사용되는 프레임 포맷은 UCSZ2:0, UPM1:0, 그리고 UCSRB와 UCSRC의 USBS 비트에 의해 설정된다. 수신기 및 송신기는 동일한 설정을 사용한다. 이 비트들의 임의의 변경은 수신기와 송신기 모두에 대해 모든 진행 데이터를 오염시키게 된다.

USART 문자 크기 비트(UCSZ2:0)는 프레임 안의 데이터 수를 선택한다. 패리티 모드 비트(UPM1:0)는 패리티 비트를 인에이블하고 형태를 설정한다. 하나 혹은 두 개 스톱 비트 사이의 선택은 스톱 비트 선택 비트(USBS)에 의해 이루어진다. 수신기는 두 번째 스톱 비트를 무시한다. 따라서 프레임 에러(FE)는 첫 번째 스톱 비트가

0인 경우에 감지된다.

- **패리티 비트 계산**

패리티 비트는 모든 데이터 비트들을 exclusive-or함으로써 계산된다. 기수 패리티가 사용되는 경우 exclusive-or의 결과가 반전된다. 패리티 비트와 데이터 비트간의 관계는 다음과 같다.

$$P_{even} = d_{n-1} \oplus \cdots \oplus d_3 \oplus d_2 \oplus d_1 \oplus d_0 \oplus 0$$

$$P_{odd} = d_{n-1} \oplus \cdots \oplus d_3 \oplus d_2 \oplus d_1 \oplus d_0 \oplus 1$$

P_{even}: 우수 패리티를 사용한 패러티 비트

P_{odd}: 기수 패리티를 사용한 패러티 비트

D_n: 문자의 데이터 비트 n

1.3 USART 초기화

통신 시작을 위해서는 USART가 초기화되어야 한다. 초기화 과정은 보통 보율 설정, 프레임 포맷 설정, 그리고 사용에 따라 송신기와 수신기를 인에이블 하는 것으로 이루어진다. 인터럽트 구동 방식의 USART 동작을 위해, 초기화할 때 전역 인터럽트 플래그가 클리어(인터럽트가 전역적으로 억지)되어야 한다.

변경된 보율이나 프레임 포맷에 의한 재 초기화를 하기 전에, 레지스터가 변경되는 기간 동안 진행중인 전송이 없는지 확인해야 한다. 송신기가 모든 전송을 완료했는지를 체크하기 위해 TXC 플래그가 사용될 수 있고, 수신 버퍼에 읽지 않은 데이터가 없는지 체크하기 위해 RXC 플래그가 사용될 수 있다. TXC가 이 목적에 사용될 때, 각 전송 이전에(UDR에 쓰이기 전에) TXC 플래그가 클리어 되어야 한다.

다음에 간단한 USART 초기화 코드를 보여준다. 이 예에서는 폴링(어떤 인터럽트도 인에이블 되지 않음)과 고정 프레임 포맷을 사용한 비동기 동작을 가정한다. 보율은 함수 파라미터로 주어졌다. 함수가 UCSRC 레지스터에 쓸 때, UABRRH와 UCSRC에 의한 I/O 위치 공유에 따라 URSEL 비트(USB)가 설정되어야 한다.

```
#define FOSC 1843200      // 클럭 속도
#define BAUD 9600
#define MYUBRR FOSC/16/BAUD-1
void main( void )
{
...
USART_Init ( MYUBRR );
...
}

void USART_Init( unsigned int ubrr)
{
UBRRH = (unsigned char)(ubrr>>8);          // 보율 설정
UBRRL = (unsigned char)ubrr;
UCSRB = (1<<RXEN)|(1<<TXEN);       // 수신기, 송신기 허용

// 프레임 형식 설정: 8 데이터, 2 스탑 비트
UCSRC = (1<<URSEL)|(1<<USBS)|(3<<UCSZ0);
}
```

1.4 데이터 전송 - USART 송신기

USART 송신기는 UCSRB 레지스터의 송신 인에이블 비트(TXEN)를 설정함으로써 인에이블 된다. 송신기가 인에이블 될 때 TxD 핀의 정규 포트 동작은 USART에 의해 무효화되고 송신기의 직렬 출력으로서의 기능이 주어진다. 보율, 동작 모드 및 프레임 포맷 등이 전송 이전에 설정되어야 한다. 동기식 동작이 사용될 때 XCK핀에서의 클럭은 무효화되고 전송 클럭으로 사용된다.

- **5에서 8개 데이터 비트를 갖는 프레임 보내기**

데이터 전송은 전송 버퍼에 전송할 데이터를 적재함으로써 시작된다. CPU는 UDR에 I/O 위치를 씀으로써 전송 버퍼를 적재할 수 있다. 전송 버퍼 내의 데이터는 시프트 레지스터가 새 프레임을 보낼 준비가 되었을 때 이 시프트 레지스터로 이동된다. 시프트 레지스터는 이것이 정지 상태(진행중인 전송이 없음)이거나 이전 프레임의 마지막 스톱 비트가 전송된 직후 적재된다. 시프트 레지스터가 새 데이터로 적재되면, 보 레지스터 및 이것은 동작 모드에 따라 U2X 비트 혹은 XCK에 의해 주어지

는 비율로 하나의 완전한 프레임을 전송한다.

다음 코드 예는 Data Register Empty(UDRE) 플래그의 폴링에 기초한 간단한 USART 송신 함수를 보여준다. 8비트보다 적은 비트의 프레임을 사용하는 경우, UDR에 쓰여지는 MSB들은 무시된다. 이 함수가 사용되기 전에 USART는 초기화되어야 한다.

```
void USART_Transmit( unsigned char data )
{
while(!(UCSRA & (1<<UDRE)))          // 송신 버퍼가 비기를 기다린다
        ;
UDR = data;                          // 데이터를 버퍼에 넣고, 데이터를 보낸다.
}
```

만일 Data Register Empty Interrupt가 사용되면, 인터럽트 루틴에서 데이터를 버퍼에 쓴다.

• **9개 데이터 비트의 프레임을 보내기**

만일 9비트 문자가 사용되면(UCSZ=7), 9번째 비트는 문자의 하위 바이트가 UDR에 쓰여지기 전에 TXB8 비트에 쓰여져야 한다. 다음 코드 예는 9비트 문자를 처리하는 전송 함수를 보여준다.

```
void USART_Transmit( unsigned int data )
{
while(!( UCSRA & (1<<UDRE)))         // 송신 버퍼가 비기를 기다린다
        ;
UCSRB &= ~(1<<TXB8);        // 9번째 비트를 TXB8에 복사한다
if ( data & 0x0100 )
        UCSRB |= (1<<TXB8);
UDR = data;                 // 데이터를 버퍼에 넣고 데이터를 보낸다
}
```

Note: 이 전송 함수는 일반 함수로 쓰여진 것이다. 이것은 UCSRB가 정적이면 최적화될 수 있다. 즉 초기화 후 UCSRB 레지스터의 TXB8 비트만 사용된다.

- **송신 플래그와 인터럽트**

USART 송신기는 상태를 지시하는 두 개의 플래그, USART Data Register Empty (UDRE)와 Transmit Complete(TXC)를 가진다. 두 플래그 모두 인터럽트 생성용으로 사용될 수 있다.

Data Register Empty(UDRE) 플래그는 송신 버퍼가 새 데이터 수신 준비가 되어 있는지를 나타낸다. 이 비트는 송신 버퍼가 비어있을 때 설정되고, 송신 버퍼가, 시프트 레지스터로 아직 이동되지 않은, 송신될 데이터를 포함할 때 클리어 된다. 미래 디바이스와의 호환성을 위해, UCSRA 레지스터에 쓸 때에는 이 비트를 항상 0으로 쓰라.

UCSRB 내의 데이터 레지스터 공백 인터럽트 인에이블(UDRIE)에 1이 쓰여지면, USART 데이터 레지스터 공백 인터럽트는 UDRE가 설정된 동안 실행되게 된다(전역 인터럽트가 인에이블되었을 때). UDR을 씀으로써 UDRE는 클리어 된다. 인터럽트에 의한 데이터 전송이 사용될 때, 데이터 레지스터 공백 인터럽트 루틴은 UDRE를 클리어 하기 위해 새 데이터를 UDR 에 쓰거나 데이터 레지스터 공백 인터럽트를 클리어 해야 하며, 그렇지 않으면 인터럽트 루틴이 끝나면 새로운 인터럽트가 발생하게 된다.

전체 전송 시프트 레지스터가 시프트 출력되고 송신 버퍼에 새로운 데이터가 현재 없을 때 전송 완료(TXC) 플래그 비트가 설정된다. TXC 플래그 비트는 송신 완료 인터럽트가 실행될 때 자동으로 클리어되거나, 이 비트 위치에 1을 씀으로써 클리어 될 수 있다. TXC 플래그는 반 이중 통신 인터페이스(예: RS485)에서 유용한데, 여기서 송신 측 어플리케이션은 송신을 완료한 직후 수신 모드로 들어가서 통신 버스를 비워야 한다.

UCSRB의 송신 완료 인터럽트 인에이블(TXCIE) 비트가 설정될 때, USART 송신 완료 인터럽트는 TXC 플래그가 설정상태가 될 때 실행된다(전역 인터럽트가 인에이블 되어 있다는 가정 하에). 송신 완료 인터럽트가 사용될 때, 인터럽트 처리 루틴은 TXC 플래그를 클리어하지 않아도 되는데, 이것은 인터럽트가 실행되면 자동으로 이루어진다.

- **패리티 생성기**

패리티 생성기는 직렬 프레임 데이터를 위한 패리티 비트를 계산한다. 패리티 비트가 인에이블 되면(UPM1=1), 송신기 제어 로직은 패리트 비트를 보내지는 프레임의 최종 데이터 비트와 최초 스톱 비트 사이에 삽입한다.

- **송신기를 억지하기**

송신기를 억지하는 것(TXEN을 0으로 설정)은 진행중인 송신이 완료될 때(즉, 송신 시프트 레지스터와 송신 버퍼 레지스터가 송신될 데이터를 포함하지 않을 때)까지 유효하지 않다. 억지되면 송신기를 TxD 핀을 더 이상 무효화하지 않는다.

1.5 데이터 수신 - USART 수신기

USART 수신기는 UCSRB 레지스터의 수신 인에이블(RXEN) 비트를 1로 씀으로써 인에이블 된다. 수신기가 인에이블 될 때, RxD 핀의 정규 핀 동작은 USART에 의해 무효화되고 수신기의 직렬 입력으로서의 기능이 주어진다. 보율, 동작 모드 및 프레임 포맷이 직렬 수신이 행해지기 전에 한번 설정되어야 한다. 만일 동기화 동작이 사용되면, XCK 핀상의 클럭이 전송 클럭으로 사용되게 된다.

- **5에서 8의 데이터 비트로 프레임을 수신하기**

수신기는 유효한 스타트 비트를 감지할 때 데이터 수신을 시작한다. 스타트 비트를 뒤따르는 각 비트는 보율 혹은 XCK 클럭에 의해 샘플링되고, 최초의 스톱 비트가 수신될 때까지 수신 시프트 레지스터로 시프트 된다. 두 번째 스톱 비트는 수신기에 의해 무시된다. 첫 번째 스톱 비트가 수신될 때(즉 완전한 직렬 프레임이 수신 시프트 레지스터에 존재할 때) 시프트 레지스터의 내용은 수신 버퍼로 이동되게 된다. 다음에 수신 버퍼는 UDR I/O 위치를 읽음으로써 읽혀질 수 있다.

다음 코드 예는 수신 완료(RXC) 플래그의 폴링에 기초한 간단한 USART 수신 함수를 보여준다. 8개 비트보다 적은 프레임을 사용할 때 UDR로부터 읽혀진 데이터의 MSB는 0으로 마스킹 된다. USART는 이 함수가 사용되기 전에 초기화되어야 한다.

```
unsigned char USART_Receive( void )
{
while ( !(UCSRA & (1<<RXC)) )      // 데이터 수신을 기다린다
        ;
return UDR;       // 버퍼로부터 데이터를 받아서 반환
}
```

이 함수는 RXC 플래그를 체크함으로써 단순히 데이터가 수신 데이터에 존재할 때까지 기다린 다음에 버퍼를 읽고 값을 반환한다.

- **9개 데이터 비트를 가지는 프레임을 수신하기**

9비트 문자가 사용될 때(UCSZ=7), 낮은 비트들을 UDR로부터 읽기 전에 9번째 비트가 UCSRB의 RXB8로부터 읽혀져야 한다. 이 규칙은 FE, DOR, PE 상태 플래그에도 마찬가지로 적용된다. UCSRA로부터 상태를 읽은 다음에 UDR로부터 데이터를 읽는다.

다음 코드는 9비트 문자와 상태 비트 모두를 처리하는 간단한 USART 수신 함수를 보여준다. 여기서 임의의 연산이 이루어지기 전에 모든 I/O 레지스터를 레지스터 파일로 읽어 들인다. 이에 따라 가능하면 쉽게 새 데이터를 받아들일 수 있도록 읽혀진 버퍼 위치가 해제되기 때문에 최적의 수신 버퍼 이용이 가능하다.

```
unsigned int USART_Receive( void )
{
unsigned char status, resh, resl;
while ( !(UCSRA & (1<<RXC)) )      // 데이터 수신 대기
        ;
// Get status and ninth bit, then data from buffer
status = UCSRA;
resh = UCSRB;
resl = UDR;
if(status & (1<<FE)|(1<<DOR)|(1<<PE)) // 에러이면 -1 반환
        return -1;
resh = (resh >> 1) & 0x01;          // 9번째 비트 필터
return ((resh << 8) | resl);                  // 그리고 반환
}
```

- **수신 완료 플래그와 인터럽트**

USART 수신기는 수신 상태를 나타내는 하나의 플래그를 가지고 있다.

수신 완료(RXC) 플래그는 수신 버퍼에 읽혀지지 않은 데이터가 존재하는지를 나타낸다. RXC는 수신 버퍼에 읽히지 않은 데이터가 있을 때 1이고, 수신 버퍼가 비어있으면(읽혀지지 않은 어떤 데이터도 비포함) 0이다. 만일 수신기가 억지 상태이면(RXEN=0) 수신 버퍼는 플러시 되어서 결과적으로 RXC 비트는 0이 된다.

UCSRB 내의 수신 완료 인에이블 비트(RXCIE)가 설정될 때, USART 수신 완료 인터럽트는 RXC 플래그가 설정되어 있는 동안 실행된다(전역 인터럽트가 인에이블 된 경우). 인터럽트-구동 데이터 수신이 사용될 때, 수신 완료 루틴은 수신된 데이터를 UDR로부터 읽어서 RXC 플래그를 클리어해야 하며, 그렇지 않으면 인터럽트 루틴이 끝나자마자 새로운 인터럽트가 발생 된다.

- **수신기 에러 플래그**

USART는 세 개의 에러 플래그 – 프레임 에러(FE), 데이터 초과(DOR), 패리티 에러(PE) – 를 가지고 있다. 모두 UCSRA를 읽음으로써 접근 가능하다. 에러 플래그에 대해 공통적인 것은 이것들이, 에러 상태를 나타낼 대상 프레임과 함께 수신 버퍼에 위치한다는 것이다. 에러 플래그의 버퍼링 때문에, UCSRA가 UDR 전에 읽혀져야 하는데, 이는 UDR I/O 위치를 읽음으로써 버퍼의 읽는 위치가 변경되기 때문이다. 에러 플래그에 관한 또 하나의 등식은 플래그들 위치에 씀으로써 소프트웨어에 의해 이 플래그들이 변경될 수 없다는 것이다. 그러나, 미래 USART 구현과의 상위 호환성을 위해, UCSRA가 쓰여질 때 모든 플래그들은 0으로 설정되어야 한다. 에러 플래그 중 어느 것도 인터럽트를 발생하지 못한다.

프레임 에러(FE) 플래그는 수신 버퍼에 저장된 다음의 읽기 가능 프레임의 최초 스톱 비트의 상태를 나타낸다. FE 플래그는 스톱 비트가 올바로 읽혀졌을 때(1) 0이고, 스톱 비트가 올바르지 않을 때(0) 1이 된다. 이 플래그는 out-of-sync 상태 검출, 브레이크 상태 검출, 그리고 프로토콜 처리 등에 사용될 수 있다. FE 플래그는 UCSRC 내의 USBS 비트를 설정하는 것에 의해 영향을 받지 않는데, 이는 수신기가 최초의 스톱 비트를 제외한 모든 것을 무시하기 때문이다. 미래의 디바이스와의 호환성을 위해, UCSRA에 쓸 때 항상 이 비트를 0으로 설정한다.

데이터 초과(DOR) 플래그는 수신기 버퍼가 가득 찬 상태로 인한 데이터 손실을 나타낸다. 데이터 초과는 수신 버퍼가 가득 차고(2 문자), 이것이 수신 시프트 레지스터에서 기다리는 새로운 문자이며, 새로운 스타트 비트가 감지될 때 발생한다. DOR 플래그가 설정되면, UDR로부터 마지막으로 읽혀진 프레임과 UDR에서 읽혀진 다음 프레임 사이에 하나 이상의 직렬 프레임 손실이 있다. 미래 디바이스와의 호환성을 위해, UCSRA에 쓸 때에는 항상 이 비트를 0으로 쓴다. DOR 플래그는 수신된 프레임이 시프트 레지스터에서 수신 버퍼로 성공적으로 이동되었을 때 클리어 된다.

패리티 에러(PE) 플래그는 수신될 때 수신 버퍼내의 다음 프레임이 패리티 에러를 가졌음을 나타낸다. 만일 패리티 체크가 인에이블 되어 있지 않으면 PE 비트는 항상 0으로 읽히게 된다. 미래의 디바이스와의 호환성을 위해, UCSRA로 쓸 때 이 비트를 항상 0으로 설정한다.

- **패리티 체커(parity checker)**

패리티 체커는 high USART 패리티 모드(UPM1) 비트가 설정될 때 활성화된다. 수행될 패리티 체크 타입(우수 혹은 기수)은 UPM0 비트에 의해 선택된다. 패리티 체커는 인에이블 되면 입력 프레임의 데이터 비트들의 패리티들을 계산하고 그 결과를 직렬 프레임으로부터 들어오는 패리티 비트와 비교한다. 체크 결과는 수신 버퍼에 수신 데이터 및 스톱 비트들과 함께 저장된다. 그러면 소프트웨어적으로 패리티 에러(PE) 플래그를 읽어서 프레임이 패리티 에러를 가졌는지 체크할 수 있다.

수신 데이터 버퍼로부터 읽힐 수 있는 다음 문자가 수신될 때 패리티 에러를 가지고 있고 이 시점에 패리티 체킹이 인에이블 되어 있으면(UPM1=1), PE 비트가 설정된다. 이 비트는 UDR이 읽힐 때까지 유효하다.

- **수신 금지하기**

수신 금지하는 것은 보통 즉각적이다. 따라서 진행중인 수신 작업에서 데이터를 잃게 된다. 금지되었을 때(즉 RXEN이 0으로 설정됨) 수신기는 더 이상 RxD 포트 핀의 정규 기능을 무효화하지 않는다. 수신기가 금지되면 수신기 버퍼 FIFO는 flush

된다. 버퍼에 남아 있던 데이터는 소실된다.

- **수신기 버퍼를 flush하기**

수신기가 억지될 때 수신기 버퍼 FIFO는 flush된다(비워진다). 읽히지 않은 데이터는 소실된다. 만일 에러 상태와 같은 상황 때문에 정상 동작에서 버퍼가 flush되어야 하면, RXC 플래그가 클리어 될 때까지 UDR I/O 위치를 읽어라. 다음 코드는 수신기 버퍼를 flush하는 방법을 보여준다.

```
void USART_Flush( void )
{
unsigned char dummy;
while ( UCSRA & (1<<RXC) ) dummy = UDR;
}
```

1.6 비동기식 데이터 수신

USART는 비동기식 데이터 수신을 위해 클럭 복구 및 데이터 복구 유닛을 포함한다. 클럭 복구 로직은 내부에서 생성된 보율 클럭을 RxD 핀에서 들어오는 비동기 직렬 프레임에 동기화하기 위해 사용된다. 데이터 복구 로직은 각각의 들어오는 비트를 샘플링하고 저역 필터링 함으로써 수신기의 내잡음성을 개선시킨다. 비동기식 수신 동작 범위는 내부 보율 클럭의 정밀도, 들어오는 프레임의 보율, 그리고 비트 수로서의 프레임 사이즈 등에 의해 결정된다.

- **비동기식 클럭 복구**

클럭 복구 로직은 내부 클럭을 들어오는 직렬 프레임에 동기화한다. 다음 그림은 들어오는 프레임의 스타트 비트의 샘플링 과정을 보인다. 샘플율은 정규 모드에서 보율의 16배이고, 2배속 모드에서 보율의 8배이다. 수평 화살표는 샘플링 과정에 따른 동기화 변이를 보인다. 2배속 모드 동작(U2X=1) 사용시 더 넓은 시간 변이가 발생함에 주의하라. 0으로 표시된 샘플들은 RxD 선이 정지했을 때(통신 활동이 없을 때) 만들어진 샘플들이다.

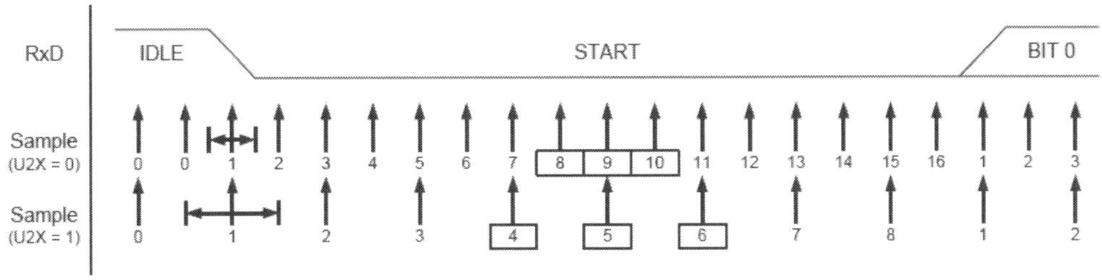

[그림 1.5] 스타트 비트 샘플링

클럭 복구 로직이 RxD 라인상에서 high(정지)에서 low(스타트)로의 천이를 검출했을 때, 스타트 비트 탐지 절차가 시작된다. 그림에서 보여진 것처럼 샘플1이 첫 0 샘플을 나타낸다고 하자. 그러면 클럭 복구 로직은 정규 모드에 대해 샘플 8,9,10을, 그리고 2배속 모드에 대해 샘플 4,5,6(그림에서 박스 안의 샘플 숫자로 표시됨)을 사용하여, 유효 스타트 비트가 수신되었는지 결정한다. 만일 이들 세 샘플 중 2개 혹은 그 이상이 논리적 high 레벨을 가졌으면(다수결 원칙), 스타트 비트는 잡음으로 거절되고 수신기는 다음 high에서 low로의 논리 천이를 찾기 시작한다. 그러나 만일 유효한 스타트 비트가 탐지되면, 클럭 복구 논리는 동기화되고 데이터 복구가 시작할 수 있다. 동기화 과정은 각 스타트 비트에 대해 반복된다.

- **비동기 데이터 복구**

수신기 클럭이 스타트 비트에 동기화되었을 때, 데이터 복구가 시작할 수 있다. 데이터 복구 유닛은 정규 상태에서 각 비트에 대해 16 상태, 그리고 2배속 모드에서 각 비트에 대해 8개 상태를 가지고 있는 상태 기계를 사용한다. 다음 그림은 데이터 비트와 패리티 비트의 샘플링을 보여준다. 각 샘플에는 복구 유닛의 상태와 동등한 숫자가 주어진다.

수신되는 비트의 로직 레벨의 결정은 수신되는 비트의 중심에서 3개 샘플들에 대한 로직 값의 다수결 투표에 의해 이루어진다. 그림에서 중심 샘플들이 박스 안에 샘플 번호를 가짐으로써 강조된다. 다수결 투표 과정은 다음과 같다: 만일 2개 혹은 3개 샘플이 높은 레벨을 가지면, 수신되는 비트는 로직 1로 등록된다. 만일 2개 혹은 3개의 샘플들이 낮은 레벨을 가지면 수신되는 비트는 로직 1로 등록된다. 이 다

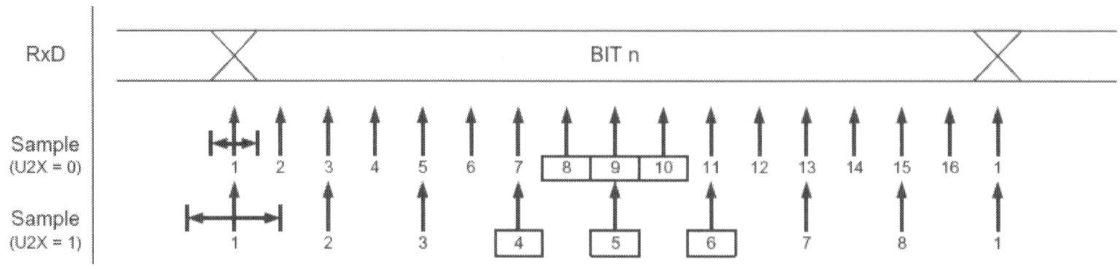

[그림 1.6] 데이터 및 패리티 비트의 샘플링

수결 투표 과정은 RxD 핀으로 들어오는 신호에 대해 저역통과 필터로 작동한다. 그러면 복구 과정은 첫번째 스톱 비트를 포함, 완전한 프레임이 수신될 때까지 반복된다. 수신기는 프레임의 첫 번째 스톱 비트만 사용함에 주의하라.

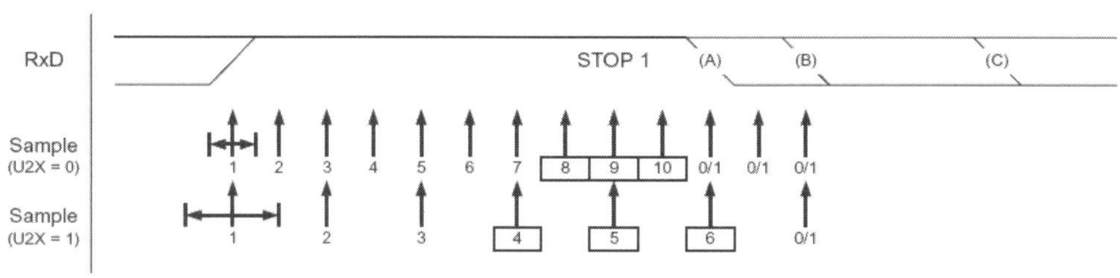

[그림 1.7] 스톱 비트 샘플링과 다음 스타트 비트 샘플링

스톱 비트에도 프레임 내 다른 비트에서처럼 다수결 투표가 행해진다. 만일 스톱 비트가 로직 0 값을 가진 것으로 등록되면, 프레임 에러(FE) 플래그가 설정되게 된다.

새로운 프레임의 스타트 비트를 가리키는 low에서 high로의 새로운 천이가 다수결 투표를 위해 사용된 마지막 비트들 바로 뒤에 올 수 있다. 정규 속도 모드에 대해 첫 번째 낮은 레벨 샘플이 A로 마크된 위치에 있을 수 있다. 2배속 모드에 대해 첫 번째 낮은 수준은 B로 연기되어야 한다. C는 전체 길이의 스톱 비트를 마크한다. 이른 스타트 비트 탐지는 수신기의 동작 범위에 영향을 준다.

- **비동기식 동작 범위**

수신기의 동작 범위는 수신되는 비트 율과 내부적으로 생성되는 보율 사이의 부정합에 의해 영향을 받는다. 만일 송신기가 너무 빠르거나 너무 느린 비트 율로 송신하고 있으면, 수신기의 내부적으로 생성되는 보율은 이와 비슷한 기저 주파수를 가지지 못하며, 수신기는 프레임을 스타트 비트에 동기화할 수 없게 된다.

$$R_{slow} = \frac{(D+1)S}{S-1+D\cdot S+S_F} \qquad R_{slow} = \frac{(D+1)S}{S-1+D\cdot S+S_F}$$

D	문자 크기와 패리티 크기의 합(D = 5 ~ 10 bit)
S	비트 당 샘플 수. 정규 속도 모드에서 S=16, 2배속 모드에서 S=8
S_F	다수결 투표에서 사용되는 최초 샘플 수. 정규 속도 모드에서 S_F=8, 2배속 모드에서 S_F=4.
SM	다수결 투표에서 사용되는 중앙 샘플 번호. 정규 속도 모드에서 SM=9, 2배속 모드에서 SM=5.
R_{slow}	수신기 보율과 관련되어 수용 가능한 가장 느린 입력 데이터 율의 비.
R_{fast}	수신기 보율과 관련되어 수용 가능한 가장 빠른 입력 데이터 율의 비.

아래 표는 허용될 수 있는 최대 수신기 보율 에러이다. 정규 속도 모드에서 더 높은 보율 변이를 가지는 것에 주목하라.

[표 1.2] 정규 속도 모드에서 최대 수신기 보율 에러 권고(U2X=0)

D# Data+Parity Bit	R_{slow}(%)	R_{fast}(%)	최대 총 에러(%)	최대 수신기 에러- 권고(%)
5	93,20	106,67	+6.67/−6.8	±3.0
6	94,12	105,79	+5.79/−5.88	±2.0
7	94,81	105,11	+5.11/−5.19	±2.0
8	95,36	104,58	+4.58/−4.54	±2.0
9	95,81	104,14	+4.14/−4.19	±1.5
10	96,17	103,78	+3.78/−3.83	±1.5

[표 1.3] 2배속 모드에서 최대 수신기 보율 에러 권고(U2X=1)

D# Data+Parity Bit	R_{slow}(%)	R_{fast}(%)	최대 총 에러(%)	최대 수신기 에러- 권고(%)
5	94,12	105,66	+5.66/−5.88	±2.5
6	94,92	104,92	+4.92/−5.08	±2.0
7	95,52	104,35	+4.35/−4.48	±1.5

D# Data+Parity Bit	R_{slow}(%)	R_{fast}(%)	최대 총 에러(%)	최대 수신기 에러- 권고(%)
8	96,00	103,90	+3.90/−4.00	±1.5
9	96,39	103,53	+3.53/−3.61	±1.5
10	96,70	103,23	+3.23/−3.30	±1.0

최대 수신기 보율 에러에 관한 권고는 수신기와 송신기가 똑같이 최대 총 에러를 나눈다는 가정 하에서 만들어졌다.

수신기 보율 에러에 대해서는 두 가지 가능한 소스가 있다. 수신기의 시스템 클럭(XTAL)은 항상 공급 전압 범위와 온도 범위에서 약간의 불안정성을 가지고 있다. 시스템 클럭을 발생시키기 위해 크리스탈을 사용할 때에 이것은 거의 문제가 되지 않는다. 그러나 resonator에 대해 시스템 클럭은 resonator 허용 한계에 따라 2% 이상 달라질 수 있다. 에러의 두 번째 소스는 더욱 제어 가능하다. 보율 발생기는 원하는 보율을 얻기 위해 항상 시스템 주파수를 정확히 나눌 수 있는 것은 아니다. 이 경우 가능하면 받아들일 수 있는 낮은 에러를 주는 UBRR을 사용할 수 있다.

1.7 UBRRH/UCSRC 레지스터 접근

UBRRH 레지스터는 UCSRC 레지스터와 같은 I/O 위치를 공유한다. 따라서 이 I/O 위치를 접근할 때에는 몇 가지 특별한 고려가 필요하다.

- **쓰기 접근**

이 I/O 위치의 쓰기 접근을 할 때에는 쓰여지는 비트의 high 비트, USART 레지스터 선택(URSEL) 비트는 두 레지스터 중 어느 것이 쓰일지 제어한다. 만일 쓰기 동작 중 URSEL이 0이면 UBRRH 값이 갱신되며, URSEL이 1이면 UCSRC 설정이 갱신된다.

```
...
UBRRH = 0x02; // UBRRH를 2로 설정
...
// USBS 와 UCSZ1 비트를 1로,
// 나머지 비트들을 0으로 설정.
```

```
UCSRC = (1<<URSEL)|(1<<USBS)|(1<<UCSZ1);
...
```

이 코드의 예에서처럼 두 레지스터의 쓰기 접근이 상대적으로 I/O 위치 공유의 영향 받지 않는다.

- **읽기 접근**

UBRRH 혹은 UCSRC 레지스터를 읽는 것은 더 복잡한 동작이다. 그러나 대부분의 어플리케이션에서 이 레지스터들을 읽을 필요가 없다.

읽기 접근은 타임 시퀀스에 의해 제어된다. 한번 I/O 위치를 읽으면 UBRRH 레지스터 내용이 반환된다. 만일 레지스터 위치가 이전 시스템 클럭 사이클에서 읽혀졌으면, 현재 클럭 사이클에서 레지스터를 읽으면 UCSRC 내용이 반환되게 된다. UCSRC를 읽기 위한 타임 시퀀스는 미세한(atomic) 동작임에 유의하라 따라서 읽기 동작 중 인터럽트가 제어되어야 한다(즉 전역 인터럽트를 억지해야 함).

```
unsigned char USART_ReadUCSRC( void )
{
unsigned char ucsrc;
ucsrc = UBRRH;     // UCSRC 읽기
ucsrc = UCSRC;
return ucsrc;
}
```

UBRRH 내용을 읽는 것은 atomic 동작이 아니며 따라서, 이전의 명령이 레지스터 위치를 접근하지 않았으면 보통 레지스터처럼 읽으면 된다.

1.8 USART 레지스터

- **USART I/O 데이터 레지스터 – UDR**

Bit	7	6	5	4	3	2	1	0	
									UDR(Read)
									UDR(Write)
Read/Write	R/W	R/W	R/W	R/W	R/W	R/W	R/W	R/W	
Initial Value	0	0	0	0	0	0	0	0	

USART 송신 데이터 버퍼 레지스터와 USART 수신 데이터 버퍼 레지스터는, USART 데이터 레지스터 또는 UDR이라고 불리는 같은 I/O 주소를 공유한다. 송신 데이터 버퍼 레지스터(TXB)는 UDR 레지스터로 쓰여지는 데이터를 위한 목적지가 된다. UDR 레지스터 위치를 읽으면 수신 데이터 버퍼 레지스터(RXB)의 내용이 반환된다.

5-, 6-, 7-비트 문자들에 대해 상위의 사용되지 않는 비트들은 송신기에서 무시되며 수신기에서 0으로 설정된다.

송신 버퍼는 UCSRA 레지스터의 UDRE 플래그가 설정될 때에만 쓰여질 수 있다. UDRE 플래그가 설정되지 않았을 때 UDR에 쓰여진 데이터는 USART 송신기에서 무시한다. 데이터가 송신 버퍼에 쓰여지고 송신이 허용되면, 송신기는 시프트 레지스터가 비어있을 때, 데이터를 송신 시프트 레지스터에 적재하게 된다. 그러면 데이터는 TxD 핀에서 직렬로 전송된다.

수신 버퍼는 2개 레벨의 FIFO로 구성된다. FIFO는 수신 버퍼가 접근될 때마다 상태를 바꾼다. 수신 버퍼의 이 행동에 의거해서, 이 위치에서 Read-Modify-Write 명령(SBI, CBI)을 사용하면 안 된다. 비트 테스트 명령(SBIC, SBIS)을 사용할 때 주의해야 하는데, 이것들 역시 FIFO의 상태를 변경시키기 때문이다.

- **USART 제어 및 상태 레지스터 A – UCSRA**

Bit	7	6	5	4	3	2	1	0	
	RXC	TXC	UDRE	FE	DOR	PE	U2X	MPCM	UCSRA
Read/Write	R	R/W	R	R	R	R	R/W	R/W	
Initial Value	0	0	1	0	0	0	0	0	

USART 제어 및 상태 레지스터 A

번호	이름	설 명
7	**RXC**	USART 수신 완료. 수신 버퍼에 읽히지 않은 데이터가 있을 때 설정되고 수신 버퍼가 비워지면 클리어 된다.
6	**TXC**	USART 송신 완료. 송신 시프트 레지스터 안의 프레임 전체가 시프트되고 송신 버퍼(UDR)에 새 데이터가 없을 때 설정된다.
5	**UDRE**	USART 데이터 레지스터 공백. 이 비트가 1이면 송신 버퍼(UDR)는 비어(쓰여질 준비가 되어) 있는 것이다.
4	**FE**	프레임 에러. 수신 버퍼 내의 다음 문자가 수신시 프레임 에러를 가질 때 (수신 버퍼 내의 다음 문자의 최초 스톱 비트가 0일 때) 설정된다. 이 비트는 수신 버퍼(UDR)가 읽혀질 때까지 유효하다. UCSRA에 쓸 때에는 항상 이 비트를 0으로 하라.
3	**DOR**	데이터 초과. Data 초과가 탐지될 때 설정된다. 이것은 수신 시프트 레지스터 내에서 기다리는 새 문자와 새 스타트 비트가 탐지되는 것이다. 이 비트는 수신 버퍼(UDR)가 읽혀질 때까지 유효하다. UCSRA에 쓸 때에는 이 비트를 항상 0으로 하라.
2	**PE**	패리티 에러. 수신시 수신 버퍼 내에서 다음 문자가 패리티 에러를 가지고 있고 이 시점에 패리티 탐지가 인에이블 되어 있을 때(UPM1=1) 설정된다. 이 비트는 수신 비트(UDR)가 읽혀질 때까지 유효하다. UCSRA에 쓸 때에는 이 비트를 항상 0으로 설정하라.
1	**U2X**	두 배 USART 송신 속도. 이 비트는 비동기 동작에서만 유효하며, 동기식 동작시 0으로 놓아라. 이 비트가 1이면 보율 분배기의 젯수(divisor)를 16에서 8로 감소시켜서 비동기 통신을 위한 송신율을 효과적으로 배가하게 된다.
0	**MOCM**	다중 프로세서 통신 모드. 이 비트는 다중 프로세서 통신 모드를 허용한다. MPCM 비트가 1로 쓰여지면 주소를 포함하지 않은, USART 수신기에 의해 수신되는 모든 프레임은 무시된다. 송신기는 MPCM 설정의 영향을 받는다.

- **USART 제어 및 상태 레지스터 B - UCSRB**

Bit	7	6	5	4	3	2	1	0	
	RXCIE	TXCIE	UDRIE	RXEN	TXEN	UCSZ2	RXB8	TXB8	UCSRA
Read/Write	R/W	R/W	R/W	R/W	R/W	R/W	R	R/W	
Initial Value	0	0	0	0	0	0	0	0	

USART 제어 및 상태 레지스터 B

번호	이름	설 명
7	**RXCIE**	수신 완료 인터럽트 허용. 이 비트를 1로 쓰면 RXC 플래그에 대한 인터럽트가 허용된다.
6	**TXCIE**	송신 완료 인터럽트 허용. 이 비트에 1을 쓰면 TXC 플래그 상의 인터럽트가 인에이블 된다.
5	**UDRIE**	USART 데이터 레지스터 공백 인터럽트 허용. 이 비트에 1을 쓰면 UDRE 플래그에 대한 인터럽트가 인에이블 된다.
4	**RXEN**	수신 허용. 수신이 허용되면 RxD 핀에 대한 정규 포트 동작을 무효화한다. 수신기를 금지하면 FE, DOR, PE 플래그는 무효화되면서 수신 버퍼는 flush된다.
3	**TXEN**	송신 허용. 송신이 허용되면 RxD 핀에 대한 정규 포트 동작을 무효화한다. 송신기의 금지는(TXEN에 0을 쓰기) 진행중인 송신이 완료될 때유효하게 된다. 금지될 때 송신기는 더 이상 TxD 포트를 무효화하지 않는다.
2	**UCSZ2**	문자 크기. UCSRC 내의 UCSZ1:0 비트와 결합하여, 수신기와 송신기에서 사용하는 프레임에서의 데이터 비트 수(문자 크기)를 설정한다.
1	**RXB8**	수신 데이터 비트 8. 9개 데이터 비트의 직렬 프레임으로 동작할 때 수신 문자의 9번째 비트이다. UDR로부터의 낮은 비트들을 읽기 전에 먼저 읽혀야 한다.
0	**TXB8**	9개 데이터 비트의 직렬 프레임으로 동작할 때 송신 문자 중 9번째 데이터 비트이다. UDR로 낮은 비트들을 쓰기 전에 먼저 쓰여져야 한다.

- **USART 제어 및 상태 레지스터 C – UCSRC**

Bit	7	6	5	4	3	2	1	0	
	URSEL	UMSEL	UPM1	UPM0	USBS	UCSZ1	UCSZ0	UCPOL	UCSRC
Read/Write	R/W	R/W	R/W	R/W	R/W	R/W	R/W	R/W	
Initial Value	1	0	0	0	0	1	1	0	

UCSRC 레지스터는 UBRRH 레지스터와 동일한 I/O 위치를 공유한다.

USART 제어 및 상태 레지스터 B

번호	이름	설 명
7	**URSEL**	레지스터 선택. 이 비트는 UCSRC 및 UBRRH 레지스터 사이의 접근을 선택한다. 이것은 UCSRC를 읽을 때 1로 읽혀진다. UCSRC에 쓸 때 이것은 1이어야 한다.
6	**UMSEL**	USART 모드 선택. 이 비트는 비동기식 및 동기식 모드 동작 중에서 선택한다. 0: 비동기식 동작, 1: 동기식 동작
5	**UPM1**	패리티 모드. 패리티 생성 및 체크 타입을 허용 하고 설정한다. 허용되면 송신기는 자동으로 각 프레임 안의 송신되는 데이터에 대한 패리티를 생성하고 보내게 된다. 수신기는 들어오는 데이터에 대한 패리티 값을 생성하고 이것을 UPM0 설정과 비교한다. 만약 부정합이 발견되면, UCSRA 내의 PE 플래그가 설정되게 된다. 0:금지, 1:유보, 2:우수패리티, 3:기수패리티.
4	**UPM0**	
3	**USBS**	스탑 비트 선택. 송신기에 의해 첨가될 스톱 비트 수를 선택한다(0–1 비트, 1–2 비트). 수신기는 이 설정을 무시한다.
2	**UCSZ1**	문자 크기. UCSRB의 UCSZ2 비트와 함께 수신기와 송신기가 사용하는 프레임 내 데이터 비트수를 설정한다. (UCSZ2=0)0:5비트, 1:6비트, 2:7비트, 3:8비트 (UCSZ2=1)3:9비트, 기타:유보.
1	**UCSZ0**	
0	**UCPOL**	클럭 극성. 동기식 모드에서만 사용된다. 비동기식 모드에서는 이 비트를 0으로 놓아라. 이것은 데이터 출력 변화와 데이터 입력 샘플, 그리고 동기 클럭(XCK) 사이의 관계를 설정한다.

[표 1.6] UCPOL 비트 설정

UCPOL	송신 데이터 변경(TxD 핀의 출력)	수신 샘플링 데이터(RxD 핀에서 입력)
0	상승 XCK 에지	하강 XCK 에지
1	하강 XCK 에지	상승 XCK 에지

- **USART 보율 레지스터 – UBRRL과 UBRRH**

Bit	15	14	13	12	11	10	9	8	
	URSEL	–	–	–	UBRR[11..8]				UBRRH
	UBRR[7:0]								UBRRL
	7	6	5	4	3	2	1	0	
Read/Write	R/W	R	R	R	R/W	R/W	R/W	R/W	
	R/W	R/W	R/W	R/W	R/W	R/W	R/W	R/W	
Initial Value	0	0	0	0	0	0	0	0	
	0	0	0	0	0	0	0	0	

UBRRH 레지스터는 UCSRC 레지스터와 같은 I/O 위치를 공유한다.

· Bit 15 – URSEL: Register Select

이 비트는 UBRRH 및 UCSRC 레지스터 중에서 접근을 선택한다. UBRRH를 읽을 때 이것은 0으로 읽힌다. UBRRH에 쓸 때 이것은 0이어야 한다.

· Bit 14:12 – Reserved Bits

이 비트들은 미래의 사용을 위해 보류되어 있다. 미래의 디바이스와 호환성을 위해 UBRRH에 쓸 때 이 비트들은 0으로 쓰여져야 한다.

· Bit 11:0 – UBRR11:0: USART Baud Rate Register

이것은 USART 보율을 포함한 12-비트 레지스터이다. UBRRH는 4개의 MSB를 포함하며, UBRRL은 USART 보율의 8개 LSB를 포함한다. 송신기와 수신기에 의해 진행중인 송신은 보율이 변하면 오염될 수 있다. UBRRL에 쓰면 보율 프리스케일러의 즉각적인 갱신이 트리거된다.

2. SPI(Serial Peripheral Interface)

SPI는 ATmega8과 주변 장치 혹은 AVR 장치들간에 고속의 동기화 데이터 전송을 가능하게 한다. ATmega8 SPI에는 다음과 같은 특징이 있다.

- 전이중 3선 동기화 데이터 전송
- 마스터 또는 슬레이브 동작

- LSB 우선 혹은 MSB 우선 데이터 전송
- 7개 프로그램 가능한 비트율
- 전송 끝 인터럽트 플래그
- 쓰기 충돌 플래그 보호
- Idle 모드로부터 Wake-up
- 2배속(CK/2) 마스터 SPI 모드

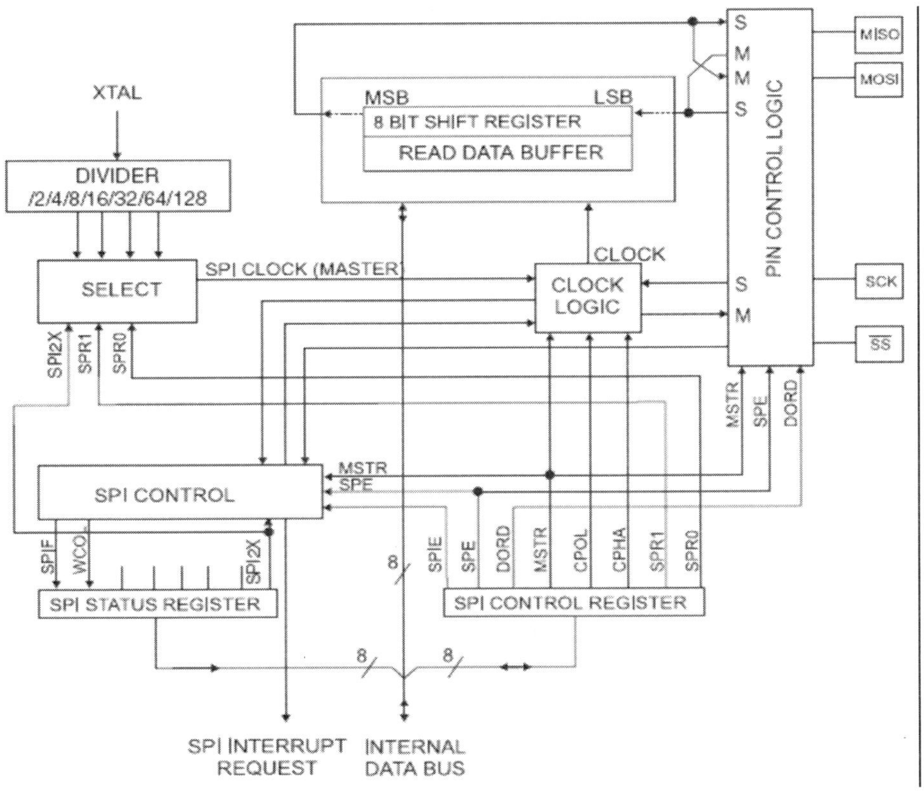

[그림 2.1] SPI 통신 블록 다이어그램

마스터와 슬레이브 CPU를 SPI에 의해 서로 연결한 것이 [그림 2.2]이다. 이 시스템은 두 개의 시프트 레지스터와 하나의 마스터 클럭 발생기로 구성된다. SPI 마스터는 요구되는 슬레이브의 슬레이브 선택 SS 핀을 low로 떨어뜨릴 때 통신 사이클을 시작한다. 마스터와 슬레이브는 전달할 데이터를 각각의 시프트 레지스터에 준비하고, 마스터는 데이터 교환을 위해 요구되는 클럭 펄스를 SCK 라인 상에서 발생시킨다. MOSI 라인에서 데이터는 항상 마스터에서 슬레이브로, MISO 라인에서는 항상 슬레이브에서 마스터로 시프트한다. 각각의 데이터 패킷 후에, 마스터는 슬레이브 선택(SS)을 high로 함으로써 슬레이브를 동기화한다.

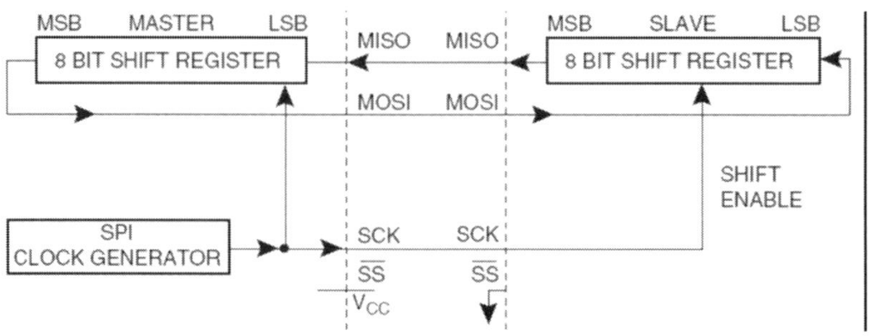

[그림 2.2] SPI 마스터-슬레이브간 상호연결

마스터로서 구성될 때 SPI 인터페이스는 SS 라인에 대해 자동 제어를 하지 않는다. 이것은 통신이 시작될 수 있기 전에 사용자 소프트웨어적으로 처리되어야만 한다. 이것이 행해지면 SPI 데이터 레지스터에 한 바이트를 쓸 때 SPI 클럭 발생기가 시작되며, 하드웨어는 8개 비트를 슬레이브로 시프트시킨다. 한 바이트를 시프트시킨 후 SPI 클럭 발생기는 정지하며, 전송 끝 플래그(SPIF)를 설정한다. 만일 SPCR 레지스터 내의 SPI 인터럽트 인에이블 비트(SPIE)가 설정되면, 하나의 인터럽트가 요구된다. 마스터는 다음 바이트를 SPDR에 씀으로써 다음 바이트를 시프트하거나 슬레이브 선택(SS)을 high로 함으로써 패킷의 끝을 신호하게 된다. 마지막으로 들어오는 데이터는 다음에 쓸 수 있도록 버퍼 레지스터에 유지될 것이다.

슬레이브로 구성될 때, SPI 인터페이스는 SS 핀이 high로 구동되는 한 MISO가 tri-상태가 되어 슬립 상태로 있게 된다. 이 상태에서 소프트웨어는 SPI 데이터 레지스터, SPDR의 내용을 업데이트하겠지만, 데이터는 SS 핀이 low로 구동될 때까지 SCK 핀 상의 입력 클럭 펄스에 의해 시프트 되지 않는다. 하나의 바이트가 완전히 시프트됨에 따라 전송 끝 플래그 SPIF가 설정된다. 만일 SPCR 레지스터 안의 SPI 인터럽트 인에이블 비트 SPIE가 설정되면, 인터럽트가 요구된다. 슬레이브는 들어오는 데이터를 읽기 전에 새 데이터를 SPDR 안으로 보내지도록 계속 위치시키게 된다. 마지막 들어오는 바이트는 다음 사용을 위해 버퍼 레지스터에 남겨질 것이다.

시스템은 전송 방향에서 단일 버퍼, 수신 방향에서 이중 버퍼이다. 이는 전체 시프트 사이클이 완료되기 전에 전송될 바이트들이 SPI 데이터 레지스터에 쓰여질 수 없음을 의미한다. 그러나 데이터를 수신할 때, 수신된 문자는 다음 문자가 완전히 시프트되어 들어오기 전에 SPI 데이터 레지스터로부터 읽혀져야 한다. 그렇지 않으면 첫 번째 바이트는 없어진다.

SPI 슬레이브 모드에서 제어 로직은 SCK 핀으로 들어오는 신호를 샘플링하게 된다. 클럭 신호의 올바른 샘플링을 보장하기 위해, low와 high 기간의 최소값은 다음과 같아야 한다.

Low 기간 : 2 CPU 클럭 사이클보다 길 것.
High 기간 : 2 CPU 클럭 사이클보다 길 것.

SPI가 인에이블 될 때, MOSI, MISO, SCK, 그리고 SS 핀의 데이터 방향은 다음 표에 따라 무효화된다.

[표 2.1] SPI 핀 무효화

핀	방향, 마스터 SPI	방향, 슬레이브 SPI
MOSI	유저 정의	입력
MISO	입력	유저 정의
SCK	유저 정의	입력
SS	유저 정의	입력

다음 코드 예는 SPI를 마스터로 초기화하고 간단한 전송을 수행하는 법을 보여준다. 예에서 DDR_SPI는 SPI 핀들을 제어하는 실제 데이터 방향 레지스터로 대체되어야 한다. DD_MOSI, DD_MISO, DD_SCK 등은 이 핀들을 위한 실제 데이터 방향 비

트들로 대체되어야 한다. 예를 들어, 만일 MOSI가 핀 PB5의 핀에 위치하면, DD_MOSI를 DDB5로, 그리고 DDR_SPI를 DDRB로 대체시킨다.

```
void SPI_MasterInit(void)
{  // MOSI 와 SCK를 출력으로, 나머지 모두 입력으로 설정
DDR_SPI = (1<<DD_MOSI)|(1<<DD_SCK);
// SPI 허용, Master, 클럭 주파수를 fck/16으로.
SPCR = (1<<SPE)|(1<<MSTR)|(1<<SPR0);
}

void SPI_MasterTransmit(char cData)
{  SPDR = cData;                    // 송신 시작
while(!(SPSR & (1<<SPIF)))          // 송신 완료 대기
        ;
}
```

다음 코드 예제는 SPI를 슬레이브로 초기화하고 간단한 수신을 수행하는 방법을 보여준다.

```
void SPI_SlaveInit(void)
{  DDR_SPI = (1<<DD_MISO);          // MISO를 출력, 나머지 모두 입력으로
SPCR = (1<<SPE);                    // SPI 허용
}

char SPI_SlaveReceive(void)
{  while(!(SPSR & (1<<SPIF)))       // 수신 완료 대기
        ;
return SPDR;                        // 데이터 레지스터 반환
}
```

2.1 SS 핀 기능

• **슬레이브 모드**

SPI가 슬레이브로 구성되면 슬레이브 선택(SS) 핀은 항상 입력이다. SS가 low로 유지되면 SPI가 활성화되고, MISO는 유저에 의해 구성되었으면 출력이 된다. 다른 모든 핀들은 입력이다. SS가 high로 되면 모든 핀들은 입력이 되고 SPI는 수동적이

되는데, 이는 이것이 들어오는 데이터를 수신하지 않을 것임을 뜻한다. 일단 SS 핀이 high로 되면 SPI 로직은 리셋된다.

SS 핀은 슬레이브 비트 카운터를 마스터 클럭 발생기에 동기화하도록 유지시키기 위한 패킷/바이트 동기화에 유용하다. SS 핀이 high로 되면 SPI 슬레이브는 즉시 송신 및 수신 로직을 리셋하게 되며, 시프트 레지스터 내에 부분적으로 수신된 어떤 데이터도 떨어뜨린다.

- **마스터 모드**

SPI가 마스터로 구성되면(SPCR의 MSTR이 설정됨), 유저는 SS 핀의 방향을 결정할 수 있다.

SS가 출력으로 구성되면, 이 핀은 SPI 시스템에 영향을 주지 않는 범용 출력 핀으로 동작한다. 보통 이 핀은 SPI 슬레이브의 SS 핀을 구동한다.

만일 SS가 입력으로 구성되면, 이것은 마스터 SPI 동작을 보장하기 위해 high로 유지되어야 한다. SS 핀이 입력으로 정의되고 SPI가 마스터로 구성되어 있을 때 만일 SS핀이 low가 되면, SPI 시스템은 이것을, 그 SPI를 슬레이브로 선택하고 이곳에 데이터를 보내는 또 하나의 마스터로 해석한다. 버스 분쟁을 피하기 위해 SPI는 다음과 같은 동작을 취한다.

· SPCR 내의 MSTR 비트가 클리어되고 SPI 시스템이 슬레이브로 된다. SPI가 슬레이브로 되는 결과, MOSI와 SCK가 입력으로 된다.
· SPCR 내의 SPIF가 설정되고, SPI 인터럽트가 인에이블되어 있고 SREG의 I 비트가 설정되어 있으면, 인터럽트 루틴이 실행된다.

따라서 마스터 모드에서 인터럽트-구동 SPI 전송이 사용되고 SS가 low로 될 가능성이 있을 때, 인터럽트는 MSTR 비트가 아직 설정되어 있는지 항상 체크해야 한다. 만일 슬레이브 선택에 의해 MSTR 비트가 클리어 되었으면, 유저가 이것을 설정하여 SPI 마스터 모드를 다시 인에이블해야 한다.

• SPI Control Register – SPCR

Bit	7	6	5	4	3	2	1	0	
	SPIE	SPE	DORD	MSTR	CPOL	CPHA	SPR1	SPR0	SPCR
Read/Write	R/W	R/W	R/W	R/W	R/W	R/W	R/W	R/W	
Initial Value	0	0	0	0	0	0	0	0	

SPI 제어 레지스터

번호	이름	설 명
7	**SPIE**	SPI 인터럽트 허용.
6	**SPE**	SPI 허용.
5	**DORD**	데이터 순서. 1이면 데이터 워드의 LSB가, 0이면 MSB가 먼저 전송된다.
4	**MSTR**	마스터/슬레이브 선택. 1일 때 마스터 SPI 모드를 선택하고, 0이면 슬레이브 SPI 모드로 설정된다. 만일 /SS가 입력으로 구성되고 MSTR이 설정되어 있는 동안 low로 되면, MSTR은 클리어 되고 SPSR 안의 SPIE는 설정된다. 그러면 유저는 SPI 마스터 모드를 다시 허용하기 위해 MSTR을 설정해야만 한다.
3	**CPOL**	클럭 극성. 이 비트가 1로 쓰여져 있으면, SCK는 정지한 동안 high이다. CPOL이 0으로 쓰여져 있으면, SCK는 정지한 동안 low이다(아래 표 참조).
2	**CPHA**	클럭 위상. 데이터가 SCK의 leading(처음) 혹은 trailing(마지막) 에지에서 샘플링될지를 결정한다(아래 표 참조).
1	**SPR1**	SPI 클럭율 선택. 마스터로 구성된 디바이스의 SCK 율을 제어한다. SPR1과 SPR0는 슬레이브에 아무런 영향을 미치지 않는다. SCK와 발진 클럭 주파수 fosc는 아래 표에 나타나 있다.
0	**SPR0**	

[표 2.2] CPOL 기능

CPOL	Leading Edge	Trailing Edge
0	Rising	Falling
1	Falling	Rising

[표 2.3] CPHA 기능

CPHA	Leading Edge	Trailing Edge
0	Sample	Setup
1	Setup	Sample

[표 2.4] SCK 주파수 결정

SPI2X	SPR1	SPR0	SCK frequency
0	0	0	$f_{osc}/4$
0	0	1	$f_{osc}/16$
0	1	0	$f_{osc}/64$
0	1	1	$f_{osc}/128$
1	0	0	$f_{osc}/2$
1	0	1	$f_{osc}/8$
1	1	0	$f_{osc}/32$
1	1	1	$f_{osc}/64$

- **SPI 상태 레지스터** – **SPSR**

Bit	7	6	5	4	3	2	1	0	
	SPIF	WCOL	–	–	–	–	–	SPI2X	SPSR
Read/Write	R	R	R	R	R	R	R	R/W	
Initial Value	0	0	0	0	0	0	0	0	

SPI 상태 레지스터

번호	이름	설 명
7	**SPIF**	SPI 인터럽트 플래그. 1)직렬 전송이 완료되었을 때, 2)마스터 모드에서 SS가 입력이고 low일 때 설정된다. 또한 1)대응하는 인터럽트 처리 벡터가 실행되면 하드웨어에 의해, 2)먼저 SPIF가 설정되어 있는 SPI 상태 레지스터를 읽고, 다음에 SPI 데이터 레지스터(SPDR)에 접근함으로써, 클리어 된다.

번호	이름	설 명
6	**WCOL**	쓰기 충돌 플래그. 데이터 전송 중 SPI 데이터 레지스터(SPDR)이 쓰여지면 설정된다. 또한 WCOL이 설정되어 있는 SPI 상태 레지스터를 처음 읽고, 다음에 SPI 데이터 레지스터를 접근하는 것에 의해 클리어 된다.
5..1	**Res**	유보. 항상 0으로 읽힌다.
0	**SPIX2**	2중 SPI 속도. 1이면 SPI 속도(SCK 주파수)가 두 배로 된다.

- **SPI 데이터 레지스터 - SPDR**

Bit	7	6	5	4	3	2	1	0	
	MSB							LSB	SPDR
Read/Write	R/W	R/W	R/W	R/W	R/W	R/W	R/W	R/W	
Initial Value	x	x	x	x	x	x	x	x	미정의

SPI 데이터 레지스터는 레지스터 파일과 SPI 시프트 레지스터 사이에서 데이터 전송을 위해 사용되는 읽기/쓰기 레지스터이다. 이 레지스터로 쓰면 데이터 전송이 시작된다. 이 레지스터를 읽으면 시프트 레지스터 수신 버퍼가 읽히기 시작한다.

2.2 데이터 모드

직렬 데이터에 대해 SCK 상(phase)과 극(polarity)의 4개 조합이 있는데, 이는 제어 비트 CPHA와 CPOL에 의해 결정된다. SPI 데이터 전송 포맷이 아래 그림에 보여져 있다. 데이터 비트는 SCK 신호의 반대 에지에서 시프트 되고 래치되어, 데이터 신호가 안정화되기에 충분한 시간을 확보하게 된다. 이것은 아래 표에서 명백하게 요약되어 보여진다.

[표 2.5] CPOL과 CPHA 기능

	Leading Edge	Trailing Edge	SPI Mode
CPOL=0, CPHA=0	Sample(Rising)	Setup(Falling)	0
CPOL=0, CPHA=1	Setup(Rising)	Sample(Falling)	1
CPOL=1, CPHA=0	Sample(Falling)	Setup(Rising)	2
CPOL=1, CPHA=1	Setup(Falling)	Sample(Rising)	3

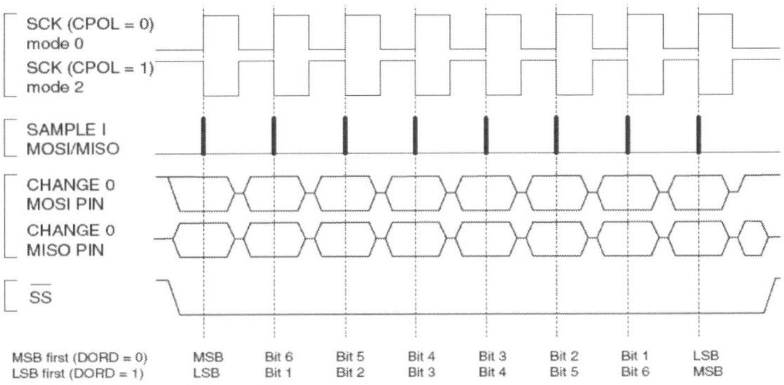

[그림 2.3] SPHA=0일 때 SPI 전송 포맷

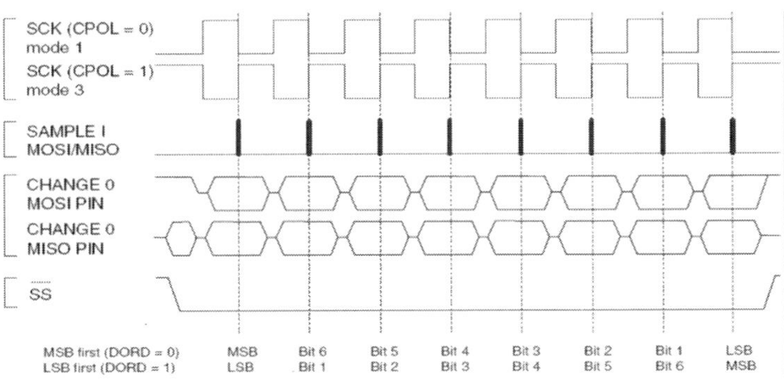

[그림 2.4] CPHA=1일 때 SPI 전송 포맷

연습문제

다음 문제들에 대한 설명을 제출하시오.

① 비동기 직렬 통신에 사용되는 I/O 레지스터들을 열거하시오.

② SPI(Serial Peripheral Interface) 통신에 사용되는 I/O 레지스터들을 열거하시오.

제 2 장 시리얼 통신(USART)

1. 직렬통신 – RS232C, RS422/423, RS485
2. 하드웨어 연결
3. 코드 위저드를 이용한 소스 생성

✓ 이 장의 목표

- RS232C 통신에 대해 익히고 하드웨어 구성을 할 수 있다.
- 임베디드 시스템과 PC간 RS232C 통신을 할 수 있다.

✓ 들어가기에 앞서

- 앞 장의 USART를 다시 한번 읽어본다.

✓ 준비 사항

- MHT-SK100 키트 셋
- RS232C 확장 케이블

1. 직렬 통신 - RS232C, RS422/423, RS485

USART 통신은 보드 상에서 통신할 때 사용되고, 실제 통신선을 통해 직렬 통신을 하고자 할 때에는 보통 RS232C나 RS422/485로 신호를 변경하여 통신하는 것이 보통이다.

1.1 RS232C 링크

RS232C 통신은 AVR이 이용할 수 있는 가장 보편적인 통신 모드이다. RS232C는 비동기 직렬 전송 메커니즘의 하나이다. 이 비트 열 전송 방식은 두 개의 부분으로 나누어질 수 있다: 원래 바이트 데이터가 전송을 위해 직렬로 분리되는 것과, 직렬 데이터가 물리적으로 선을 통해 전송 것.

데이터가 직렬로 분리되는 방법은 RS232C 외에도 RS422, RS485와 같은 프로토콜에서도 이 방법을 사용한다. 이러한 비동기 직렬 방법은 물리적 선로를 통해 전송되는 방법에서 다르다.

다음 그림은 원 데이터가 데이터 전송 시작에 첨가된 스타트 비트와 함께 인식되고, 끝에는 선택적 패리티 비트와 두 개까지의 스톱 비트가 첨부되어, 어떻게 인식되는지를 보여준다. 비트 전송 순서는 전송 바이트의 LSB가 처음이고 MSB가 마지막이다.

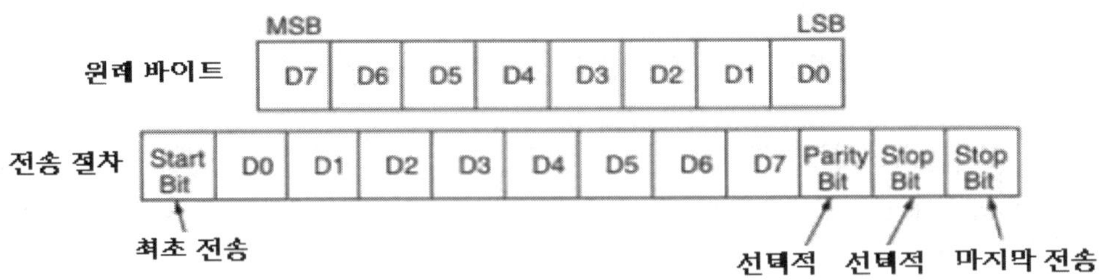

[그림 1.1] 비동기 직렬 데이터 전송에서 데이터가 인식되고 추가 비트가 원래 비트 시퀀스에 첨가되는 방식

그림과 같이 전송될 데이터가 라인업 되면, 이것이 어떻게 물리적으로 선을 통해 전송되는지, 전압 레벨이 어떤지, 그리고 각 전송 시간은 어떤지 고찰할 시간이다.

데이터의 송신기와 수신기는 고정된 비트 율이라고 하는 데이터 율을 사용한다. 가장 흔한 비트 율은 300, 600, 1200, 1800, 2000, 2400, 4800, 9600, 그리고 19,200 bps이다. 비트 율은 한 비트 (10개 가량의 비트에서)가 출력(혹은 입력)에서 이용 가능한 시간이다.

전송될 비트 데이터는 전선에 넘겨지기 전에 RS232C 표준 전압 레벨로 변환된다. 합법적인 전압 레벨은 다음 그림과 같다.

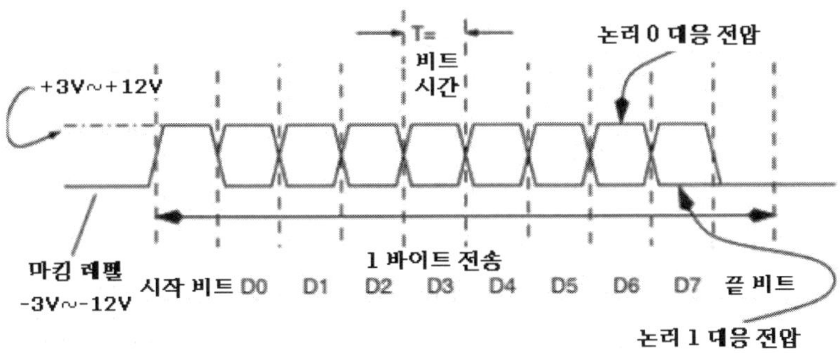

[그림 1.2] RS232C 직렬 전송에서의 전압 레벨 - 파형은 어떠한 패리티 비트가 스톱 비트 없이 예시되었다.

앞의 그림은 RS232C와 호환적인 선로 상에서의 전압 레벨을 예시하지만, RS232C 레벨 컨버터 없이 AVR 디바이스에 연결하는 것도 가능하다. 이 경우 비록 전압 전송이 RS232C와 호환적이지 않지만, 매우 짧은 전선 링크에 대해서는 추천할 만하다. RS232C와의 호환성을 위해서는 다음 표에서 보이는 많은 RS232C 라인 구동/수신 칩 중 하나를 사용할 필요가 있다. 이러한 구동 칩을 사용함으로써 안전하게 15미터까지의 최대 케이블 길이를 연결할 수 있다.

[표 1.1] 몇 가지 RS232C 라인 구동 및 수신 IC들

제조업체	부품 번호	설 명
Maxim	MAX212	저전력, +3V 동작, 3 Tx와 5개 Rx 채널, 120 kbps까지.
Maxim	MAX232	+5V 동작 2Rx, 2Tx 채널
Dallas	DS232	MAX232와 호환
Dallas	DS275	Line powered, 반이중
Intersil	HIN203	캐패시터 불필요, 120kbps까지
Analog Device	ADM232	MAX232 호환

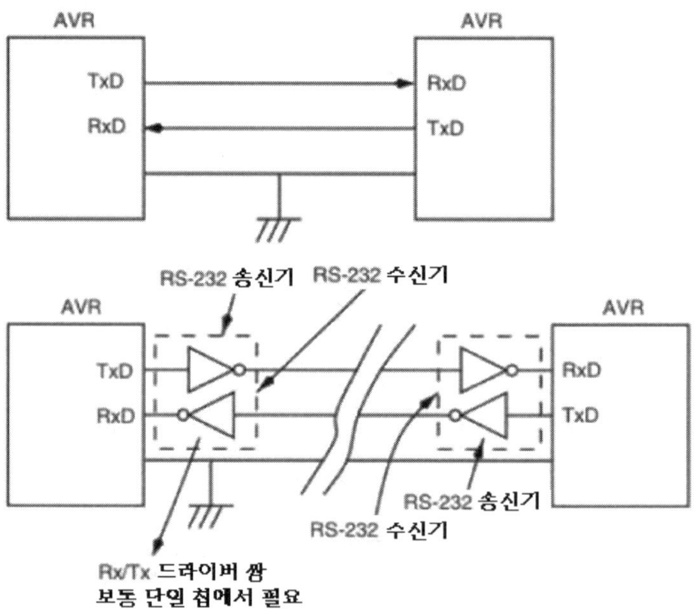

[그림 1.3] AVR 디바이스의 다른 AVR 혹은 다른 직렬 디바이스와 연결

RS232C 표준은 복잡한 표준으로 많은 신호 선을 가지고 있다. 원래 이 표준은 9핀 “D”타입 뿐만 아니라 25핀 “D” 타입 커넥터도 규정한다. 간단한 2중 RS232C 통신 링크를 위해서는 이 신호들 중 TxD, RxD, Gnd만 있으면 된다. 대부분의 제어 칩 또한 TxD와 RxD 신호 라인만을 포함하는 최소 신호 인터페이스로 만들어진다.

두 디바이스 사이의 유연한 데이터 전송을 위해 RS232C 표준은 DTE(Data Terminal Equipment)와 DCE(Data Communication Equipment) 개념을 사용한다. 다음 표에서 언급되는 핀과 기능 이름은 DTE에 준한 것이다. DCE도 동일한 커넥터 핀을 가지는데, 핀의 방향이 반대이다. 따라서 9핀 커넥터의 핀 2는 DTE에서 입력인 RxD인데, DCE로 보이는 9핀 커넥터를 가진 모뎀에서 이 핀은 여전히 RxD이지만, 이는 출력이다.

[표 1.2] RS232C 신호 및 커넥터 핀

25-핀	9-핀	이름 및 기능	방향
1	-	Gnd -	
2	3	TxD, Transmit Data	Out
3	2	RxD, Receive Data	In
4	7	RTS, Request To Send	Out
5	8	CTS, Clear To Send	In
6	6	DSR, Data Set Ready	In
7	5	Gnd -	
8	1	DCD, Data Carrier Detect	In
20	4	DTR, Data Terminal Ready	Out
22	9	RI, Ring Indicator	In

1.2 RS422/423 링크

RS422/423 통신은 RS232C와 비트 로직 레벨이 라인 전압으로 바뀌는 방법, 최대 가능 데이터율, 케이블 길이만 다르다. RS422은 통신을 위해 differential, balanced 프로토콜을 이용하며, 최대 10Mbps까지 그리고 최대 거리 1000 미터까지(최대 속도에서가 아님) 가능하다.

다음 그림은 RS422 링크를 예시한다. 많은 제조업체에서 RS-422 구동 칩을 생산하며, MAX488/490 칩이 좋다.

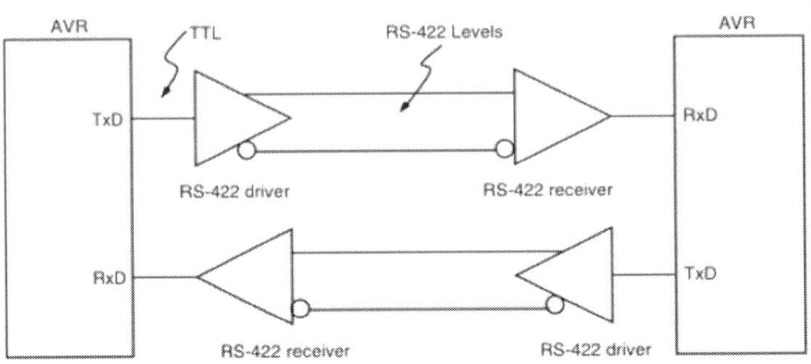

[그림 1.4] RS422 링크를 이용한 AVR 사이의 연결

1.3 RS485 링크

RS485 통신 역시 비트 로직 레벨이 라인 전압으로 바뀌는 방법, 최대 가능 데이터율, 케이블 길이와 트래픽 방향 등에서 RS232C와 다르다. RS485는 통신 버스이며 다중 디바이스가 링크 상에서 통신하는 것을 허용한다. 결과적으로 이것은 반이중 링크인데, 즉 임의의 주어진 시간에 버스 상의 한 디바이스는 데이터를 수신하거나 송신할 수 있다. 아래 그림에서는 여러 AVR 디바이스를 위해 RS485 링크가 구성될 수 있는 방법을 보여준다. 주어진 시간에 AVR 프로세서 중 하나만 송신할 수 있으므로, 나머지 AVR 프로세서들은 수신기로 있어야 한다. 이것을 달성하기 위해 RS485 구동 IC는 수신기 및 송신기를 위한 각각의 인에이블 핀을 가지고 있다. 이 핀들은 AVR 프로세서의 다른 포트 핀에 연결되어, 소프트웨어적으로 AVR이 데이터를 송신할지 수신할지를 결정할 수 있도록 한다.

이는 시스템에 추가적인 소프트웨어 오버헤드를 부가한다. 또한 설계자는 사전에 Power on시 어느 AVR 프로세서가 마스터 프로세서가 될지를 결정해야 한다. 전원이 공급된 후(또는 시스템 리셋 후), 이 AVR 디바이스만 송신기를 인에이블하여 데이터를 버스상으로 보낸다. 나머지 프로세서들은 자신들의 수신기를 인에이블하고 버스로부터 데이터를 수신한다. 버스의 제어(즉 어느 AVR 디바이스가 송신할지)는 이어서 이 AVR 프로세서들 사이에 소프트웨어적으로 전달된다. 그러나, 주어진 시간에 모든 디바이스들에 대해 오직 하나의 AVR만이 송신할 수 있도록 소프트적으로 보장되어야만 한다. 이러한 목적을 위해 여러 프로세서들에 유일한 디바이스 번호를 할당하는 것이 보통이다.

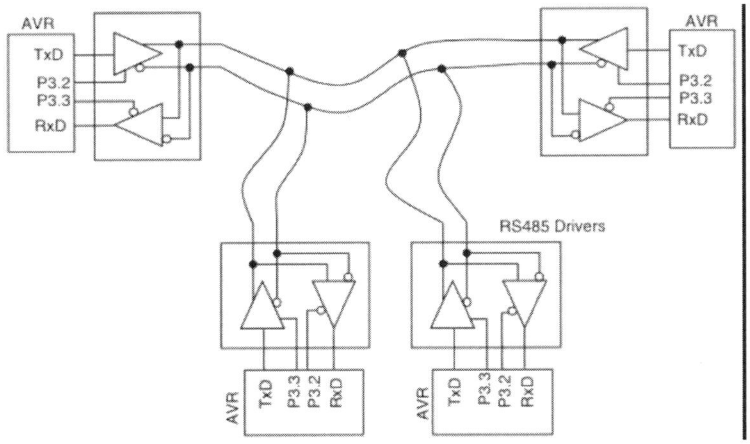

[그림 1.5] 여러 개의 AVR 디바이스를 하나의 RS485 버스에 연결하기

RS485 데이터 속도는 최대 10Mbps, 최대 거리 1000미터까지(최대 속도가 아님) 가능하다. 이것은 또한 버스상에 32개까지의 구동기 및 수신기를 허용한다. MAXIM에서 MAXIM485와 같은 RS485 구동기를 만든다.

2. 하드웨어 연결

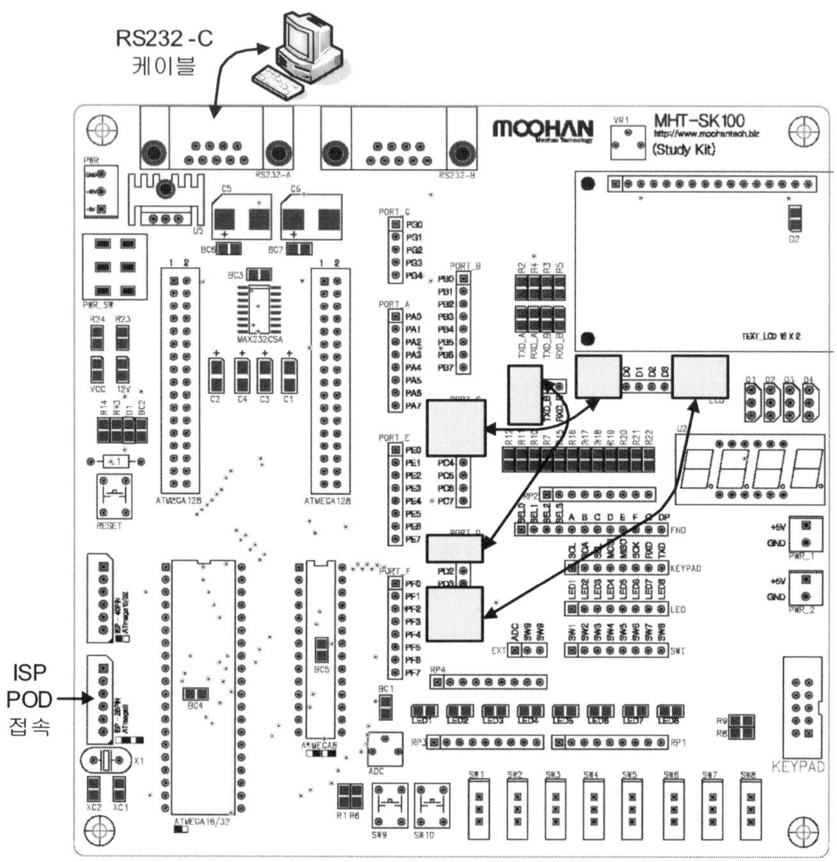

[그림 2.1] UART 실습 케이블 연결

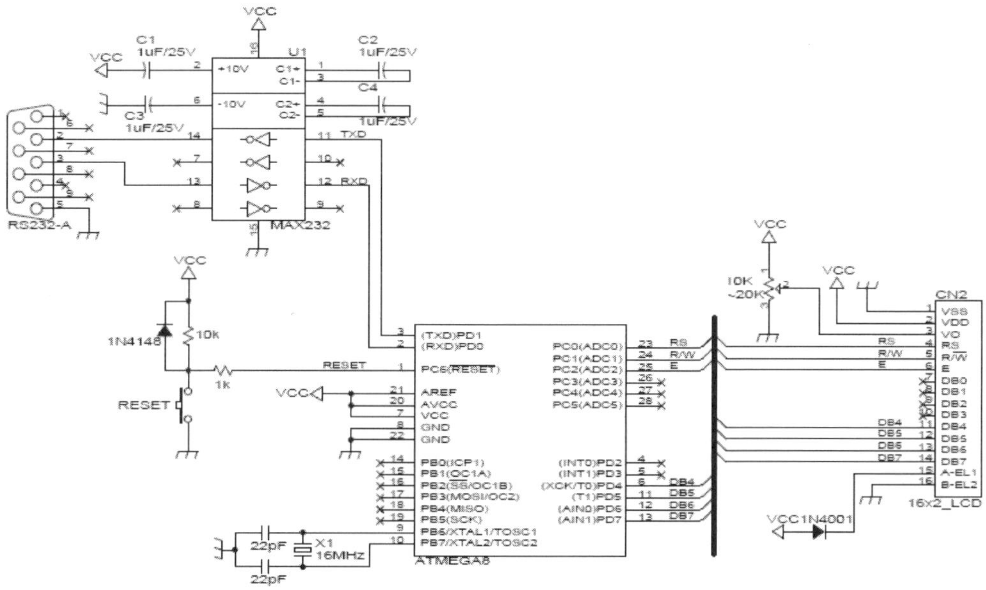

[그림 2.2] UART 실습 회로도 연결

① PD4..7과 LCD:D4..7

② PC0..2와 LCD:RS,RW,E

③ PD0와 RXD0

④ PD1과 TXD0

⑤ RS2320와 PC(RS232-C)

3. 코드 위저드를 이용한 소스 생성

우리가 만들고자 하는 것은 간단하다. 직렬 연결을 통해 PC에서 한 문자를 수신하면 이것을 PC측으로 에코(echo)를 한다. 먼저, CodeVision에서 제공하는 RS232C 라이브러리를 이용하여 소스를 생성한다.

3.1 위저드에 의한 자동 코드 생성

- CodeVisionAVR을 기동한다. 도구바의 "Create new file"을 클릭한다.

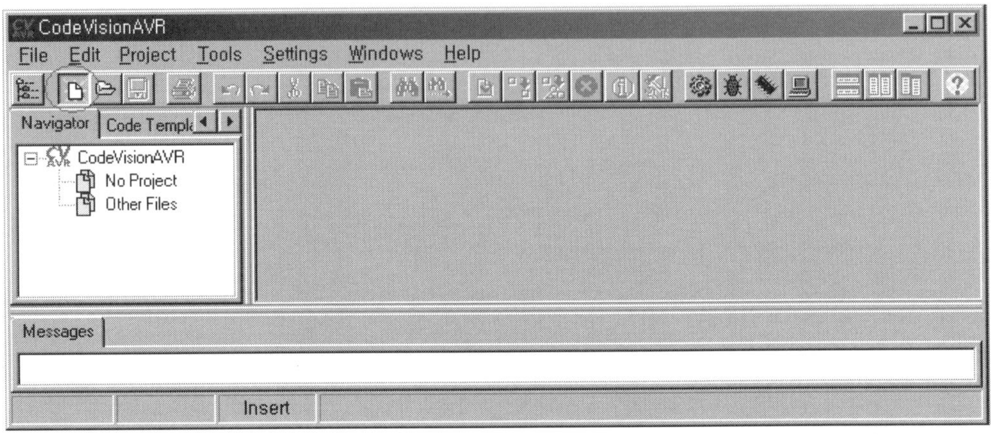

- 팝업 창에서 "Project"를 선택하고 "Ok" 버튼을 클릭한다.

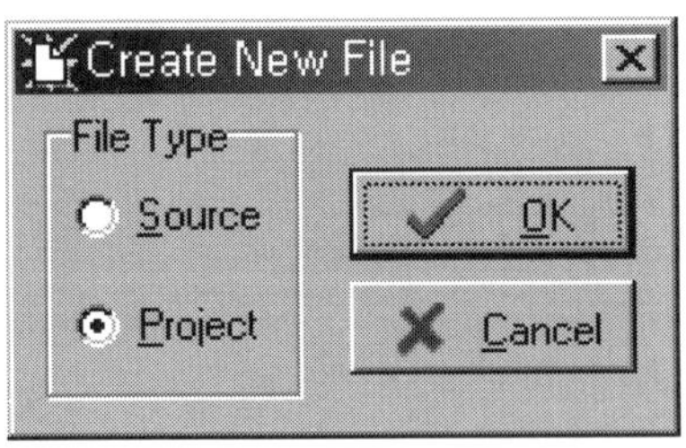

- 확인을 요구하는 팝업 창에서 "Ok" 버튼을 누른다.

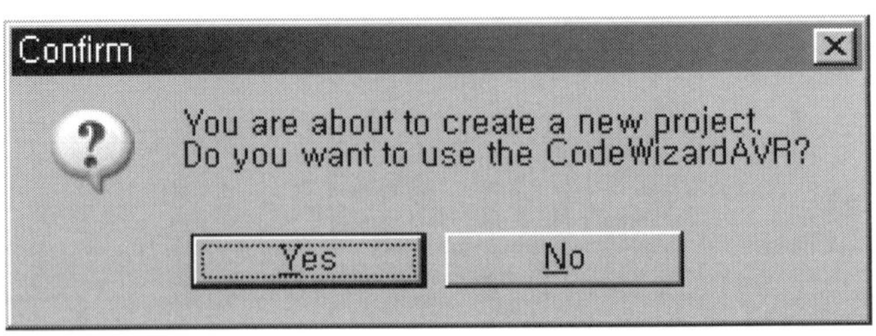

- 팝업되는 CodeWizardAVR에서 Chip 탭의 Chip과 Clock을 맞춘다. 또한 USART

탭에서 Receiver와 Transmitter 항목을 체크한다. 나머지는 그대로 둔다(아래 그림, 왼쪽).

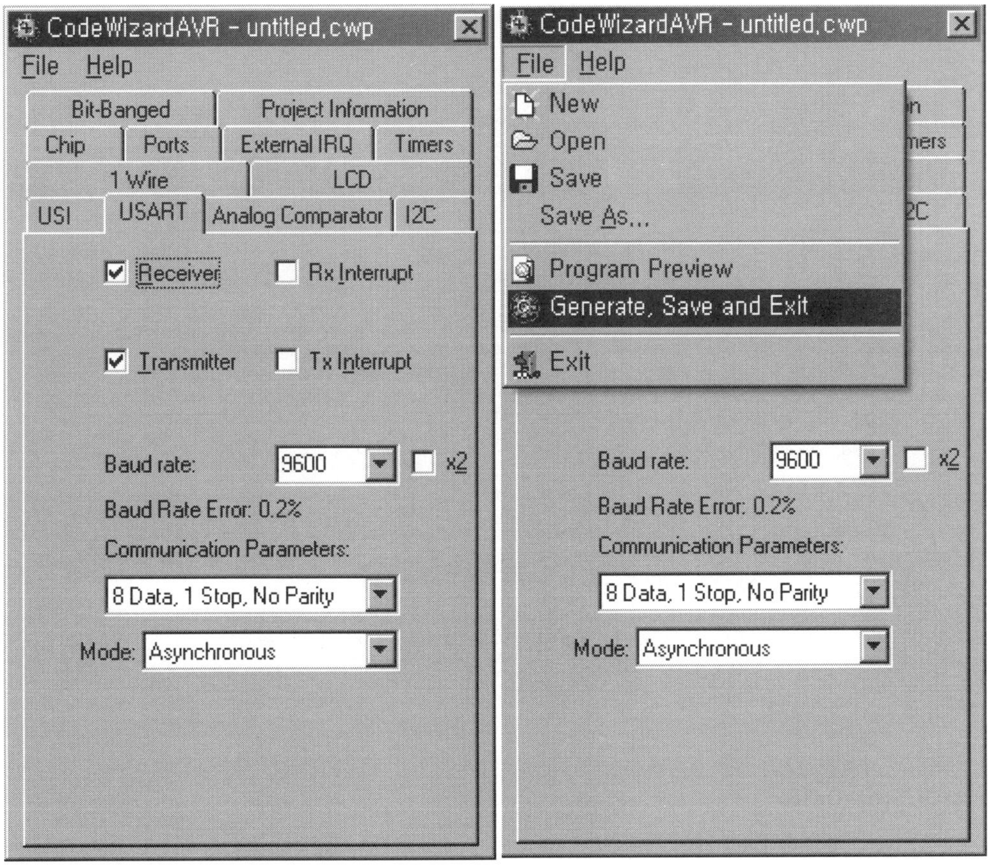

- 메뉴에서 파일을 클릭하고, “Generate, Save and Exit”를 선택한다.(위 그림, 오른쪽)
- C 파일, Prj 파일, cwp 파일 이름을 순서대로, 모두 Serial이라는 이름으로 입력한다.

아래 소스는 코드 위저드에 의해 생성된 소스 중 불필요한 부분을 삭제하고 USART 부분만 남겨놓은 것이다.

```
#include <mega8.h>
void main(void)
{
// USART initialization
// Communication Parameters: 8 Data, 1 Stop, No Parity
// USART Receiver: On
// USART Transmitter: On
// USART Mode: Asynchronous
// USART Baud rate: 9600
UCSRA=0x00;
UCSRB=0x18;
UCSRC=0x86;
UBRRH=0x00;
UBRRL=0x33;

while (1)
      {
      // Place your code here
      };
}
```

- **UCSRA=0x00;**

UCSRA는 송신 및 수신 상태를 보여주는 것으로, 상태를 클리어 하는 데 의미가 있다.

- **UCSRB=0x18;**

UCSRB는 여러 가지 인터럽트의 인에이블, 송수신기 인에이블, 데이터 비트 수 등을 지정한다. 0x18은 송수신기 모두 인에이블하는 것이다.

- **UCSRC=0x86;**

7번째 비트는 UCSRC와 UBRRH 레지스스터 중에서 UCSRC로 접근한다는 뜻이다. 2번째(UCSZ1)와 1번째(UCSZ0) 비트는 UCSRB의 2번째 비트(UCSZ2)와 함께 데이터 길이를 정한다. UCSZ2=0, UCSZ1=UCSZ0 =1은 8비트 데이터 길이를 지정한다. 6번째 비트는 0일 때 비동기, 1일 때 동기를 지정한다. 또한 5번째와 4번째 비트는 패리티 모드인데, 모두 0일 때에는 패리티 비트를 사용하지 않는다. 3번째 비트는 스톱비트 수를 선택하는 것으로, 0일 때 1비트(이 경우), 1일 때 2비트이다.

- UBRRH=0x00;
- UBRRL=0x33;

UBRR은 UBRRH의 하위 4비트와 UBRRL의 8비트로 보율을 지정한다. Fosc=800000, 보율이 9600, 그리고 정규 비동기 방식일 때 설정되는 UBRR 값을 계산해 보면 다음과 같다.

$$UBRR = \frac{f_{osc}}{16BAUD} - 1 = \frac{8000000}{16 \times 9600} - 1 = 51 = 33_{16}$$

3.2 직렬 라이브러리

앞의 소스를 편집하여 원하는 기능을 작성한다. 이를 위해 모듈 설계를 먼저 한다. 우선, USART 통신 방식이 너무나 다양하기 때문에, 보편적인 것을 지향하고 꼭 필요한 것만 파라미터화하는 것이 좋을 것이다. 다음은 앞으로 만들 라이브러리에서 기본으로 가정한다.

· 비동기

· 8비트, 1 스톱 비트

USART와 관련하여 필요한 기능은 다음과 같다.

· USART 초기화 : 보 율, 패리티, 수신 이벤트 핸들러

· 송신(쓰기) – 문자, 문자열

· 수신(읽기) – 문자, 문자열

· 시간 제한 읽기 – 문자, 문자열

[uart.h]

```
#ifndef __UART_HEADER___
#define __UART_HEADER___

#include "../inc/macros.h"
```

```
#define UART_TIME_UNIT     10     //-- ms
#define UART_TIME_DEFAULT 1000

//-- => uart_parity(p)
#define UART_PAR_NO       0x00
#define UART_PAR_EVEN     0x20
#define UART_PAR_ODD      0x30

void (*uart_get_client)(BYTE c); //-- 수신 이벤트 핸들러

//-- macro functions
#define uart_set_parity(p)        (UCSRC = ((UCSRC&0b11001111) | p))
#define uart_ready_put()          (UCSRA.5==1)
#define uart_ready_get()          (UCSRA.7==1)
#define uart_err_parity()         (UCSRA.2==1)

void uart_set_baud(int baud)      //-- Set BAUD rate
{
   int ubrr;
   ubrr = F_CPU/16/baud - 1;
   UBRRH = (BYTE)(ubrr >> 8);
   UBRRL = (BYTE)ubrr;
}

void uart_init(int baud, int par, void (*pf_get)(BYTE)) //-- Init UART -
Async, 8bit, 1 stop
{  //-- baud: Baud Rate, par: Parity(UART_PAR_[NO|EVEN|ODD])
//--     pf_get: Client Function on get(NO use: 0).
   UCSRA = 0x00;
UCSRB = pf_get ? 0x98:0x18;
UCSRC=0x86;
   uart_set_baud(baud);
   uart_set_parity(par);
   uart_get_client = pf_get;
}

void uart_putc(BYTE data)         //-- Put char to uart
{  //--          data: char to put
   while(!uart_ready_put()) ;
   UDR = data;
}

void uart_puts(const char *str) //-- Put str to uart
{  //--          str: string to put
```

```
while(*str)
        uart_putc(*str++);
}

char uart_getc(void) //-- Get char from uart
{  //-- Rtn: get-char
   while(!uart_ready_get()) ;
   return UDR;
}

void uart_gets(char *rec, int len) //-- Get str from uart
{  //-- rec: get str buffer, len: maximum str len
while(len--)
if( (*rec=uart_getc()) == '\0')
        break;
else
        ++rec;
}

char uart_getc_time(int t) //-- Timed getc from uart
{  //-- t: timeout <ms>, Rtn: get-char / 0 if timeout
if(t==0)
        t = UART_TIME_DEFAULT;
   while(!uart_ready_get() && t > 0)
        t -= UART_TIME_UNIT;
return t>0? UDR : 0;
}

void uart_gets_time(char *rec, int len, int t) //-- Timed gets from uart
{  //-- rec: get str buffer, len: maximum str len, t: timeout <ms>
while(len--)
if( (*rec=uart_getc_time(t)) == '\0')
        break;
else
        rec++;
}

interrupt [USART_RXC] void USART_RXC_isr(void) //-- RXC isr
{  //-- It executes the user-defined client function.
if(uart_get_client)
        uart_get_client(UDR);
}
#endif
```

[프로그램 41-1] UART 에코 통신

```
#include <mega8.h>
#include <delay.h>
#include "../inc/macros.h"
#include "../inc/uart.h"

void echo(BYTE c) { uart_putc(c); } //-- RXC isr에서 호출하는 함수
void main(void)
{   //-- 9600 bps, No parity, & event handler client function - echo()
uart_init(9600, UART_PAR_NO, echo);
enable_interrupt();    //-- For getting echo() to be effective, enable
interrupt.
while (1)  {}
}
```

• **실행**

앞의 소스를 컴파일하고 AVR 칩에 프로그램한다. 다음에 도구바의 “Run the terminal”을 클릭하여 가상 터미널을 실행시킨다.

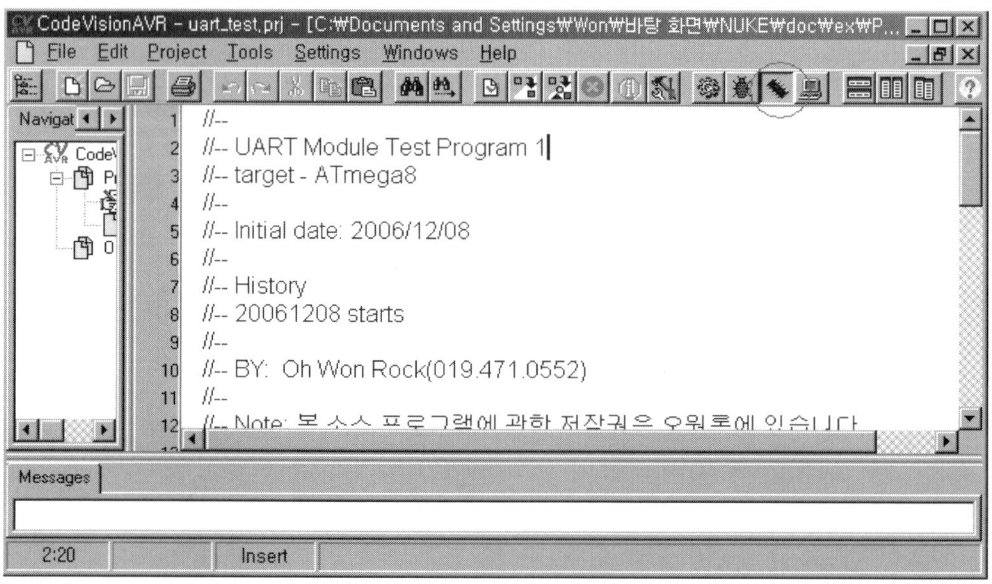

다음에 화면의 터미털 창에 문자를 입력해서 에코를 확인한다. 즉 각 문자가 두

번씩(입력한 것과 AVR에서 받은 것) 화면에 보이면 성공한 것이다. 에코가 되지 않으면 하드웨어 연결이나 프로그램이 잘못된 것이다.

연습문제

다음 문제들에 대한 설명과 실험실습 결과를 실험 결과 보고서와 함께 제출하시오.

① Atmega8.h를 보고, USART 관련 인터럽트 벡터들을 살펴보시오. 이 중 어떤 것을USART_RXC처럼 UART 라이브러리에서 이벤트 핸들러로 만드는 것이 좋은지 검토하시오.

② 구구단 학습 프로그램을 만드시오. RS232C로 다음과 같은 두 자리의 수(11~99)를 입력 받으면

23

다음과 같은 결과를 RS232로 내보낸다.

2x3=6

제 3 장 SPI 통신

1. SPI 통신과 레지스터
2. 하드웨어 연결
3. SPI 라이브러리
4. 마스터 · 슬레이브 프로그램

✓ 이 장의 목표

· SPI 통신에 대해 이해한다.

· SPI 단방향 통신 프로그램을 작성할 수 있다.

✓ 들어 가기에 앞서

· 제1장의 SPI 통신을 다시 한번 숙지한다.

✓ 하드웨어 준비(2 세트)

· MHT-SK100 x 2

1. SPI 통신과 레지스터

UART가 비동기 통신을 지원하지만, 두 MCU 사이에 고속(Mbps)의 통신이 필요한 경우가 있다. 이럴 때 고속의 SPI 버스가 바람직하다.

SPI 시스템은 하나의 마스터 디바이스와 하나 이상의 슬레이브들로 구성된다. 마스터는 SPI 클럭을 제공하는 마이크로컴퓨터로 정의되며, 슬레이브는 마스터로부터 SPI 클럭을 받는 임의의 집적회로로 정의된다.

SPI는 4선의 동기 직렬 인터페이스를 가진다. 데이터 통신은 low active 슬레이브 선택 혹은 칩 선택선(CSB)에 의해 인에이블된다. 데이터는 직렬 데이터 입력(MOSI), 직렬 데이터 출력(MISO), 그리고 직렬 클럭(SCK)로 구성되는 3선에 의해 전송된다.

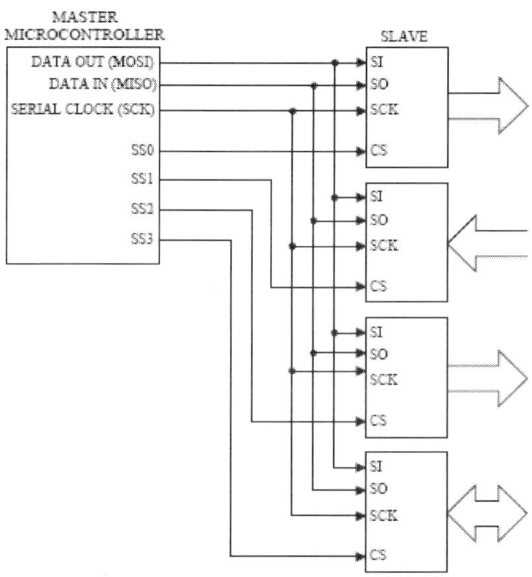

[그림 1.1] 전형적인 SPI 연결

1.1 SPI 관련 레지스터

디바이스끼리 SPI 연결 상태에서 데이터의 흐름에 따라, 해당 포트 핀들의 입·출력을 설정한다.

[표 1.1] SPI 핀 연결

핀 이름	마스터	슬레이브
MOSI	출력	입력
MISO	입력	출력
SCK	출력	입력
SS	입력(1)	입력(0)

슬레이브가 한 개인 경우, SS를 항상 선택 상태로 놓아도 무관하다. 마스터나 슬레이브의 SS 상태를 하드웨어적으로 고정하거나(각각 VCC, GND에 연결), 다른 출력핀에 의해 상태가 정해져야 한다.

SPI 제어 레지스터(SPCR)는 다음과 같은 SPI 관련 항목들을 설정한다.

- **Clock Rate(SPR0..1)**

마스터 모드에서 SPI 클럭(SCK)을 제공하며, Clock Rate에서는 CPU 클럭을 얼마로 분배하여 SPI 클럭으로 쓸 것인지를 지정한다. 슬레이브에서는 SCK 라인을 통해 마스터로부터 클럭을 입력하게 된다.

- **Clock Phase and Polarity(CPHA, CPOL)**

SPI 클럭의 위상과 극성을 정한다. 자세한 사항은 제0장을 참조할 것.

- **Master/Slave 구분(MSTR)**

이 비트가 1이면 마스터이고, 2이면 슬레이브이다.

- **Data 순서(DORD)**

데이터 전송 순서를 정한다. 이 비트가 1이면 LSB 먼저이고, 0이면 MSB 먼저이다.

- **SPI 인에이블(SPE)**

SPI 기능을 인에이블한다.

- **SPI 인터럽트 인에이블(SPIE)**

SPI 인터럽트 서비스를 이용하기 위해서는 SPI 인터럽트가 인에이블되고 SREG 안의 전역 인터럽트 인에이블 비트가 설정되어 있어야 한다.

SPI를 통해 데이터를 송신하거나 수신할 때에는 SPI 상태 레지스터(SPSR)의 인터럽트 플래그(SPIF)와 SPI 데이터 레지스터(SPDR)를 이용한다. SPIF는 직렬 전송이 완료되었을 때 설정된다. 데이터를 보낼 때에는 SPDR에 보낼 문자를 대입 연산자에 의해 쓰고, SPIF가 설정될 때까지(직렬 전송이 완료될 때까지) 기다린다. 데이터를 수신할 때에는 SPIF가 설정될 때까지 기다렸다가 SPDR에서 대입 연산자에 의해 한 문자를 읽는다.

이렇게 SPIF 플래그와 SPDR에 의해 송신 및 수신을 모두 처리하기 때문에, 마스터와 두 디바이스간 통신은 반이중 방식에 의해 이루어지게 되며, 이를 위한 프로토콜이 프로그램되어야 한다.

2. 하드웨어 연결

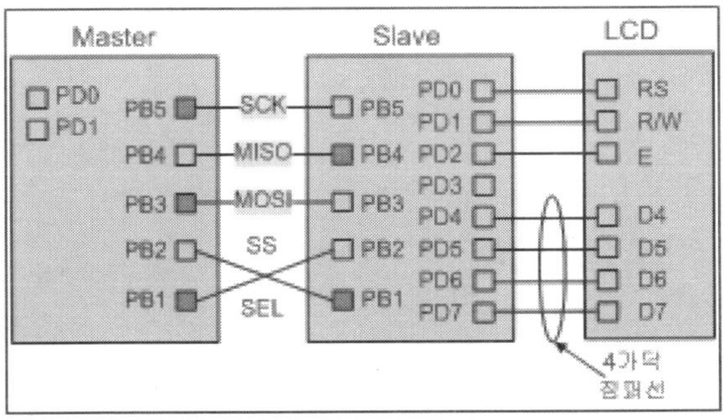

여기서는 두 개의 키트의 MCU(하나를 마스터, 다른 하나를 슬레이브라고 부른다)를 SPI로 연결한다. 마스터는 단지 슬레이브에 SPI 연결만 되어 있고, 슬레이브는 LCD 모듈이 함께 연결되어 있다. 마스터 측에서는 SPI를 통해 슬레이브로 0~255까지의 2진수 문자열을 지속적으로 보낸다. 그러면 슬레이브 측에서는 받아들인 문자열을 널 문자에 의해 분리하여 첫 줄과 둘째 줄에 번갈아 표시한다. SPI 연결은 SCK, MISO, MOSI끼리 연결되고, SS는 SEL로 정의된 출력핀에 연결된다.

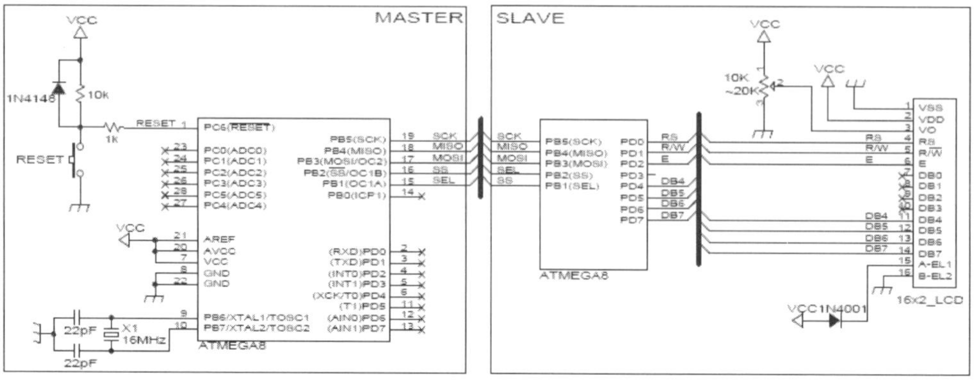

[그림 2.1] SPI 통신 실습 회로도 연결

3. SPI 라이브러리

[../inc/spi.h]

```
#ifndef __SPI________
#define __SPI________
#include "../inc/regaddr.h"

//-- PIN Definitions @UpdateMe
#if defined (_MEGA8_INCLUDED_)
#define SPIaddr PORT_ADDR_B
#define P_SEL     1
#define P_SS      2
#define P_MOSI    3
#define P_MISO    4
#define P_SCK     5
#endif

//-- SPCR/ SPI Control Register
#define SPR0      0         //-- SPI Clock Rate Select 0
#define SPR1      1         //-- SPI Clock Rate Select 1
#define CPHA      2         //-- Clock Phase
#define CPOL      3         //-- Clock Polarity
#define MSTR      4         //-- Master/Slave Select
#define DORD      5         //-- Data Order
```

```
#define SPE      6        //-- SPI Enable
#define SPIE     7        //-- SPI Interrupt Enable

BYTE SPCRmaster = 0xd3;//1<<SPIE | 1<<SPE | 1<<MSTR | 0x03;
BYTE SPCRslave = 0xc0; //1<<SPIE | 1<<SPE;

//-- SPSR/ SPI 상태 레지스터
#define SPI2X    0        //-- Double SPI Speed Bit
#define WCOL     6        //-- Write COLision Flag
#define SPIF     7        //-- SPI Interupt Flag

void (*spi_client)(BYTE c) = 0;  //-- SPI 이벤트 핸들러(c: 송/수신 문자)

BYTE SPIspcr_save;
#define SPIcei() (SPIspcr_save=SPCR, SPCR &= ~(1<<SPIE)) //-- clear ...
#define SPIrei() (SPCR=SPIspcr_save) //-- restore enable interrupt
#define SPIsei() (SPCR |= 1<<SPIE)  //-- set enable interrupt

BOOL SPImode = 1;         //-- 0: Slave, 1:Master
BYTE SPImask =  1<<P_SEL|1<<P_SS|1<<P_MOSI|1<<P_MISO|1<<P_SCK;

void SPIEvent(void (*p)(BYTE c)) { spi_client = p; }//-- Event Handler 설정

void SPImaster()          //-- SPI 초기화 - 마스터 모드
{
  DDR(SPIaddr)  = (DDR(SPIaddr) | SPImask)& (~((1<<P_MISO) | (1<<P_SS)));
  PORT(SPIaddr) = (PORT(SPIaddr)|SPImask) & (~(1<<P_SEL));
  while(!CheckBit(PIN(SPIaddr), P_SS))
     ;
  SPCR = SPCRmaster;
  SPImode = TRUE;
}
void SPIswitchMaster()   //-- Slave => Master
{
  SPCR &= ~((1<<SPIE)|(1<<SPE));
  PORT(SPIaddr) &= ~(1<<P_SEL);
  while(!CheckBit(PIN(SPIaddr), P_SS))
     ;
  SPImaster();
}
void SPIslave(void)                //-- SPI 초기화 - 슬레이브 모드
{
  DDR(SPIaddr)  =  (DDR(SPIaddr)  |  SPImask)  &  (~((1<<P_MOSI)  |
(1<<P_SS)|(1<<P_SCK)));
```

```
    PORT(SPIaddr) = PORT(SPIaddr) | SPImask;
    SPCR = SPCRslave;
    SPImode = FALSE;
}
void SPIputc(BYTE data)             //-- 문자 송출
{
    if(!CheckBit(SPCR, MSTR))       //-- 슬레이브 모드?
SPIswitchMaster();                  //-- 먼저 마스터 모드로 변경
    SPDR = data;                    //-- 데이터 송출
    while(!CheckBit(SPSR, SPIF))    //-- 데이터가 모두 시프트될 때까지 대기
        ;
}
//-- Send string through SPI, perform Master/Slave switch if SPI is in slave
mode
void SPIputs(const char *str)
{
    if(!CheckBit(SPCR, MSTR))       //-- Slave Mode?
        SPIswitchMaster();
    SPIcei();                       //-- 인터럽트 일시 중지
    do                              //-- 다 보낼 때까지는..
    {
        SPDR = *str;
        while(!CheckBit(SPSR, SPIF))
            ;
    }
    while (*str++);
    SPIrei();               //-- 인터럽트 상태 복구
}
interrupt [SPI_STC] void SPI_STC_isr(void) //-- SPI isr
{
    if(!CheckBit(SPCR, MSTR))       //--전송 완료가 아니면
    {
        if(!SPImode)                //-- 수신 완료
        {
            if(spi_client)
                spi_client(SPDR);
        }
        else                //-- 마스터에서 슬레이브로 상태 천이
        {
            SPCR &= ~((1<<SPIE)|(1<<SPE));
            SPIslave();
        }
    }
}
```

```
#endif
```

4. 마스터 · 슬레이브 프로그램

마스터 측에서는 단지 0~255의 수를 2진 문자열로 변환하여 반복해서 SPI로 송신한다. 프로그램이 무척 간단하다.

spi.h를 인클루드(include) 하기 전에 SPI_MASTER를 정의하여 마스터로 동작함을 선언한다. trans(msg) 함수에서 널로 끝나는 문자열 메시지를 SPIputc 기능을 이용하여 송신한다.

[프로그램 42-1m] SPI 테스트 - 마스터

```
#include <mega8.h>
#include <delay.h>
#include <stdlib.h>

#include "../inc/macros.h"
#include "../inc/utils.h"

#define SPI_MASTER        //-- 초기 모드를 마스터로
#include "../inc/spi.h"

void trans(char *msg)     //-- 널 문자까지 전송
{
do { SPIputc(*msg); }
while(*msg++);
}

void main(void)
{
BYTE i;
char buf[10];
char *p;

SPImaster();
```

```
while (1)
   {
      for(i = 0; i < 256; ++i)
      {
         byte2bin(buf, i);
          trans(buf);
          delay_ms(100);
}
};
}
```

슬레이브 측에서는 인터럽트 서비스 처리 함수(클라이언트)에서 들어온 데이터를 처리하는 구조이다. 들어온 데이터를 널 문자를 만날 때까지 버퍼에 저장하였다가, LCD 모듈에 라인을 번갈아 가며 표시한다. 이 프로그램은 슬레이브 모드로 동작하기 때문에 SPI_MASTER를 정의하지 않는다.

[프로그램 42-1s] 슬레이브: 마스터로부터의 데이터 출력

```
#include <mega8.h>
#include <delay.h>
#include "../inc/macros.h"
#include "../inc/utils.h"
#include "../inc/lcd.h"
#include "../inc/spi.h"

char buf[100];
char *pBuf;
int y = 0;

void spiClient(BYTE c)
{
   *pBuf = c;
   if(!c)
   {
      LCD_cline(y);
      LCD_puts(buf);
      pBuf = buf;
      y = (y+1)%2;
   }
```

```
    else
        ++pBuf;
}

void main(void)
{
    char c;
    char *msg = "Hello";
    pBuf = buf;

    LCD_init(PORT_ADDR_D, 16, 2);
    LCD_puts(msg);
    SPIEvent(spiClient);
    SPIslave();

    enable_interrupt();
    while (1)  { };
}
```

연습 문제

다음 문제들에 대한 설명과 실험실습 결과를 실험 결과 보고서와 함께 제출하시오.

① 예제 프로그램에서, 2진수 뿐만 아니라 10진수, 16진수, 8진수를 송신하도록 마스터 프로그램을 수정하시오.

② 슬레이브 프로그램을, 인터럽트 서비스 루틴을 이용하지 않고 수신 데이터를 메인 함수에서 LCD 모듈에 표시하도록 변경하시오. 인터럽트 서비스 루틴을 사용하는 이유는 어디에 있는가?

제 4 장 양방향 SPI 통신

1. 양방향 SPI 통신 개념
2. 하드웨어 연결
3. SPI 라이브러리 설명
4. 마스터 · 슬레이브 프로그램

✓ 이 장의 목표

· SPI 양방향 통신 프로그램을 작성할 수 있다.

✓ 들어가기에 앞서

· 앞장의 SPI 통신을 다시 한번 숙지한다.

✓ 하드웨어 준비(2 세트)

· 앞 장과 동일

1. 양방향 SPI 통신 개념

UART가 비동기 통신을 지원하지만, 두 마이크로콘트롤러 사이에서 고속(Mbps)의 통신이 바람직한 경우(2중 콘트롤러 시스템)가 있다. 이러한 종류의 어플레케이션에서 고속인 SPI 버스는 훌륭한 솔루션으로 보이지만, 여기에는 다음과 같은 몇 가지 제한이 있다.

- SPI 인터페이스는 동기식 데이터 버스이며, 데이터 전달은 SPI 버스 마스터에 의해 기동된다.
- 데이터 전송은 슬레이브에 의해 기동될 수 없다.
- 슬레이브로부터 마스터로의 데이터 전송은 마스터가 슬레이브에 쓰고 있는 동안에만 가능하다.

본 장에서는 두 AVR MCU간의 인터럽트 구동 방식의 고속 비동기 반이중 통신을 구현한다.

1.1 마스터/슬레이브 스위치

마스터의 SS 핀 상태가 low로 되면 인터럽트가 발생한다. 따라서 슬레이브 측에서 마스터의 SS 핀 상태를 low로 만들면 마스터에서는 인터럽트 서비스 루틴에서 스레이브로 모드 변경이 가능하다.

SPI 슬레이브로부터 SPI 마스터로 데이터를 보내기 위해서 SPI 디바이스 중 하나가 다른 쪽에 데이터를 전송하고자 할 때마다 마스터/슬레이브 스위치가 실행된다. 통신은 반이중 방식이다.

두 개의 디바이스 사이의 연결은 앞장과 동일하다.

두 개의 AVR은 SS 핀이 다른 쪽의 출력 핀(SEL)에 연결된다. 초기에 두 콘트롤러 중 하나는 마스터 모드, 그리고 다른 하나는 슬레이브 모드이다. 마스터 콘트롤러는 SS가 출력으로 구성되며, 따라서 마스터/슬레이브 스위치는 불가능하다. 마스터 콘트롤러는 슬레이브 콘트롤러의 SS를 low로 유지하게 된다. 슬레이브 콘트롤러는 마스터의 SS를 high로 유지한다. 마스터에서 슬레이브로의 첫 메시지를 전송한 후, 마스터 콘트롤러는 자신의 SS를 입력으로 구성함으로써 슬레이브 콘트롤러가 마스터의 SS 핀을 low로 할 때 마스터/슬레이브 역할 스위치를 가능케 한다.

마스터/슬레이브 스위치 메커니즘은 인터럽트 구동 방식이며, 따라서 MCU에 대한 추가 부하(대기 루프)가 필요 없다. 데이터 전송은 SPIputc(BYTE data) 함수에 의해 기동되는데, 이 함수에서는 SPI 포트가 마스터 모드인지 체크한다. 마스터 모드이면 데이터 바이트를 SPDR에 넣는다.

만일 SPI 포트가 슬레이브 모드이면, SPIputc(BYTE data) 함수는 다른 콘트롤러의 SS 핀을 low로 만들고 마스터/슬레이브 천이를 시작하게 된다.

콘트롤러가 모드를 스위치하는 동안 SPI 인터페이스는 디스에이블 된다. 콘트롤러가 슬레이브 모드에 있을 때, 역할 스위치를 시작한 콘트롤러의 SS 핀을 high로 만들게 된다. 이것이 알려지고 마스터 모드에서 SPI 인터페이스는 다시 인에이블 되고, 데이터 송신이 시작된다.

콘트롤러가 마스터 모드에 있고 메시지를 전송하고 있을 때, 이것은 SS 핀은 출력으로 구성되어 있으며, 따라서 전송 중 갑작스런 마스터/슬레이브 스위치는 발생할 수 없다. 마스터/슬레이브 스위치는 메시지 전체를 전송한 후 인에이블 된다.

전송중이 아니고 마스터 모드일 때, 전송 완료 인터럽트는 역할 스위치 요구를 신호하게 되며, 따라서 SPI 인터페이스는 디스에이블(disable) 되고 슬레이브로 재구성된 후 다시 인에이블 된다.

SPI 인터페이스가 슬레이브 모드이면 전송 완료 인터럽트는 메시지 바이트의 수신을 신호하며, 따라서 SPDR 내용이 버퍼에 적재되게 된다.

이 메커니즘에 의해 고속의 비동기 반이중 양방향 데이터 전송이 동기식 SPI 버스를 통해 수행된다.

2. 하드웨어 연결

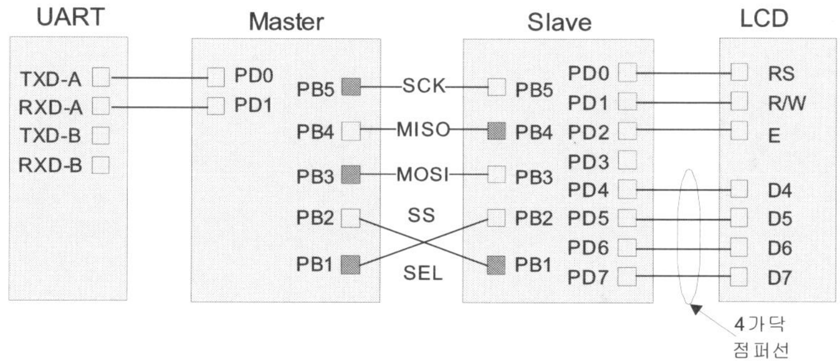

[그림 2.1] Master/Slave 스위치 방식 SPI 테스트 회로 구성

여기서는 두 개의 MCU(마스터, 슬레이브)를 SPI로 연결한다. 두 MCU간 연결은 앞 절의 그림과 동일하고, 마스터에는 RS232 회로를 추가하며, RS232-A를 PC와 연결하고, 또한 슬레이브에는 LCD 모듈을 연결한다.

3. SPI 라이브러리 설명

앞 장에서는 마스터-슬레이브간 단방향 통신의 예를 들어 봤는데, 본 장에서는 양방향 통신을 해야 하기 때문에 spi.h 라이브러리에 대한 개략적인 설명이 필요하다.

라이브러리 spi.h는 두 개의 AVR간 SPI 통신을 반이중 통신 방식으로 구현한다. 그러나 다수의 슬레이브를 가지는 시스템의 경우에는 성형(star) 토폴로지의 네트워크를 구성하고, 하나의 주 AVR에서 나머지 각각의 AVR에 대한 선택선(SEL)을 연결한 후 폴링 방식의 프로토콜을 작성해야 할 텐데, 이 때에도 본 라이브러리는 약간의 수정을 통해 이용 가능할 것이다.

- 매크로 및 변수

```
//-- PIN Definitions @UpdateMe
#if defined (_MEGA8_INCLUDED_)
#define SPIaddr PORT_ADDR_B
#define P_SEL    1
#define P_SS     2
#define P_MOSI   3
#define P_MISO   4
#define P_SCK    5
#endif

//-- SPCR/ SPI Control Register
#define SPR0     0        //-- SPI Clock Rate Select 0
#define SPR1     1        //-- SPI Clock Rate Select 1
#define CPHA     2        //-- Clock Phase
#define CPOL     3        //-- Clock Polarity
#define MSTR     4        //-- Master/Slave Select
#define DORD     5        //-- Data Order
#define SPE      6        //-- SPI Enable
#define SPIE     7        //-- SPI Interrupt Enable

BYTE SPCRmaster = 0xd3;//1<<SPIE | 1<<SPE | 1<<MSTR | 0x03;
BYTE SPCRslave = 0xc0; //1<<SPIE | 1<<SPE;

//-- SPSR/ SPI 상태 레지스터
#define SPI2X    0        //-- Double SPI Speed Bit
#define WCOL     6        //-- Write COLision Flag
#define SPIF     7        //-- SPI Interupt Flag

//-- SPI Event Haldler
//-- c: transmit/receive data
void (*spi_client)(BYTE c) = 0;

BYTE SPIspcr_save;
#define SPIcei() (SPIspcr_save=SPCR, SPCR &= ~(1<<SPIE)) //-- clear ...
#define SPIrei() (SPCR=SPIspcr_save) //-- restore enable interrupt
#define SPIsei() (SPCR |= 1<<SPIE)   //-- set enable interrupt

BOOL SPImode = 1;         //-- 0: Slave, 1:Master
BYTE SPImask =  1<<P_SEL|1<<P_SS|1<<P_MOSI|1<<P_MISO|1<<P_SCK;
```

• P_SEL

다른 쪽 AVR의 SS와 연결되는 핀 번호로, 1번(PB1)을 이용한다. 다른 SPI 용 핀과 같은 포트의 핀을 이용하는 것으로 가정하였다. 따라서 다른 포트의 핀을 SEL 선으로 사용한다면, 관련 코드를 수정하여야 한다.

• SPCRmaster, SPCRslave

SPI를 초기화할 때 각각 마스터 모드, 슬레이브 모드에 대한 SPCR 설정값이다. 커스터마이징이 필요하면 이 값을 바꿔 준다.

• spi_client(BYTE c)

문자를 수신할 때 ISR에 의해 호출되는 클라이언트 함수. SPIEvent() 함수에 의해 설정된다.

• SPIsei(), SPIrei(), SPIcei()

SPI 인터럽트를 허용, 복구, 금지한다. 데이터 전송을 시작할 때, 도중에 슬레이브로 스위치되는 것을 원하지 않을 때 이 함수들을 이용한다.

• SPImode

현재 마스터 모드인가, 슬레이브 모드인가를 나타낸다.

• 초기화

```
//-- Event Handler 설정
void SPIEvent(void (*p)(BYTE c)) { spi_client = p; }
void SPImaster()                         //-- SPI 초기화 - 마스터 모드
{
   DDR(SPIaddr)  = (DDR(SPIaddr) | SPImask)& (~((1<<P_MISO) | (1<<P_SS)));
   PORT(SPIaddr) = (PORT(SPIaddr)|SPImask) & (~(1<<P_SEL));
   while(!CheckBit(PIN(SPIaddr), P_SS))
      ;
   SPCR = SPCRmaster;
   SPImode = TRUE;
}
```

```
void SPIswitchMaster()                          //-- Slave => Master
{
   SPCR &= ~((1<<SPIE)|(1<<SPE));
   PORT(SPIaddr) &= ~(1<<P_SEL);
   while(!CheckBit(PIN(SPIaddr), P_SS))
      ;
   SPImaster();
}

void SPIslave(void)                                    //-- SPI 초기화 - 슬레이브
모드
{
   DDR(SPIaddr)  =  (DDR(SPIaddr)  |  SPImask)  &  (~((1<<P_MOSI)  |
(1<<P_SS)|(1<<P_SCK)));
   PORT(SPIaddr) = PORT(SPIaddr) | SPImask;
   SPCR = SPCRslave;
   SPImode = FALSE;
}
```

- void SPIEvent(void (*p)(BYTE c))

수신 문자 처리 클라이언트 함수를 설정한다.

- void SPImaster(void)

프로그램 초기에 마스터 모드로 초기화할 때 호출한다.

- void SPIswitchMaster()

슬레이브 모드에서 마스터 모드로 변경한다.

- void SPIslave(void)

슬레이브 모드로 초기화한다. 프로그램 초기에 사용한다.

- 송신

```
void SPIputc(BYTE data)             //-- 문자 송출
{
```

```
   if(!CheckBit(SPCR, MSTR))       //-- 슬레이브 모드?
         SPIswitchMaster();        //-- 먼저 마스터 모드로 변경
   SPDR = data;                    //-- 데이터 송출
   while(!CheckBit(SPSR, SPIF)) //-- 데이터가 모두 시프트될 때까지 대기
      ;
}
//-- Send string through SPI, perform Master/Slave switch if SPI is in slave
mode
void SPIputs(const char *str)
{
   if(!CheckBit(SPCR, MSTR))       //-- Slave Mode?
      SPIswitchMaster();
   SPIcei();                       //-- 인터럽트 일시 중지
   do {                            //-- 다 보낼 때까지는..
      SPDR = *str;
      while(!CheckBit(SPSR, SPIF))
         ;
   }
   while (*str++);
   SPIrei();                       //-- 인터럽트 상태 복구
}
```

- void SPIputc(BYTE data)

한 문자를 SPI로 보낸다. 슬레이브이면 먼저 마스터로 전환한다.

- void SPIputs(const char *str)

문자열을 SPI로 보낸다. 슬레이브이면 먼저 마스터로 전환한다. 문자열을 다 보낼 때까지는 슬레이브로 전환하지 않는다.

- **인터럽트 처리 루틴**

```
interrupt [SPI_STC] void SPI_STC_isr(void) //-- SPI isr
{
   if(!CheckBit(SPCR, MSTR))       //--전송 완료가 아니면
   {
      if(!SPImode)       {                 //-- 수신 완료
         if(spi_client)
            spi_client(SPDR);
      } else  {                    //-- 마스터에서 슬레이브로 상태 천이
```

```
        SPCR &= ~((1<<SPIE)|(1<<SPE));
        SPIslave();
      }
   }
}
#endif
```

- 수신 완료 시 클라이언트 함수를 호출. 마스터에서 슬레이브로 변경되었으면 SPIslave()함수를 호출하여 마스터/슬레이브 전환을 완료시킨다.

4. 마스터 · 슬레이브 프로그램

마스터 측에서는 단지 0~255의 수를 2진 문자열로 변환하여 반복해서 SPI로 송신한다. 또한 수신 클라이언트 함수에서는 수신된 데이터를 RS232C로 내보낸다.

[프로그램 43-1m] - MASTER 응용 프로그램

```
#include <mega8.h>
#include <delay.h>
#include <stdlib.h>
#define F_CPU 16000000
#include "../inc/macros.h"
#include "../inc/utils.h"
#include "../inc/uart.h"
#include "../inc/spi.h"

volatile BOOL bDone;
char rec[100];
char *pRec;

//-- SPI 수신 데이터 처리 클라이언트
//-- 수신한 문자를 일단 버퍼에 적재한 다음, 널 문자를 만나면 처리.
//-- 문자 단위로 UART에 넣으면? - 속도 때문에 SPI 라인에서 데이터 손실
void master_spi_client(BYTE c)
{
*pRec++ = c;
```

```
if(!c)  {
uart_puts(rec);
pRec = rec;
uart_putc(',');
bDone = TRUE;
}
}

void main(void)
{
int i;
char buf[10];
pRec = rec;
SPIEvent(master_spi_client);          //-- 이벤트 핸들러 함수 연결
SPImaster();                          //-- 마스터 모드로 SPI 초기화
uart_init(9600, UART_PAR_NO);
  enable_interrupt();
while (1) {
for(i = 0; i < 256; ++i) {
        byte2bin(buf, (BYTE)i);
         bDone = FALSE;
         SPIputs(buf);

         //-- 슬레이브 측에서는 문자열을 받은 다음 다시
         //-- 되돌려 보내도록 약속되어 있다.
         //-- 따라서, 이것의 처리와 동기화할 의무가 있다.
         while(!bDone)  delay_ms(50);
}
};
}
```

코드에서, 수신과 송신의 동기를 맞추기 위해 변수 bDone을 사용하였다. 또한 수신 클라이언트 함수 master_spi_client에서 바이트 단위가 아니라 블록(여기서는 널 문자로 끝나는 문자열) 단위로 처리(RS232C 송신)한 것에 주의해야 한다. 만일 바이트 단위로 처리하게 되면 시간 지연 때문에 SPI 상에서 수신되는 문자가 소실된다.

슬레이브 측에서는 인터럽트 서비스 처리 함수(클라이언트)에서 들어온 데이터를 처리하는 구조이다. 들어온 데이터를 널 문자를 만날 때까지 버퍼에 저장하였다가, LCD 모듈에 라인을 번갈아 가며 표시하고, 동시에 마스터 측에 SPI를 통해 되돌려 보낸다.

[프로그램 43-1s] - SLAVE 응용 프로그램

```
#include <mega8.h>
#include <delay.h>
#include "../inc/macros.h"
#include "../inc/utils.h"
#include "../inc/spi.h"
#include "../inc/lcd.h"

char buf[100];
char *pBuf;
int y = 0;

void spiClient(BYTE c)   //-- SPI 수신 문자 처리 이벤트 핸들러
{
   *pBuf = c;
   if(!c) {
      LCD_cline(y);
      LCD_puts(buf);
      pBuf = buf;
y = (y+1)%2;
SPIputs(buf);    //-- 문자열을 왔던 곳으로 돌려 보낸다.
   } else
      ++pBuf;
}
void main(void)
{
char c;
pBuf = buf;

LCD_init(PORT_ADDR_D, 16, 2);
SPIEvent(spiClient);                //-- 이벤트 핸들러 연결
SPIslave();                         //-- 초기 슬레이브 모드로 SPI 초기화
enable_interrupt();
while (1) { };
}
```

연습문제

다음 문제들에 대한 설명과 실험실습 결과를 실험 결과 보고서와 함께 제출하시오.

① 본 장의 spi 라이브러리는 마스터와 슬레이브가 별도로 존재하지 않는 평등 사회를 꿈꾸는 코드처럼 보인다. 이 코드를 변경하여, 슬레이브가 마스터의 폴링에 의해 동작하도록, 다시 말해서 마스터가 요구할 때 슬레이브가 데이터를 송출하도록 하는 구조에 대해 토론하시오. 가능한 방법이 있는가?

힌트) spi.h는 평등 사회를 꿈꾸는가? 아니면 어쩔 수 없이 그렇게 되었는가? 답은 "어쩔 수 없이"다. 포인트는 SPI 인터럽트 발생 조건이다. 인터럽트가 발생하는 것은 1) 송신시, 2)수신시, 3)SS가 high⇒low로 변할 때이다. 만일 이 진실(조건)을 무시하면 큰 대가(상태 체크를 위한 잉여 부하)를 치러야 할 것이다.

② 궁극적으로는 멀티 슬레이브의 SPI 통신을 구성해야 할 것인데, 여기에 필요한 조건에 대해 토론하시오.

제 5 장 프로젝트 · 워크샵

이 장에서는 지금까지 실습한 지식을 바탕으로 하나의 프로젝트를 수행한다. 다음 쪽에 제시한 순서대로 프로젝트를 실행하시오. 조별 워크샵으로 진행하되, 먼저 조원들의 역할 할당표를 작성한다. 아래 표를 참조하되 조별, 실험별 특성을 고려하여 변경하여도 무방하다.

[역할 할당표(템플릿)]

업무 \ 조원		
부품 준비		
하드웨어 구성		
라이브러리 작성		
코딩		
테스트		

[프로젝트]

1. 제목 : SPI Gateway
2. 개요 : SPI 통신을 이용하는 임베디드 시스템을 개발할 때 애로사항은, 마스터와 슬레이브가 연동하여 동작을 하기 때문에 디버그 작업을 마스터와 슬레이브에 대해 동시에 해야 하는 것이다. 이는 상당히 성가신 일이며, 때에 따라서는 까다로운 상황에 놓일 수도 있다. SPI Gateway는 RS232C 통신을 통해 유저의 명령을 받아서 SPI 통신을 제어하고, 슬레이브 측에 데이터를 보내거나 받는 기능을 한다. SPI 버스를 이용하는 디바이스(슬레이브)의 펌웨어를 개발할 때, 이 게이트웨이를 이용하면 디버그할 때 마스터 측의 부담을 줄이고 본래의 개발 업무에 집중할 수 있다.
3. 하드웨어 준비 : 제3장에서 사용했던 회로를 그대로 이용한다. 단 MASTER(게이트웨이) 측의 SS와 SLAVE(개발할 미지의 어떤 디바이스-여기서는 게이트웨이 테스트용) 측의 SEL의 연결을 끊는다.
4. 명령

   게이트웨이(MASTER)는 UART를 통해 다음과 같은 유저 명령을 처리한다.

   · H / Help
   · ? / Show current configuration of SPI
   · Q[0..7] / Select SCK Frequency
   · S[0|1] / Switch Master/Slave
   · A[0|1] / Auto switch on/off. Auto switch 상태에서는 SPI에 데이터 송신 후 자동으로 Slave로, 그리고 SPI 데이터 수신 후 자동으로 Master로 switch한다.
   · O[0|1] / Set order of SPI transmission. "T0"는 첫 번째 SCK 사이클 에서 MSB가 전송됨을 의미하고 "T1"은 LSB가 먼저 전송됨을 의미한다.
   · M[0..3] / Set SPI mode, CPOL, CPHA
   · W / Write config to EEPROM. 다음에 파우어 온을 하거나 리셋하면 저장된 값이 자동으로 로드된다.

· X / 데이터 전송

5. 실험 절차

· 회로 수정 – 앞 장의 회로에서 MASTER(게이트웨이) 측의 SS와 SLAVE(개발할 미지의 어떤 디바이스-여기서는 게이트웨이 테스트용) 측의 SEL의 연결을 끊는다. 마스터 측에서는 SS, SEL 모두 출력으로 설정하며, 슬레이브 측에서는 SS는 입력이고 SEL은 사용하지 않는다.

· 새로운 버전의 spi 라이브러리(spi2.h)를 작성한다. MASTER와 SLAVE로 구분하여 각각 초기화, 스위치(Master2Slave, Slave2Master) 등의 함수가 필요하다. 또한 MASTER의 SPI 설정 관련 명령을 위한 함수들(모드, SCK 주파수, 전송 순서 등)도 이 모듈에 미리 포함시켜 놓는다.

· MASTER 프로그램을 작성한다. 먼저 UART client 함수에서 유저 명령을 처리하는 폼을, 그리고 SPI client 함수에서 SLAVE 발 문자열을 처리하는 폼을 만든다.

· SLAVE 측 프로그램을 작성한다. SPI client 함수에서는 들어온 문자열을 LCD에 표시한다. 메인 함수에서는 SS를 감시하여 변화가 있을 때 Master↔Slave switch를 수행한다. Master로 스위치할 때에는 현재 버퍼를 SPI로 송출한다.

· 디버그 하면서 라이브러리, 게이트웨이, 슬레이브를 뜯어 고친다.

· 아직 내공이 부족한 독자는 앞의 제3장을 완전히 소화한 후 다시 도전해보라.

연습 문제

다음 문제들에 대한 설명과 실험실습 결과를 실험 결과 보고서와 함께 제출하시오.

① 프로젝트에서 제시된 명령들을 다 구현할 수 있었는가? 다 구현할 때 어떤 문제가 발생하는가?

연습문제 / 힌트풀이

여기서는 PART 4에 제시된 문제들에 대한 힌트/풀이를 선택적으로 제시한다.

▌제2장▐

① Atmega8.h를 보고, USART 관련 인터럽트 벡터들을 살펴보시오. 이 중 어떤 것을 USART_RXC처럼 UART 라이브러리에서 이벤트 핸들러로 만드는 것이 좋은지 검토하시오.

[힌트]

헤더파일 Atmega8.h의 인터럽트 벡터를 정의한 부분을 살펴보면 아래와 같다.

```
#define EXT_INT0 2
#define EXT_INT1 3
#define TIM2_COMP 4
#define TIM2_OVF 5
#define TIM1_CAPT 6
#define TIM1_COMPA 7
#define TIM1_COMPB 8
#define TIM1_OVF 9
#define TIM0_OVF 10
#define SPI_STC 11
#define USART_RXC 12
#define USART_DRE 13
#define USART_TXC 14
#define ADC_INT 15
#define EE_RDY 16
#define ANA_COMP 17
#define TWI 18
#define SPM_READY 19
```

다음 표는 인터럽트를 정의한 것이다. 라이브러리를 작성할 때 어느 것의 이용도가 높은지를 잘 따져 봐야 한다. 표에서 이용도가 있을 것으로 판단되는 벡터들을 음영색으로 구분하였다.

벡터번호	프로그램 주소	소스	인터럽트 정의
1	0x000	RESET	External Pin, Power-on Reset, Brown-out Reset, and Watchdog Reset
2	0x001	INT0	External Interrupt Request 0
3	0x002	INT1	External Interrupt Request 1
4	0x003	TIMER2 COMP	Timer/Counter2 Compare Match
5	0x004	TIMER2 OVF	Timer/Counter2 Overflow
6	0x005	TIMER1 CAPT	Timer/Counter1 Capture Event
7	0x006	TIMER1 COMPA	Timer/Counter1 Compare Match A
8	0x007	TIMER1 COMPB	Timer/Counter1 Compare Match B
9	0x008	TIMER1 OVF	Timer/Counter1 Overflow
10	0x009	TIMER0 OVF	Timer/Counter0 Overflow
11	0x00A	SPI, STC	Serial Transfer Complete
12	0x00B	USART, RXC	USART, Rx Complete
13	0x00C	USART, UDRE	USART Data Register Empty
14	0x00D	USART, TXC	USART, Tx Complete
15	0x00E	ADC	ADC Conversion Complete
16	0x00F	EE_RDY	EEPROM Ready
17	0x010	ANA_COMP	Analog Comparator
18	0x011	TWI	Two-wire Serial Interface
19	0x012	SPM_RDY	Store Program Memory Ready

② 구구단 학습 프로그램을 만드시오. RS232C로 다음과 같은 두 자리의 수(11~99)를 입력 받으면

23

다음과 같은 결과를 RS232로 내보낸다.

2x3=6

[풀이] s41-1.c

```
#include <mega8.h>
#include <delay.h>
#include "../inc/macros.h"
#define USING_UART_ISR
#include "../inc/uart.h"

BYTE op1=0;
BYTE op2=0;

void calc(BYTE c) //-- RXC isr에서 호출하는 함수
{
    if(c < '1' || c > '9') return;
    else c -= '0';
    if(!op1) op1 = c;
else
{
        op2 = c;
       uart_putc('[');
        uart_putc(op1+'0');
        uart_putc('x');
        uart_putc(op2+'0');
        uart_putc('=');
        c=op1*op2;
        if(c > 10)
            { uart_putc(c/10+'0'); c %= 10; }
        uart_putc(c+'0');
uart_putc(']');
        uart_putc('\r');
        op1 = 0;
}
}

void main(void)
{
uart_init(9600, UART_PAR_NO, calc);
enable_interrupt();
while (1) {};
}
```

▌제3장▐

① 예제 프로그램에서, 2진수 뿐만 아니라 10진수, 16진수, 8진수를 송신하도록 마스터 프로그램을 수정하시오.

[풀이]

```
#include <mega8.h>
#include <delay.h>
#include <stdlib.h>

#include "../inc/macros.h"
#include "../inc/utils.h"

#define SPI_MASTER
#include "../inc/spi.h"

void trans(char *msg)    //-- 널 문자까지 전송
{
do { SPIputc(*msg); }
while(*msg++);
}

void main(void)
{
BYTE i;
char buf[10];
char *p;

SPImaster();

while (1)
   {
      for(i = 0; i < 256; ++i)
      {
////////////////////////////////////////////////////////////////
// 한 번에 하나씩 풀고 테스트!!!
         byte2hex(buf, i);
//       itoa(i, buf);
//       byte2oct(buf, i);
//       byte2bin(buf, i);
////////////////////////////////////////////////////////////////
         trans(buf);
```

```
        delay_ms(100);
}
};
}
```

② 슬레이브 프로그램을, 인터럽트 서비스 루틴을 이용하지 않고 수신 데이터를 메인 함수에서 LCD 모듈에 표시하도록 변경하시오. 인터럽트 서비스 루틴을 사용하는 이유는 어디에 있는가?

```
#include <mega8.h>
#include <delay.h>

#include "../inc/macros.h"
#include "../inc/utils.h"
#include "../inc/lcd.h"
#include "../inc/spi.h"

char buf[100];
char *pBuf;
int y = 0;

void spiClient(BYTE c)
{
  *pBuf = c;
  if(!c)
  {
    LCD_cline(y);
    LCD_puts(buf);
    pBuf = buf;
        y = (y+1)%2;
  }
  else
    ++pBuf;
}

void main(void)
{
char c;
pBuf = buf;

LCD_init(PORT_ADDR_D, 16, 2);
SPIslave();
```

```
    //-- 전역 인터럽트 허용은 하지 않음
while (1)
{
    //-- 첨가
while(!CheckBit(SPSR, SPIF))
;
spiClient(SPDR);
};
}
```

이 경우, 메인 프로그램에서 SPI 측의 입력 문자를 처리하면서 다른 일을 하기가 곤란하다. 더욱이 주변 환경의 감시점이 많아지면 이들을 일일히 체크해야 하는데, 이 때에는 로직이 복잡해질 뿐만 아니라 성능에도 영향이 미친다. 이벤트 핸들러에 의한 방식을 써야 한다.

▌제4장▐

① 본 장의 spi 라이브러리는 마스터와 슬레이브가 별도로 존재하지 않는 평등 사회를 꿈꾸는 코드처럼 보인다. 이 코드를 변경하여, 슬레이브가 마스터의 폴링에 의해 동작하도록, 다시 말해서 마스터가 요구할 때 슬레이브가 데이터를 송출하도록 하는 구조에 대해 토론하시오. 가능한 방법이 있는가?

[풀이]

spi 라이브러리는 목적에 따라 달리 구현되어야 한다. 이 목적 중에 다음의 두 가지를 들 수 있다.

- **Master/Slave switch**

단 두 개의 디바이스끼리 SPI 통신을 한다면 본 장에서 만든 라이브러리도 적합할 수 있다.

- **네트워크 구성**

Spi 네트워크를 구성한다면 spi 버스를 이용한 성형 네트워크(star network)가 유력하다. 이 때에는 개념적으로 하나의 MASTER가 여러 SLAVE를 제어하는 구조가 되어야 한다. 이 경우 Master/Slave switch가 MASTER에서 트리거되어야 하며, 각 SLAVE에서는 자신의 발언권이 있는지 없는지를 항상 (SS 핀에 의해) 체크해야 한다.

• **SPI 디바이스**

eeprom이나 디지털 센서 등에서 SPI 버스를 이용하는 것이 있다. 이 경우, 디바이스가 정의하는 프로토콜을 준수해야 한다.

② 궁극적으로는 멀티 슬레이브의 SPI 통신을 구성해야 할 것인데, 여기에 필요한 조건에 대해 토론하시오.

[풀이]

이것에 대해서는 다음 장의 프로젝트에서 다룰 것이다.

- MASTER에서는 각 SLAVE의 SS 핀을 장악해야 한다. 따라서 각 SLAVE의 SS에 하나씩의 출력핀을 할당해야 한다.
- MASTER는 자신의 SS를 스스로 통제해야 한다. 즉 open 출력.
- MASTER는 특정 SLAVE에 대한 SEL 라인을 통해 Master/Slave 스위치 신호를 보내고, 동시에 자신도 스위칭을 한다.
- SLAVE에서는 SS 라인을 감시하다가 신호 변경이 감지되면 즉시 Master/Slave 스위치를 실행한다.

▌제5장▐

[프로젝트] SPI 게이트웨이

[풀이]

SPI 게이트웨이는 SPI 통신 디바이스를 개발하기 위한 것이다. SPI 통신 디바이스(슬레이브)를 개발할 때 펌웨어를 디버그하기 위해서는 마스터 디바이스가 있어야 한다. 이 때 마스터 측에서 SPI 통신 환경을 소프트웨어적으로 변경할 수 있으면 슬레이브 측의 펌웨어 디버그가 훨씬 용이해질 것이다.

(1) 라이브러리 spi2.h

라이브러리 spi2.h는 게이트웨이 개발을 위해 spi.h를 수정한 것이다. spi.h는 마스터-슬레이브간에 상대의 SS를 제어할 수 있음을 전제로 하였지만 spi2.h에서는 MASTER(호스트)측에서 SLAVE 측의 SS를 제어할 수 있을 뿐이다. MASTER-SLAVE간에 SEL-SS 연결은 하지만 SS-SEL 연결은 하지 않는다.

```
#ifndef __SPI________
#define __SPI________

//-- MASTER - 게이트웨이
//#define SPI_INITIAL_MASTER

//-- 핀 정의 @UpdateMe
#if defined (_MEGA8_INCLUDED_)
#define SPIport PORTB
#define SPIpin   PINB
#define SPIdir   DDRB
#define P_SEL    1
#define P_SS     2
#define P_MOSI   3
#define P_MISO   4
#define P_SCK    5
#endif

//-- SPCR/ SPI 제어 레지스터
#define SPR0     0        //-- SPI Clock Rate Select 0
#define SPR1     1        //-- SPI Clock Rate Select 1
#define CPHA     2        //-- Clock Phase
#define CPOL     3        //-- Clock Polarity
#define MSTR     4        //-- Master/Slave Select
#define DORD     5        //-- Data Order
#define SPE              6        //-- SPI Enable
#define SPIE     7        //-- SPI Interrupt Enable

//-- 유저-선택 SPCR 값들
BYTE SPCRmaster  = 0xF9;
BYTE SPI2Xmaster = 0;
#define SPCRslave  0xE8

//-- SPSR/ SPI 상태 레지스터
#define SPI2X    0        //-- Double SPI Speed Bit
#define WCOL     6        //-- Write COLision Flag
#define SPIF     7        //-- SPI Interupt Flag
```

```
//-- SPI 이벤트 핸들러(c: 송/수신 문자)
void (*spi_client)(BYTE c);
#ifndef SPI_INITIAL_MASTER
void (*spi_onChange)(BOOL bMaster);
#endif

//-- 송신할 때 다음 매크로를 클라이언트 루틴에서 사용 가능
#define SPIsei()          (SPCR |= (1<<SPIE))
#define SPIcei()          (SPCR &= ~(1<<SPIE))

BOOL SPImaster;           //-- 0: Slave, 1:Master
BYTE SPImask;
```

MASTER(호스트) 측에서는 spi2.h를 인클루드하기 전에 매크로 SPI_INITIAL_MASTER를 선언한다.

```
void SPIswitchMaster() //-- 슬레이브에서 마스터로 전환
{  //-- MASTER: 유저의 요구에 의해
   //-- SLAVE: MASTER의 제어(SS)에 의해
        BYTE byte;

//-- 마스터 모드에서 SS 설정이 가능하다. 그래서 SPCR 설정 먼저.
//-- 바꾸어 말하면, SS 먼저 설정하면 설정이 안된다.
SPCR = SPCRmaster;
if(SPI2Xmaster)
SPSR |= (1<<SPI2X);
else
SPSR &= ~(1<<SPI2X);

byte = SPIdir | SPImask;
#if  defined(SPI_INITIAL_MASTER)
SPIdir = byte & ~(1<<P_MISO);
SPIport &= ~(1<<P_SEL);
SPIport |= 1<<P_SS;
#else
SPIdir = byte & ~((1<<P_MISO)|(1<<P_SS));
#endif
SPImaster = TRUE;
}

void SPIswitchSlave() //-- 마스터에서 슬레이브로 모드 전환
```

```
{ //-- MASTER: 유저의 요구에 의해
  //-- SLAVE: MASTER의 제어(SS)에 의해
BYTE byte;
byte = SPIdir | SPImask;
#if  defined(SPI_INITIAL_MASTER)
SPIdir = byte & ~((1<<P_SCK)|(1<<P_MOSI));
SPIport &= ~(1<<P_SS);
SPIport |= 1<<P_SEL;
#else
SPIdir = byte & ~((1<<P_SCK)|(1<<P_MOSI)|(1<<P_SS));
#endif
SPCR = SPCRslave;
SPImaster = FALSE;
}
```

마스터-슬레이브간 모드를 전환하는 함수들이다.

```
#if  defined(SPI_INITIAL_MASTER)

//-- 한 블럭의 송신/수신이 끝나면 자동으로 Master/Slave switch
//-- SLAVE에서는 불필요. 왜냐하면 /SS에 의해 수동적으로 변함.
//-- 여기서 블럭은 널문자로 끝나는 문자열로 정함.
//-- 유저가 커스터마이징하면 좀 더 유연하게 쓸 수 있을 것임.
BOOL SPIautoSwitch = FALSE;
#define SPIauto(b)        (SPIautoSwitch=b)

void SPIinitMaster(void (*p)(BYTE c))     //-- SPI 초기화(MASTER)
{
        BYTE byte;

        spi_client = p;
        SPImask                                                          =
(1<<P_SEL)|(1<<P_SS)|(1<<P_MOSI)|(1<<P_MISO)|(1<<P_SCK);

        byte = SPIdir | SPImask;
        SPIdir = byte & (~(1<<P_MISO) );

        byte  = SPIport | SPImask;
        SPIport = byte & (~(1<<P_SEL));

        SPCR = SPCRmaster;
        if(SPI2Xmaster)
```

```
                SPSR |= (1<<SPI2X);
        else
                SPSR &= ~(1<<SPI2X);

        SPImaster = TRUE;
}

#else   //SLAVE
//-- SPI 초기화 - SLAVE
void SPIinitSlave(void (*p)(BYTE c), void (*q)(BOOL))
{
BYTE byte;

spi_client = p;
  spi_onChange = q;
SPImask =  (1<<P_SS)|(1<<P_MOSI)|(1<<P_MISO)|(1<<P_SCK);
//-- SEL 핀은 사용하지 않음.

byte = SPIdir | SPImask;
SPIdir = byte & (~((1<<P_MOSI) | (1<<P_SS)|(1<<P_SCK)));

byte = SPIport | SPImask;
SPIport = byte;
//-- No zero bits are necessary, coz they're all be set by MASTER's pins.

SPCR = SPCRslave;
SPImaster = FALSE;
}
```

MASTER와 SLAVE의 초기화 함수들이다.

```
void SPIchange() //-- (SLAVE)SS 체크 - 모드가 부적절하면 전환.
{  //-- 타이머, 메인 루프 등에서 SS 변화에 적절히 대응해야 함.
if(CheckBit(SPIpin, P_SS))
{
if(!SPImaster)
{
SPIswitchMaster();
spi_onChange(TRUE);
}
}
else
```

```
{
if(SPImaster)
{
SPIswitchSlave();
spi_onChange(FALSE);
}
}
}
#endif
```

SLAVE에서 SS 상태를 체크하여, 현재 모드와 맞지 않으면 모드를 전환하는 함수이다. SLAVE에서는 타이머나 메인 루프 등, 적절한 곳에서 이 함수를 호출할 필요가 있다.

```
BOOL SPIputc(BYTE data)                    //-- SPI를 통해 문자 보내기
{                                          //-- 마스터 모드일 때에만 가능
        if(!CheckBit(SPCR, MSTR))                  //-- 슬레이브 모드이면
                return FALSE;              //-- FALSE

        SPDR = data;                       //-- SPI에 던지고
        while(!CheckBit(SPSR, SPIF))       //-- 신호 대기
                ;

        return TRUE;
}

BOOL SPIputs(const char *str)      //-- SPI를 통해 문자열 보내기
{                                  //-- 마스터 모드일 때에만 가능
BYTE byte;
byte = SPCR;
if(!SPImaster)
        return FALSE;
do                                 //-- 각 문자를
{
SPDR = *str;               //-- SPI에 던지고
while(!CheckBit(SPSR, SPIF))       //-- 신호 대기
                        ;
}
while (*str++);                    //-- 널 문자까지 보낸다.

#if  defined(SPI_INITIAL_MASTER) //-- (초기 마스터)
if(SPIautoSwitch)                  //-- 오토 스위치 모드이면
```

```
SPIswitchSlave();                  //-- 슬레이브로 전환
#endif
return TRUE;
}
```

문자나 문자열을 SPI 측으로 보내는 함수이다.

```
interrupt [SPI_STC] void SPI_STC_isr(void)//-- SPI 인터럽트 서비스 루틴
{ //-- SPI 수신만 체크하여 클라이언트 함수 기동.
if(!CheckBit(SPCR, MSTR))          //-- 송신 완료가 아니면
{
if(!SPImaster)             //-- 수신 완료이면
{
BYTE byte;
byte = SPDR;

if(spi_client)
spi_client(byte);

#ifdef SPI_INITIAL_MASTER          //--(초기 마스터)
if(!byte && SPIautoSwitch)         //--오토스위치이면서 널 문자 수신이면
SPIswitchMaster();         //-- 마스터로 전환
#endif
}
}
}
```

인터럽트 서비스 루틴에서는 수신 이벤트만 감시한다.
다음은 SPI 통신 설정을 위한 함수들이다.

```
BOOL SPIfreq(BYTE freq)            //-- SPI SCK 주파수 변경
{
if(freq < 8)
{
SPCRmaster &= 0xFC;
SPCRmaster |= freq & 0x03;
SPI2Xmaster = (freq & 0x04)? 1:0;
if(SPImaster)
{
```

```
SPCR = SPCRmaster;
if(SPI2Xmaster)
SPSR |= (1<<SPI2X);
else
SPSR &= ~(1<<SPI2X);
}
return TRUE;
}
return FALSE;
}

BOOL SPImode(BYTE mode)            //-- 데이터 모드(CPOL, CPHA) 변경
{
if(mode < 4)
{
SPCRmaster &= 0xF3;
SPCRmaster |= mode<<2;
if(SPImaster)
SPCR = SPCRmaster;
return TRUE;
}
return FALSE;
}

BOOL SPIorder(BYTE order)          //-- 비트 송신 순서 변경
{
if(order < 2)
{
if(order)
SPCRmaster |= (1<<DORD);
else
SPCRmaster &= ~(1<<DORD);
if(SPImaster)
SPCR = SPCRmaster;
return TRUE;
}
return FALSE;
}
#endif
```

(2) 게이트웨이(MASTER) 프로그램

이 프로그램은 UART 통신 프로그램이어서 다소 길다. 주어진 스펙에 따라 작성하며, SPI 관련 부분은 대부분의 기능을 spi2.h에 포함하였기 때문에 파악하는 데 어려움이 없을 것이

다. 주의할 것은, 게이트웨이의 기능을 확장하기 위해서는 MCU를 ATmega16 이상으로 해야 할 것이다. 현재 메모리가 거의 포화 상태이다.

환경 파라미터를 EEPROM에 저장하고, 또 초기에 EEPROM에서 읽어오는 부분은 주석으로 막아 놓았다. 독자가 디버그하고 완성하기 바란다.

```
#include <mega8.h>
#include <delay.h>
#include <stdlib.h>
//#include <ctype.h>

#define F_CPU 16000000
#include "../inc/macros.h"
#include "../inc/utils.h"
#define USING_UART_ISR
#include "../inc/uart.h"
#define SPI_INITIAL_MASTER
#include "../inc/spi2.h"

//--@Note: uart buffer size: it doesn't care if u exceed the limit.
char spi_rec[100];
char *pspi_rec;
char uart_buf[100];
char *puart_buf;

char *msg_spi = "[spi]";
#define MAX_HELP 64
#define NUM_HELP 14
//const char *msg_help[] =
char *msg_help =
"SPI_UART Gateway Ver.9 Help\r\
? Show state\r\
H Help\r\
M[0..3] Clk Mode\r\
 mod Leading-Edge Trailing-Edge\r\
 0 Sample(Rising) Setup(Falling)\r\
 1 Setup(Rising)  Sample(Falling)\r\
 2 Sample(Falling)Setup(Rising)\r\
 3 Setup(Falling) Sample(Rising)\r\
O[0..1]Bit order(0:MSB first,1:LSB first)\r\
Q[0..7]SCK freq(0=F/4,1=F/16,2=F/64,3=F/128,4=F/2,5=F/8,6=F/32,7=F/64\r\
S[0..1]Switch(0=Slave,1=Master)\r\
X<str> Transmit str\r\
```

```
W Write EEPROM\r";

char *msg_err_cmd = "CommandErr\r";
char *msg_err_data = "DataErr\r";
char *msg_err_implementation = "NotImplemented\r";
char *msg_err_trans = "TransmissionErr\r";

char *prompt_master = "Master>";
char *prompt_slave = "Slave>";

void master_spi_client(BYTE c)    //-- SPI 수신 데이터 처리 클라이언트
{
*pspi_rec++ = c;
if(!c)                            //-- 널을 만나면
{
uart_puts(msg_spi);               //-- 문자열을 UART로 보낸다.
uart_puts(spi_rec);
pspi_rec = spi_rec;
}
}

//-- EEPROM-저장 데이터
BYTE eeprom     e_SPCR;
BYTE eeprom     e_SPI2X;
BOOL eeprom     e_auto;
BOOL eeprom     e_master;
BYTE eeprom     e_checksum;

/*void write_config()                       //-- 현재 설정을 EEPROM에 쓰기
{
e_SPCR  =  SPCRmaster;
e_SPI2X =  SPI2Xmaster;
e_auto  =  SPIautoSwitch;
e_master= SPImaster;
e_checksum = e_SPCR^e_SPI2X^e_auto^e_master;
}*/

/*void load_config()                        //-- EEPROM에서 설정값 적재
{
if((e_SPCR^e_SPI2X^e_auto^e_master^e_checksum) == e_checksum)
{
SPCRmaster = e_SPCR;
SPI2Xmaster = e_SPI2X;
SPIautoSwitch = e_auto;
```

```
SPImaster = e_master;

if(SPImaster)
{
if(SPI2Xmaster)
SPSR |= 1<<SPI2X;
else
SPSR &= ~(1<<SPI2X);
}
else
SPIswitchSlave();
}
} */

#define check_len(n)  if (len<(n+1)) { uart_puts(msg_err_data); break; }

void uart_client(BYTE data) //-- UART 수신 이벤트 핸들러
{  //-- UART를 통해 들어오는 데이터는 [^r|\0]로 끝난다고 가정
//-- 이것을 만나면 한 블럭이다. 데이터 체크는 꼭 필요한 경우만 함.
int len;

if((data == CR) || (data==LF))
data = '\0';

*puart_buf++ = data;
if(!data)
{
BYTE b;
len = puart_buf-uart_buf-1;
puart_buf = uart_buf;
if(len==0)
return;

disable_interrupt();
switch(uart_buf[0])                    //-- 유저 명령 분석
{
default:
uart_putc(uart_buf[0]);
uart_puts(msg_err_cmd);
break;

//          case '?':                  //Show current state of SPI module
//          uart_puts(msg_err_implementation);
//          break;
```

```
case 'A': case 'a':        //Auto switch (0|1)
check_len(1);
b = uart_buf[1]-'0';
if(b > 1)
uart_puts(msg_err_data);
else
SPIauto(b);
break;

case 'H': case 'h':        //Help
uart_puts(msg_help);
break;

case 'M': case 'm':        //mode, CPOL/CPHA
check_len(1);
if(!SPImode(uart_buf[1]))
uart_puts(msg_err_data);
break;

case 'O': case 'o':        //bit order
check_len(1);
if(!SPIorder(uart_buf[1]-'0'))
uart_puts(msg_err_data);
break;

case 'Q': case 'q':        //SCK frequency
check_len(1);
if(!SPIfreq(uart_buf[1]-'0'))
uart_puts(msg_err_data);
           break;

case 'S': case 's':        //Master/Slave switch (0|1)
check_len(1);
b = uart_buf[1] - '0';
if((b==1) &&(!SPImaster))
SPIswitchMaster();
else if((b==0)&&(SPImaster))
SPIswitchSlave();
else
uart_puts(msg_err_data);
break;

//          case 'W': case 'w':     //Write SPI status into EEPROM
```

```
//          write_config();
//          break;

case 'X': case 'x':                    //Transmit
if(!SPIputs(uart_buf+1))
uart_puts(msg_err_trans);
break;
}

enable_interrupt();
uart_puts(SPImaster? prompt_master:prompt_slave);
}
}

char *welcome = "UART-SPI Gateway, Boritech\r";
void main(void)
{
   pspi_rec = spi_rec;
   puart_buf = uart_buf;

   SPIinitMaster(master_spi_client);
//         load_config();

   uart_init(9600, UART_PAR_NO, uart_client);
   uart_puts(welcome);
   uart_puts(SPImaster? prompt_master:prompt_slave);
   enable_interrupt();

while (1){}
}
```

프로그램 전체의 길이에 비해 메인 함수는 너무도 짧다.

(3) SLAVE 프로그램

SLAVE 프로그램은 하나의 템플릿으로, SPI에서 들어오는 데이터를 LCD에 보여준다. 또한 10msec 간격으로 SS 상태를 체크한다. 이게 전부다. 디바이스를 개발할 때에는 이러한 프로그램을 템플릿으로 하여 구상하면 될 것이다.

```
#include <mega8.h>
```

```
#include <delay.h>
#include <stdlib.h>

#define F_CPU 16000000
#include "../inc/macros.h"
#include "../inc/utils.h"
#include "../inc/lcd.h"
#include "../inc/spi2.h"

//--@Note: uart buffer size: it doesn't care if u exceed the limit.
char spi_rec[100];
char *pspi_rec;

BYTE cy=0;

void slave_spi_client(BYTE c) //-- SPI 수신 데이터 처리 클라이언트
{
*pspi_rec++ = c;
if(!c)
{
LCD_cline(cy);
LCD_xy(0, cy);
LCD_puts(spi_rec);

pspi_rec = spi_rec;
cy = (cy+1)%2;
}
}

void slave_spi_change(BOOL bCmd)
{
if(bCmd)          //-- Master??
{
if(!SPIputs(spi_rec))
LCD_putc('?');
}
}

char *welcome = "Welcome!";
void main(void)
{
pspi_rec = spi_rec;

SPIinitSlave(slave_spi_client, slave_spi_change);
```

```
LCD_init(PORT_ADDR_D, 16, 2);
enable_interrupt();
LCD_puts(welcome);
++cy;
while (1)
    {
SPIchange();
delay_ms(10);
}
}
```

[연습문제]

① 프로젝트에서 제시된 명령들을 다 구현할 수 있었는가? 다 구현할 때 어떤 문제가 발생하는가?

[풀이]

온전히 구현하기가 쉽지 않을 것이다. 이는 컴파일 · 링크된 프로그램 크기가 ATmega8의 자원의 한계에 다다르기 때문이다. 라이브러리에서 사용하지 않는 것은 컴파일에서 제외하고, 변수, 어레이를 면밀히 살펴서 꼭 필요한 만큼만 정의한다. 코드를 최적화할 필요가 있다.

PART 6. 모듈 개발

PART 6에서는 지금까지 실습한 내용을 기반으로
실제로 임베디드 시스템을 만들어 보도록 한다.

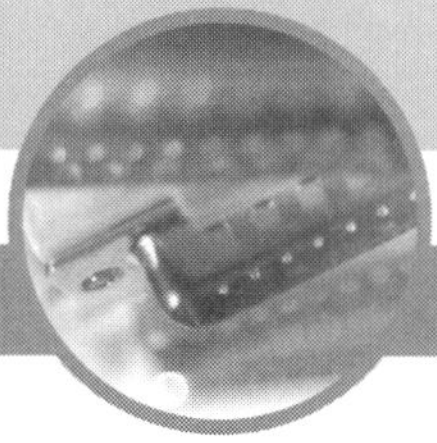

제 1 장 라이브러리 정리

1. 라이브러리 구성
2. 라이브러리 모듈들
3. 통신 라이브러리
4. 테스트

✓ **이 장의 목표**

- 시스템을 구축하기 위해 필요한 라이브러리 관리의 중요성을 이해한다.
- 나만의 라이브러리 관리 체계를 구축할 수 있다.

✓ **들어가기에 앞서**

- C 언어에 대해 알고 있는 것을 정리한다.
- "C로 구현하는 알고리즘"에 관한 책을 한 권 통독한다. 임베디드 산업에서 사용되는 통신에는 어떤 종류들이 있는지 조사해 본다.

✓ **준비 사항**

- MHT-SK100
- RS232 케이블

1. 라이브러리 구성

본 워크샵에서 구축하는 라이브러리는 다음에 주안점을 두고 관리된다.

- **사용하기 편리할 것**

소스 코드를 모두 헤더 파일에 포함하였다. 또한 options.h에서 템플릿으로 되어 있는 매크로 정의에서 사용하는 모듈들을 선택하고, 하드웨어 구성과 관련된 옵션 파라미터(매크로 정의)들을 수정하여 사용하도록 하였다.

- **업데이트 및 추가가 용이할 것**

여기서는 ATmega8을 주로 사용했으나, 다른 칩을 사용하게 되는 경우 I/O 레지스터, 핀 등이 달라진다. 당연한 이야기이지만, 칩의 종류에 따른 코드의 변이는 매크로 정의로 해결해야 한다. 본 라이브러리에서도 이 점을 고려하여, 칩의 추가가 용이한 구조로 코딩한다.

- **일관성의 유지**

라이브러리 관리에서 흔한 실수는, 어플리케이션의 요구에 따라 라이브러리를 변경할 때 이전 버전과의 호환성을 무시하는 것이다. 그 결과, 어플리케이션마다 별도의 라이브러리를 관리하게 되는 일("재앙"이라고 할 만하다)도 발생할 수 있다. 기능 추가에 의해 라이브러리의 형식이 바뀌어도 구 버전은 "Obsolete" 레이블을 붙여서 당분간 관리해야 한다. 또한 처음부터 라이브러리를 면밀히 구성하여 구조가 바뀌는 것을 사전에 최소화하여야 한다.

1.1 매크로 정의(macros.h)

새로운 프로그램을 만들 때에는 소스에서 "../inc/macros.h"를 인클루드한다. 여기에는 시스템 공통으로 사용되는 주요 매크로들이 정의되어 있다.

변수의 타입이나 수에 이름을 부여하는 것은 추상화의 기본으로, 가독성(readability)을 위해 반드시 신경 써야 한다. 예를 들어 BOOL형에 대해 우리가 알고 있는

지식은 이것이 TRUE/FALSE의 값을 가진다는 것이다. 그러나 이것이 MCU 내부적으로는 BYTE(unsigned char)로 취급된다. TRUE나 FALSE 역시 MCU는 1이나 0으로 인식할 뿐이다. BOOL, TRUE, FALSE는 오직 사람을 위한 것이다. 60이란 수는 무엇을 뜻하는가? 이러한 숫자보다는 LINES_PER_PAGE, OLD_AGE 등이 이해하기 쉽고, 관리하기 쉽다. 0, 1, 2, …보다 SUNDAY, MONDAY, TUESDAY, …를 사용하자.

macros.h에는 또한 비트 처리와 관련된 매크로들이 정의되어 있다. I/O 레지스터 처리에 있어서 비트 처리(시프트, 마스킹 등)는 필수이다.

[macros.h]

```
#ifndef __MACROS_H__
#define __MACROS_H__

//-- ASCII CODES
#define          BEL      0x07
#define          BS      0x08
#define          LF       0x0a
#define          CR       0x0d
#define          ESC      0x1b

//-- 데이터 타입
typedef unsigned char     BYTE;
typedef unsigned short    WORD;
typedef BYTE     u8;
typedef WORD     u16;
typedef char     s8;
typedef short    s16;

typedef BYTE     BOOL;
#define TRUE     0x01
#define FALSE    0x00

//-- 비트 유틸리티 - 바이트에 대해서만 사용할 것.
#define ShiftLeft(b)              (b <<= 1)
#define ShiftRight(b)     (b >>= 1)
#define RotateLeft(b)     (b==0x80 ? (b=1) : (ShiftLeft(b)))
#define RotateRight(b)    (b==0x01 ? (b=0x80) : (ShiftRight(b)))

#define SetBit(b, n)              (b |= 0x01<<n)
```

```
#define ResetBit(b, n)    (b &= ~(0x01<<n))
#define CheckBit(b, n)    ((b >> n) & 0x01)

//-- BitMask(1,5) = 0b00011110
//-- Note: 도메인이 [beg,end) (beg 에서 end-1까지)
#define BitsMask(beg, end)        ((0xFF<<(beg))^(0xFF<<(end)))

//-- 2 바이트를 1바이트로 결합(nibble+nibble)
#define combiHH(h, l) ((h&0xf0)|(l>>4))            //-- H7 H6 H5 H4 L7 L6 L5
L4
#define combiHL(h, l)  ((h&0xf0)|(l&0x0f))         //-- H7 H6 H5 H4 L3 L2 L1
L0
#define combiLL(h, l) ((h<<4)|(l&0x0f))            //-- H3 H2 H1 H0 L3 L2 L1
L0

//-- 1 바이트를 2 바이트로 분리(nibble+nibble)
#define splitHH(b, h, l) (h=(h&0x0f)|(b&0xf0), l=(l&0x0f)|(b<<4))
#define splitHL(b, h, l) (h=(h&0x0f)|(b&0xf0), l=(l&0xf0)|(b&0x0f))
#define splitLL(b, h, l) (h=(h&0xf0)|(b>>4), l=(l&0xf0)|(b&0x0f))

//-- 전역 인터럽트
#define enable_interrupt()        (SREG.7=1)
#define disable_interrupt()       (SREG.7=0)

//-- 타 컴파일러와 호환성
#define outp(b, ADDR)     (ADDR=b)
#define sbi(b, n)                 SetBit((b),(n))
#define cbi(b, n)                 ResetBit((b),(n))

#endif
```

1.2 유저 옵션(Options.h)

"../inc/options.h"를 어플리케이션 폴더에 적절한 이름으로 복사한 다음, 다음 절차에 따라 자신의 시스템에 맞게 수정 즉, 커스터마이즈(customize)를 수행한다. 이 파일은 어플리케이션에서 macros.h 다음에 반드시 인클루드해야 한다.

- **클럭 주파수 확인**

다음 코드를 현재 구성한 하드웨어의 클럭 주파수로 맞춘다.

```
#define F_CPU    16000000//-- Check this parameter!!!
```

- **모듈 선택**

다음 코드 구성에서, 사용하지 않는 모듈에 대해 주석 처리한다.

```
#define OPTION_EINT
#define OPTION_FND
#define OPTION_KEYPAD
#define OPTION_LCD
#define OPTION_SEG7
#define OPTION_TIMER
#define OPTION_UART
#define OPTION_NUKE
```

- **옵션 설정**

다음에, 사용되는 각 모듈 부분에서 하드웨어 구성과 관련된 옵션들을 설정한다. 예를 들어 세븐 세그먼트 모듈 부분은 아래와 같다.

```
//-- SEG7.H - Port for FND ARRAY----------------------
#ifdef OPTION_SEG7
 #define FND_DATA_PORT2
#include "../inc/seg7.h"
#endif
```

위의 코드를 어플리케이션 하드웨어에서 구성한 대로 맞추어준다. 데이터 포트를 두 개로 사용할 때 FND_DATA_PORT2를 그대로 두고, 하나의 포트를 사용할 때에는 주석 처리한다.

[options.h - 전체 리스트]

```
#ifndef __OPTIONS_HEADER
#define __OPTIONS_HEADER
```

```
#define F_CPU              16000000//-- Check this parameter!!!

//-- Uncomment lines which you want to use.
#define OPTION_EINT
#define OPTION_FND
#define OPTION_KEYPAD
#define OPTION_LCD
#define OPTION_NUKE
#define OPTION_SEG7
#define OPTION_TIMER
#define OPTION_UART

//-- EINT.H - External Interrupt -----------------------
#ifdef OPTION_EINT
#include "../inc/eint.h"
#endif

//-- FND.H - Port for FND ----------------------------
#ifdef OPTION_FND
#define FND_DATA_PORT2
#include "../inc/fnd.h"  //-- for test only.
#endif

//*-- KEYPAD.H - KEYPAD Definition --------------------
//
//    KEY PAD array
//     O3 O2 O1  O0    -- output
//      1  2  3  4       I0 / I4
//      5  6  7  8       I1 / I5
//      9 10 11 12       I2 / I6
//     13 14 15 16       I3 / I7
//
//       I0..3: LOW-LOW (keypad_lowhigh=0)
//       I4..7: LOW-HIGH(keypad_lowhigh=1)
#ifdef OPTION_KEYPAD
#include "../inc/keypad.h"
#endif

//-- LCD.H - LCD Port Definition -----------------------
#ifdef OPTION_LCD
#define LCD_PORTS_TWO
#include "../inc/lcd.h"
#endif
```

```
//-- NUKE.H ------------------------------------------
#ifdef OPTION_NUKE
#include "../inc/nuke.h"
#endif

//-- SEG7.H - Port for FND ARRAY----------------------
#ifdef OPTION_SEG7
 #define FND_DATA_PORT2
#include "../inc/seg7.h"
#endif


//-- SPI.H - PIN definitions --------------------------
//-- 지원 칩: Mega8
//-- Note: 그밖의 칩에 대해서는 spi.h에서 SPI 핀들 정의를 추가해야 함.
//--          (SPI.H: @UpdateMe 참조)
#ifdef OPTION_SPI
#include "../inc/spi.h"
#endif

//-- Timer.h -----------------------------------------
//-- 지원 칩: Mega8
//-- Note: 그밖의 칩에 대해서는 timer.h를 수정해야 함(타이머 갯수가 늘어날 것으로 예
상).
#ifdef OPTION_TIMER
#include "../inc/timer.h"
#endif

//-- UART.H ------------------------------------------
#ifdef OPTION_UART
//-- Ch Registers  - for now, no definition.
#define USING_UART_ISR           //-- Do you want to use UART isr?
#include "../inc/uart.h"
#endif

#endif
```

1.3 유틸리티(utils.h)

기타 유용한 함수들 - 데이터 변환, CRC 체크 등을 utils.h에 둔다. 함수에 대한 설명은 각 함수 프로토타입에 관한 주석을 참고하기 바란다.

[utils.h]

```
#ifndef __UTILES_HEADER________
#define __UTILES_HEADER________

enum {  utils_err_no, utils_err_conv } utils_error;

#define swap(a, b)         (a^=b; b^=a; a^=b;)  //-- 두 수를 서로 맞바꾼다

//-- HEX <=> BYTE conversion Part ----------------------------

//-- Convert HEX char to BIN nibble
//-- '0'~'F'('f') => 0~15 (4 LSBs)
//-- 범위에 벗어나는 것은 Don't care.
char hex2nibble(char hex)
{
if(hex >= '0' && hex <= '9')
return hex-'0';
else if(hex >= 'A' && hex <= 'F')
return hex-'A'+10;
else if(hex >= 'a' && hex <= 'f')
return hex-'a'+10;

utils_error = utils_err_conv;
return 0x00;
}

//-- Convert two HEX chars to one BIN byte
//-- "1b"(2 bytes) => 13 (1 byte)
BYTE hex2byte(char *hex)
{
BYTE byte;
utils_error = utils_err_no;
byte = hex2nibble(*hex++);
byte <<= 4;
byte |= hex2nibble(*hex);
return byte;
}

//-- Convert from string of HEXs to BIN array of n bytes.
//-- REMARK: NULL char is not attatched at the tail, so be cautious!
void hex2byteN(BYTE *b, char *hex, int n)
{
int i;
```

```
utils_error = utils_err_no;
for(i = 0; i < n; ++i)
{
*b = hex2nibble(*hex++);
*b <<= 4;
*b |= hex2nibble(*hex++);
++b;
}
}

//-- Convert 4 LSBs to HEX
//-- 0~15 => '0' ~ 'F'
char nibble2hex(BYTE val)
{
val &= 0x0f;
if(val >= 0 && val <= 9)
return '0' + val;
else if (val >= 10 && val <= 15)
return val-10+'A';
}

//-- Convert a BIN byte to two HEX chars
//-- 13(1 byte) => "1b"(2 bytes)
void byte2hex(char *hex, BYTE val)
{
utils_error = utils_err_no;
*hex++ = nibble2hex(val>>4);
*hex++ = nibble2hex(val);
*hex = '\0';
}


//-- Convert BIN array of n bytes to string of HEXs
void byte2hexN(char *hex, BYTE *b, int n)
{
int i;
utils_error = utils_err_no;

for(i = 0; i < n; ++i)
{
*hex++ = nibble2hex(*b >> 4);
*hex++ = nibble2hex(*b);
++b;
}
```

```
*hex = '\0';
}

//-- OCT <=> BIN conversion Part ---------------------------

//-- Convert three OCT chars to one BIN byte
//-- 범위를 벗어나면... Don't care.
BYTE oct2byte(char *oct)
{
BYTE b;
utils_error = utils_err_no;

b = *oct - '0';  b <<= 2; ++oct;
b |= *oct - '0'; b <<= 3; ++oct;
b |= *oct - '0';

return b;
}

void byte2oct(char *oct, BYTE val)        //-- BIN 바이트를 OCT 문자들로
{
char *p;
p = oct+3;
*p--= '\0';
*p-- = (val & 0x07)+'0'; val >>= 3;
*p-- = (val & 0x07)+'0'; val >>= 3;
*p =   (val & 0x03)+'0';
}

//-- BIN chars <=> BIN byte conversion Part -------------------------

//-- Convert BIN chars to BIN byte
BYTE bin2byte(char *bin)
{
BYTE b=0;
int i;

for(i = 0; i < 8; ++i)
{
b |= ((*bin++-'0') % 2) + '0';
b <<= 1;
}

return b;
```

```
}

void byte2bin(char *bin, BYTE val)          //-- BIN 바이트를 BIN 문자열로 변환
{
int i;
char *p;

p = bin + 8;
*p-- = '\0';

for(i = 0; i < 8; ++i)
{
*p-- = (val %2)+'0';
          val >>= 1;
}
}

//-- Error check Part -------------------------------------------

//-- Check CRC of string of n chars
//-- Rtn: XORed value of N chars
//-- Note: 1. the result value is attatched at the end of the string.
//--       2. It doesn't attatch NULL char at the end of the chars.
BYTE check_crc(BYTE *c, int n)
{
int i;
unsigned char crc = 0x00;
for(i = 0; i < n; ++i)
crc ^= *c++;
*c = crc;
return crc;
}

#endif
```

2. 라이브러리 모듈들

이 절에서는 하드웨어와 관련된 모듈들에 대해 알아본다. 설명에서 option 설정은 유저가 option.h의 관련 부분을 설정하는 것에 대한 설명이다.

2.1 외부 인터럽트 모듈(eint.h)

- 목적 : 외부 인터럽트 처리
- Option 설정 : OPTION_EINT을 정의한다.
- 함수
  - void set_eint(int n, int con, void (*p)());

    외부 인터럽트를 설정한다.

    n : 인터럽트 번호

    con : 인터럽트 신호 탐지 조건

    p : 외부 인터럽트 ISR에서 실행할 클라이언트 함수
  - void kill_eint(int n);

    현재 설정되어 있는 외부 인터럽트 n을 해제한다.
- 소스

```
#ifndef __EXT_INT_____
#define __EXT_INT_____

#if  defined(_MEGA8_INCLUDED_) || defined(_MEGA16_INCLUDED_)
#define NUM_EXT_INT 2
#endif

void (*p_ei_cb0)();
void (*p_ei_cb1)();

enum //=> set_eint(...con...)
{  EINT_LOW_LEVEL, EINT_LOGIC_CHANGE,
EINT_FALLING_EDGE, EINT_RISING_EDGE };


//-- 외부 인터럽트 설정
//-- 파라미터:
//--    n : 인터럽트 번호(0..1)
//--    con         : 인터럽트 신호 탐지 조건(위의 enum 참조)
//--    p : 외부 인터럽트 발생시 ISR에서 실행하는 클라이언트 함수.
void set_eint(int n, int con, void (*p)())
{
switch(n)
```

```
{
case 0:
GICR |= 0b01000000;                          //-- INT0 인에이블
MCUCR = (MCUCR & 0b11111100) | con;          //-- INT0 설정
GIFR &= 0b10111111;                          //-- 인터럽트 플래그 레지스터 클리어
p_ei_cb0 = p;
break;

case 1:
GICR |= 0b10000000;        //-- INT1 인에이블
MCUCR = (MCUCR & 0b11110011) | (con << 2); //-- INT1 설정
GIFR &= 0b01111111;        //-- 인터럽트 플래그 레지스터 클리어
p_ei_cb1 = p;
}
}

void kill_eint(int n)                //-- 외부 인터럽트 해제
{
switch(n)
{
case 0:  GICR &= 0b10111111; break;
case 1:  GICR &= 0b01111111; break;
}
}

//-- 외부 인터럽트 서비스 루틴 0, 1
interrupt [EXT_INT0] void EXT_INT0_isr(void) {    p_ei_cb0(); }
interrupt [EXT_INT1] void EXT_INT1_isr(void) {    p_ei_cb1(); }

#endif
```

2.2 키패드 모듈(keypad.h)

- 목적 : 4x4 키패드로부터 키를 입력 받는다
- 함수

  void key_init(REG_ADDR out, REG_ADDR in, BYTE lh);

  void key_expand_on(BOOL f);

  BYTE key_get();
- 소스

```
#ifndef __KEYPAD_MODULE__
#define __KEYPAD_MODULE__

#include "regaddr.h"
#include <delay.h>

/* 연결과 옵션 -----------------------------
 KEY PAD array
  O3   O2  O1  O0    -- output
  1      2   3   4    I0 / I4
  5    6   7   8    I1 / I5
    9   10  11  12    I2 / I6
  13   14  15  16    I3 / I7

I0..3: LOW-LOW (keypad_lowhigh=0)
I4..7: LOW-HIGH(keypad_lowhigh=1) */

REG_ADDR keypad_out;
REG_ADDR keypad_in;
BYTE keypad_lowhigh;
BYTE keypad_out_mask[] = { 0x08, 0x04, 0x02, 0x01 };

//-- 확장 모드
BOOL key_expand = FALSE;
#define KEY_TIME_EXPAND  3000
#define KEY_TIME_UNIT              10

#define KEY_SKIP 3
#define KEY_WAIT  1       //ms

BOOL key_pressed()
{
   key = PIN(keypad_in);
   if(keypad_lowhigh==0)
      return ((key&0x0f) != 0x0f) ? TRUE: FALSE;
   else if((key&0xf0) != 0xf0)
      return TRUE;
   return FALSE;
}

#define key_expand_on(f) (key_expand=f)

//-- 키패드 초기화 - 포트 설정
void keypad_init(REG_ADDR out, REG_ADDR in, BYTE lh)
```

```
{
   keypad_out = out;
   keypad_in = in;
   keypad_lowhigh = lh;

   DDR(keypad_out) |= 0x0f;
   PORT(keypad_out) |= 0x0f;

   if(keypad_lowhigh == 0)
   {
      DDR(keypad_in) &= 0xf0;
      PORT(keypad_in) |= 0x0f;
   }
   else
   {
      DDR(keypad_in) &= 0x0f;
      PORT(keypad_in) &= 0xf0;
   }
}

//-- 키 입력
//-- Rtn: 1..16, 0(No Key Input)      - 정규 모드
//--    1..16, 16..32(확장), 0(No Input) - 확장 모드
//-- Note: 정규 모드에서는 키가 눌려진 즉시 리턴함
//--    키의 해제를 solicit하는 것은 client의 몫.
//--    확장 모드에서는 키가 눌려졌다가 해제되어야 리턴함.
BYTE keypad_get()
{
   int col;
   BYTE key=0x00, key_in;

   for(col = 0; col < 4; ++col)
   {
      PORT(keypad_out) = (PORT(keypad_out) & 0xf0) | keypad_out_mask[i];
      delay_ms(KEY_WAIT);

      key_in = PIN(keypad_in);                 //-- Normalize key in
      if(keypad_lowhigh == 1)
         key_in >>= 4;

      if(!CheckBit(key_in, 0))                          //-- Check key press
         key = col+1, break;
      else if(!CheckBit(key_in, 1))
         key = col+5, break;
```

```
        else if(!CheckBit(key_in, 2))
            key = col+9, break;
        else if(!CheckBit(key_in, 3))
           key = col+13, break;
    }

if(key && key_expand)                //-- Check key expand
{
int time = KEY_TIME_EXPAND;
while(key_pressed() && time > 0)
{
delay_ms(KEY_TIME_UNIT);
          time -= KEY_TIME_UNIT;
}
if(time <= 0)
key += 16;
}

return key;
}

#endif
```

2.3 LCD 모듈(lcd.h)

- 목적 : 텍스트 LCD 구동
- Option 설정 :

  정의 : OPTION_LCD

  I/O 포트 : LCD_DDR, LCD_PORT
- 함수

  LCD_init (REG_ADDR high, REG_ADDR low, int cx, int cy);

  void LCD_puti(unsigned char cmd);

  void LCD_putc (unsigned char c);

  void LCD_puts(const char *str);

  LCD_xy(int x, int y);

  LCD_cline(int y);

• 소스

```
#ifndef __LCD_HEADER________
#define __LCD_HEADER________
#include <delay.h>
#include "../inc/macros.h"
#include "../inc/regaddr.h"

#ifdef LCD_PORTS_TWO
  REG_ADDR lcd_portH, lcd_portL;
  #define _lcd_put(c)   splitHL(c, PORT(lcd_portH), PORT(lcd_portL))
#else
  REG_ADDR lcd_port;
  #define _lcd_put(c)   PORT(lcd_port)=c
#endif

int lcd_cx, lcd_cy;

//-- H/W Dependent parameters/functions ////////////

/* P0 P1  P2 P3 P4 P5 P6 P7
  RS RW E  X  {  DATA  }
 */

#ifdef LCD_PORTS_TWO
#define LCD_ENABLE        (PORT(lcd_portL) |= 0x04)
#define LCD_DISABLE       (PORT(lcd_portL) &= 0xFB)
#else
#define LCD_ENABLE        (PORT(lcd_port) |= 0x04)
#define LCD_DISABLE       (PORT(lcd_port) &= 0xFB)
#endif

//-- LCD 인스트럭션 파라미터

#define LCD_CLEAR                0x01     //-- 화면 클리어, DD RAM 번지 00H
#define LCD_CURSOR_HOME  0x02     //-- DD RAM 번지 00H

#define LCD_ENTRY_MODE           0x04     //-- 엔트리 모드
#define LCD_CURSOR_INC           0x02     //-- 커서 이동 방향, 증가/감소
#define LCD_SHIFT_SHAPE          0x01     //-- 화면 시프트 모양

#define LCD_DISPLAY              0x08     //-- 표시 온/오프
#define LCD_SCREEN_ON            0x04
#define LCD_CURSOR_ON            0x02
```

```
#define LCD_BLINK                    0x01
#define LCD_DISPLAY_ALL              0x0f

#define LCD_SHIFT                    0x10     //-- 커서/표시 시프트
#define LCD_SHIFT_SCREEN 0x08        //-- SCREEN/CURSOR
#define LCD_SHIFT_RIGHT              0x04     //-- RIGHT/LEFT

#define LCD_FUNCTION                 0x20     //-- 펑션 세트
#define LCD_FUN_8BIT                 0x10     //-- 8비트/4비트
#define LCD_FUN_2LINE                0x80     //-- 2라인/4라인
#define LCD_FUN_5X10DOT  0x40        //-- 5x10/5x7 DOT

#define LCD_DDRAM(addr)              (0x80 + addr)

void LCD_enable()  { LCD_ENABLE; LCD_DISABLE; }
void LCD_busy(void){ delay_ms(2); }

void LCD_puti(unsigned char cmd) //-- LCD 명령 보내기
{
  LCD_busy();

  _lcd_put(cmd&0xF0);            LCD_enable();
  _lcd_put((cmd<<4)&0xF0);       LCD_enable();
}

void LCD_putc (unsigned char c)  //-- LCD 문자 표시
{
  LCD_busy();

  _lcd_put((c&0xF0)|0x01);                 LCD_enable();
  _lcd_put(((c<<4)&0xF0)|0x01);  LCD_enable();
}

void LCD_puts(const char *str)   //-- LCD 문자열 표시
{
  while(*str && *str != '\r')
    LCD_putc(*str++);
}

void LCD_xy(int x, int y)        //-- LCD 커서 이동
{
  unsigned char data;
  switch(y)
  {
```

```
      case 0: data = 0x00+x; break;
      case 1: data = 0x40+x; break;
      case 2: data = 0x10+x; break;
      case 3: data = 0x50+x; break;
   }
   data |= 0b10000000;
   LCD_puti(data);
}

//-- LCD 초기화
#ifdef LCD_PORTS_TWO
void LCD_init (REG_ADDR portH, REG_ADDR portL, int cx, int cy)
#else
void LCD_init (REG_ADDR port, int cx, int cy)
#endif
{
   BYTE func;

#ifdef LCD_PORTS_TWO
   lcd_portH = portH;
   lcd_portL = portL;
#else
   lcd_port = port;
#endif
   lcd_cx = cx;   lcd_cy = cy;

#ifdef LCD_PORTS_TWO
   splitHL(0xFF, DDR(lcd_portH), DDR(lcd_portL));
#else
   DDR(lcd_port) = 0xff;
#endif
   delay_ms(16);

   //-- LCD Starts up in 8-Bit mode, busy cannot be checked at moment
   //-- we send these bytes according to the datasheet.
   _lcd_put(0x30); LCD_enable();  delay_ms(1);
   _lcd_put(0x30); LCD_enable();  delay_ms(1);
   _lcd_put(0x30); LCD_enable();

   //-- Now we can check the Busy
   LCD_busy();

   //-- This places the LCD in 4-bit mode.
   _lcd_put(0x20); LCD_enable();
```

```
    LCD_busy();

    func = LCD_FUNCTION;
    if(lcd_cy==2)
        func |= LCD_FUN_2LINE;
    LCD_puti(func);
    LCD_puti(LCD_DISPLAY_ALL);
    LCD_puti(LCD_ENTRY_MODE|LCD_CURSOR_INC);
    LCD_puti(LCD_CLEAR);
    LCD_puti(LCD_CURSOR_HOME);
}

void LCD_cline(int y)     //-- 라인 지우고 커서 위치
{
    int i;
    LCD_xy(0, y);
    for(i = 0; i<lcd_cx; ++i)
        LCD_putc(' ');
    LCD_xy(0,y);
}

#endif
```

2.4 세븐 세그먼트 모듈(seg7.h)

- 목적 : 세븐 세그먼트 어레이 표시
- Option 설정

  정의 : OPTION_SEG7

  옵션 : FND_DATA_PORT2
- 함수

  void fnd_init(REG_ADDR high, REG_ADDR low, int n);

  void fnd_put(BYTE c, BOOL dot);

  void fnd_data_put(char *data);

  void fnd_data_num(int n);

  void fnd_switch();

- 소스

```
#ifndef SEG_7_HEADER_____
#define SEG_7_HEADER_____
#include "../inc/regaddr.h"
#include "../inc/timer.h"

int fnd_ind = 0;
BYTE fnd_num;
BYTE fnd_mask;
char fnd_data[8];

#ifdef FND_DATA_PORT2
REG_ADDR fnd_addr_high;
REG_ADDR fnd_addr_low;
#else
REG_ADDR fnd_addr_data;
#endif
REG_ADDR fnd_addr_sel;

extern void fnd_switch();

//-- 초기화
#ifdef FND_DATA_PORT2
void fnd_init(REG_ADDR high, REG_ADDR low, REG_ADDR sel, BYTE n)
#else
void fnd_init(REG_ADDR data, REG_ADDR sel, BYTE n)
#endif
{
int i;

#ifdef FND_DATA_PORT2
   fnd_addr_high = high;
   fnd_addr_low = low;
#else
   fnd_addr_data = data;
#endif
fnd_addr_sel = sel;
fnd_num = n;

#ifdef FND_DATA_PORT2
   splitHL(0xFF, DDR(fnd_addr_high), DDR(fnd_addr_low));
   splitHL(0xFF, PORT(fnd_addr_high), PORT(fnd_addr_low));
#else
```

```
DDR(fnd_addr_data) = 0xFF;
PORT(fnd_addr_data) = 0xFF;
#endif
fnd_mask = BitsMask(0, n);
DDR(fnd_addr_sel) = DDR(fnd_addr_sel) | fnd_mask;
DDR(fnd_addr_sel) = DDR(fnd_addr_sel) | fnd_mask;

  for(i = 0; i < n; ++i)
    fnd_data[i] = '0';

//-- 타이머 기동 - 완전 독립 모듈!!
set_timer(0, CLK_DIV_1024, 4, fnd_switch);
}

//-- 글자 표시
//-- 파라미터
//--      c = 표시할 글자
//--      '0'..'9': 숫자
//--      'A'..'F', '-', '.': 문자
//--      'a'..'g': 각 단위 LED
static BYTE fnd_map[] =
{  0xC0, 0xCF, 0xA4, 0xB0, 0x99, 0x92, 0x82, 0xD8, 0x80, 0x90,
        0x88, 0x83, 0xC6, 0xA1, 0x86, 0x8E, 0xC2, 0x8B, 0xF9, 0xE5, 0x89,
0xC7,
        0xAA, 0xAB, 0xA3, 0x8C, 0x98, 0xAF, 0x9E, 0x87, 0xC1, 0x81, 0x95,
0xA8,
        0x91, 0xB5,
        0xFE, 0xFD, 0xFB, 0xF7, 0xEF, 0xDF, 0xBF};

void fnd_put(BYTE c, BOOL dot)
{
switch(c)
{
case '-': c =0xBF; break;
case '.':         c = 0x7F; break;
default:
if(c >= '0' && c <= '9')
c = fnd_map[c-'0'];
else if(c >= 'A' && c <= 'Z')
c = fnd_map[c-'A'+10];
else if(c >= 'a' && c <= 'g')
c = fnd_map[c-'a'+36];
else
c = 0xFF;
```

```
break;
}
if(dot)
c &= 0x7F;
#ifdef FND_DATA_PORT2
    splitHL(c, PORT(fnd_addr_high), PORT(fnd_addr_low));
#else
PORT(fnd_addr_data) = c;
#endif
}

void fnd_data_put(char *data)      //-- 표시 데이터 라이트
{
   int i;
   char *p = fnd_data;
   for(i = 0; i < fnd_num; ++i)
      *p++ = *data++;
}

void fnd_data_num(int n)           //-- 정수를 표시 데이터로 라이트
{
int i;
for(i = fnd_num-1; i>-1; --i)
{
fnd_data[i] = n%10 + '0';
n /= 10;
}
}

void fnd_switch()          //-- 세그먼트 변경 및 표시 - 타이머 클라이언트
{
fnd_ind = (fnd_ind+1) % fnd_num;
PORT(fnd_addr_sel) = (PORT(fnd_addr_sel)|fnd_mask) & ~(0x01<<fnd_ind);
fnd_put(fnd_data[fnd_ind], FALSE);
}

#endif
```

2.5 타이머 모듈(timer.h)

- 목적 : Event-driven 방식의 타이머 라이브러리

- Option 설정

  정의 : OPTION_TIMER

- 함수

  void set_timer(int n, int scale, int time, void (*func)());

  void kill_timer(int n);

- 소스

```
#ifndef __TIMER_HEADER_____
#define __TIMER_HEADER_____

#ifdef _MEGA8_INCLUDED_
#define NUM_TIMERS       2
#endif

int tcnt_val[NUM_TIMERS];          //-- Timer Counter number
void (*p_t_cb0)();                 //-- Timer Call-Backs
void (*p_t_cb1)();

int timer_cnt(int i)               //-- 타이머 카운트를 반환하는 함수.
{  //-- 좀더 검증을 거쳐야 할 것으로 보임.
int val;
switch(i)
{
        case 0: val = 0x100-TCNT0-tcnt_val[0]; break;
        case 1:
        disable_interrupt();
        val = 0x10000-TCNT1-tcnt_val[1];
        enable_interrupt();
        break;
}
return val;
}

//-- 분주prescaler => set_timer(..scale..)
enum  { CLK_DIV_NO, CLK_DIV_1, CLK_DIV_8, CLK_DIV_64, CLK_DIV_256,
CLK_DIV_1024 };

void set_timer(int n, int scale, int time, void (*func)()) // 타이머 설정
{  //-- n: 타이머 번호(현재는 0/1), scale: 분주, time: 타이머 주기(ms),
//--     func: Timer ISR 클라이언트 함수
switch(scale)
```

```
{
        case CLK_DIV_1: tcnt_val[n] = F_CPU/1/1000*time;   break;
        case CLK_DIV_8: tcnt_val[n] = F_CPU/8/1000*time;   break;
        case CLK_DIV_64: tcnt_val[n] = F_CPU/64/1000*time; break;
        case CLK_DIV_256: tcnt_val[n] = F_CPU/256/1000*time; break;
        case CLK_DIV_1024: tcnt_val[n] = F_CPU/1024/1000*time; break;
}

switch(n)
{
        case 0:
        TCCR0 = scale;
        TCNT0 = 0x100 - tcnt_val[n];
        TIMSK |= 0x01;
        p_t_cb0 = func;
        break;

        case 1:
        TCCR1B = scale;
        TCNT1 = 0x10000 - tcnt_val[n];
        TIMSK |= 0x04;
        p_t_cb1 = func;
}
}

void kill_timer(int n)
{  //-- 타이머 죽이기
switch(n)
{
        case 0: TIMSK &= ~0x01; break;
        case 1: TIMSK &= ~0x04; break;
}
}

interrupt [TIM0_OVF] void TIM0_OVF_isr(void)
{  //-- 타이머0의 ISR
TCNT0 = 0x100 - tcnt_val[0]; //-- 새로운 타이머 값 로드(주기 설정)
p_t_cb0();
}

interrupt [TIM1_OVF] void TIM1_OVF_isr(void)
{  //-- 타이머1의 ISR
disable_interrupt();     //-- 새로운 타이머 값 로드(주기 설정)
TCNT1 = 0x10000 - tcnt_val[1];
```

```
enable_interrupt();
p_t_cb1();
}

#endif
```

2.6 직렬 통신 모듈(uart.h)

- 목적 : 직렬 통신의 추상화
- Option 설정
  - 정의 : OPTION_UART
  - 옵션 : USING_UART_ISR
- 함수

  매크로 함수 : uart_set_parity(p)
  uart_ready_put()
  uart_ready_get()

  void uart_set_baud(int baud);

  void uart_init(int baud, int par, void (*pf_get)(BYTE));

  void uart_init(int baud, int par);

  void uart_putc(BYTE data);

  void uart_puts(const char *str);

  char uart_getc(void);

  void uart_gets(char *rec, int len);

  char uart_getc_time(int t);

  void uart_gets_time(char *rec, int len, int t);
- 소스

```
#ifndef __UART_HEADER___
#define __UART_HEADER___
#include "../inc/macros.h"

#define UART_TIME_UNIT     10      //-- ms
```

```
#define UART_TIME_DEFAULT 1000

#define UART_PAR_NO      0x00  //-- ☞ uart_parity(p)
#define UART_PAR_EVEN    0x20
#define UART_PAR_ODD     0x30

#ifdef USING_UART_ISR
void (*uart_get_client)(BYTE c);  //-- 수신 이벤트 핸들러
#endif

//-- macro functions
#define uart_set_parity(p)  (UCSRC = ((UCSRC&0b11001111) | p))
#define uart_ready_put()   (UCSRA.5==1)
#define uart_ready_get()   (UCSRA.7==1)
#define uart_err_parity()   (UCSRA.2==1)

void uart_set_baud(int baud) //-- Set BAUD rate
{
   int ubrr;
   ubrr = F_CPU/16/baud - 1;
   UBRRH = (BYTE)(ubrr >> 8);
   UBRRL = (BYTE)ubrr;
}

#ifdef USING_UART_ISR
void uart_init(int baud, int par, void (*pf_get)(BYTE))
#else
void uart_init(int baud, int par)
#endif
{  // Initialize UART - Async, 8bit, 1 stop
// baud: Baud Rate, par: Parity(UART_PAR_[NO|EVEN|ODD])
// pf_get: Client Function on get(NO use: 0).
   UCSRA=0x00;
#ifdef USING_UART_ISR
   UCSRB = 0x98;
#else
UCSRB=0x18;
#endif
   UCSRC=0x86;  uart_set_baud(baud);  uart_set_parity(par);
#ifdef USING_UART_ISR
   uart_get_client = pf_get;
#endif
}
```

```
void uart_putc(BYTE data) //-- Put char to uart
{
    while(!uart_ready_put()) ;
    UDR = data;
}

void uart_puts(const char *str) //-- Put str to uart
{  while(*str) uart_putc(*str++); }

char uart_getc(void) //-- Get char from uart
{ while(!uart_ready_get()) ; return UDR; }

void uart_gets(char *rec, int len) //-- Get str from uart
{   //-- rec: get str buffer, len: maximum str len
while(len--)
if( (*rec=uart_getc()) == '\0')  break;
else rec++;
}

char uart_getc_time(int t) //-- Timed getc from uart
{   //--  t: timeout <ms>
if(t==0) t = UART_TIME_DEFAULT;
    while(!uart_ready_get() && t > 0) t -= UART_TIME_UNIT;
return t>0? UDR : 0;
}

void uart_gets_time(char *rec, int len, int t) //-- Timed gets
{   //-- rec: get str buffer, len: maximum str len, t: timeout <ms>
while(len--)
        if( (*rec=uart_getc_time(t)) == '\0') break;
        else rec++;
}

#ifdef USING_UART_ISR
interrupt [USART_RXC] void USART_RXC_isr(void) //-- RXC isr
{ if(uart_get_client) uart_get_client(UDR); }
#endif
#endif
```

3. 통신 라이브러리

우리가 구현하려고 하는 임베디드 시스템들은 모두 통신 기능이 들어가며, 따라서 통신 기능을 위주로 하여 타겟(target)들간의 공통 부분을 찾아서 라이브러리화할 필요가 있다.

여기서는 타겟 시스템에 공통적으로 사용될 통신 프로토콜을 먼저 정의하고, 관련 라이브러리를 작성한다. 먼저, 물리적 레이어(layer)에서는 임베디드 사이의 통신뿐만 아니라 PC와의 통신까지 고려하여 시리얼 통신으로 한다. 실제 연결에서는 RS232C, RS485, TTL 레벨에서의 연결 등이 다 사용될 수 있다. 대략적인 통신 스펙은 다음과 같다.

- UART, 1 stop bit
- 0/1/2 parity
- 가변 통신 속도
- 시리얼 버스 - 주소 지정 가능
- 폴링 방식, 반 이중 통신

3.1 메시지 포맷

임베디드 통신시 메시지 포맷은 모두 문자로 정의하는 것이 좋다. 이렇게 해야 가상 단말기와 AVR을 연결하여 통신 테스트를 하기가 쉬워진다. 만일 바이너리 데이터를 주고 받는 통신을 테스트하려면 PC 측에 전용 프로그램을 따로 만들어야 가능해진다.

- Request

호스트(PC 혹은 다른 임베디드 시스템) 측에서 보내 오는 메시지 포맷을 다음과 같이 정의한다.

STX + Address + Cmd + Data + EOT + NULL

STX	‘$’	
Address	HH	H := [‘0’ ..’ 9’ |’ A’ ..’ F’], 수신자 주소
Cmd	C	One char
Data	DD…	문자 스트림 데이터(최대 8자)
EOT	‘^R’	
NULL	‘₩0’	

- **Answer**

호스트 측으로 보내는 응답 메시지를 다음과 같이 정의한다.

STX + [MSG|Data] + EOT + NULL

STX	〉	정상
	?	에러
Msg	C	One char 에러일 때
Data	DD…	최대 길이 8자의 문자 데이터
EOT	‘^R’	
NULL	‘₩0’	

3.2 기본 명령과 메시지

통신 모듈에서는 최소한 주소와 통신 속도의 관리가 있어야 한다. 통신과 관련되는 기본 명령은 다음과 같다.

- **A(set Address)**

‘A’를 주소 변경 명령으로 한다. 이 때 Data는 새로운 주소(2 바이트)이다. 기기의 초기 주소 값은 00이다.

- **B(set Baud)**

보율(baud rate)을 변경한다. Data는 ‘0’.. ‘9’ 중 하나이다. 각 값에 대한 보율은 다음 표와 같이 정의한다.

0	1	2	3	4	5	6	7	8	9
9,600	14.4k	19.2k	28.8k	38.4k	57.6k	76.8k	115.2k	230.4k	250k

에러 메시지에는 다음과 같은 것들이 있다.

- c (모르는 명령)
- d (데이터 에러)
- P (패리티 에러)
- s (구문 에러)
- t (시간 초과 에러)

3.3 클라이언트 통신 라이브러리

우리의 목표는 클라이언트 통신 라이브러리를 작성하여, 이것을 타겟 시스템에서 수정 없이 온전히 사용하도록 하는 것이다. 클라이언트 측의 통신 라이브러리에는 다음과 같은 요소들이 필요하다.

- **초기화 루틴**
  - EEPROM에서 주소와 보율을 읽는다.
  - 통신 설정을 한다.
  - 명령 처리 클라이언트 함수를 등록한다.

- **통신 메인**
  - 서버 측에서 Request 패킷을 수신한다.
  - 주소가 일치하는가?
  - 패리티 체크
  - 자체 명령 처리를 수행한다.
  - 필터링 ☞ 클라이언트 명령 처리를 수행한다.

– 데이터/메시지를 서버 측에 송신한다.

- **명령 처리 - 자체**

– 명령을 분석한다.

  · 명령 = ‘A’ ☞ 주소 변경(SRAM/EEPROM)

  · 명령 = ‘B’ ☞ 보율 변경(SRAM/EEPROM)

– Otherwise: flag Filtering

- **명령 처리 - 클라이언트**

클라이언트에 의해 등록된 클라이언트 함수 포인터.

– 파라미터: 명령, 데이터

– 반환값: 에러 코드

[nuke.h]

```
#ifndef __NUKE_HEADER___
#define __NUKE_HEADER___

#include "../inc/utils.h"
//-- Remark: Don't use USING_UART_ISR in options.h

#define NUKE_DATA_LEN 8

#define STX '$'  //-- STX of Request
#define EOT '\r' //-- End of Text
#define SDT '>'  //-- Start of Data - Response
#define SMT '?'  //-- Start of Message - Response

#define NUKE_MSG_CMD              'c'
#define NUKE_MSG_DATA             'd'
#define NUKE_MSG_SYNTAX  's'
#define NUKE_MSG_TIMEOUT 't'

eeprom char e_nuke_addr;
eeprom char e_nuke_baud;
char    t_nuke_addr[2];
char  *prmpt = 0;
```

```
BYTE (*p_nuke_client)(char cmd, char *pData, int n, char *pRtn) = 0;

//-- NUKE macro functions
//-- Set Nuke Client
//-- Nuke Main 루프에서는 수신 패킷을 분석하고, 여기서 패킷이 걸러지지 않으면
//--     (즉 명령이 A, B가 아니면) 패킷의 명령과 데이터를 Nuke Client에 넘긴다.
//-- Nuke Client는 이것을 다시 분석하는데, 다음의 형식을 준수해야 한다.
//--   1. cmd, pData, n(input): 명령과 데이터, 데이터 갯수
//--   2. pRtn(output): 최대 8자까지의 송신할 데이터 문자열(\0 인식)
//--   3. Return: 0이면 Data 송신, 아니면 메시지 송신(송신 메시지값)
//--
#define set_nuke_client(p) (p_nuke_client = (p))
#define nuke_set_prompt(p) prmpt=(p)

static long nuke_baud[] = { 9600, 14400, 19200, 28800, 38400, 57600, 76800,
115200 };

BOOL nuke_set_addr(char *addr)    //-- 주소 설정
{
BYTE a;
a = hex2byte(addr);
if(utils_error == utils_err_no)
{
t_nuke_addr[0] = addr[0];
t_nuke_addr[1] = addr[1];
e_nuke_addr = a;
return TRUE;
}
return FALSE;
}

BOOL nuke_set_baud(char baud)     //-- 보율 설정
{
if(baud < '0' || baud > '7')
return FALSE;
e_nuke_baud = baud - '0';
uart_set_baud(nuke_baud[e_nuke_baud]);
return TRUE;
}

void nuke_init(BYTE (*p)(char , char*, int, char*)) //-- 초기화
{
byte2hex(t_nuke_addr, e_nuke_addr);
uart_init(nuke_baud[e_nuke_baud], UART_PAR_NO);
```

```
set_nuke_client(p);
}

char *msg_err = "? \r";
void nuke_send_err(char c)                        //-- 에러 메시지 송출
{
*(msg_err+1) = c;
uart_puts(msg_err);
}

char msg_data[NUKE_DATA_LEN+3];
void nuke_send_data(char *data)  //-- 데이터 메시지 송출
{
char *p = msg_data;
*p++ = SDT;
while(*data)
*p++ = *data++;
*p++ = EOT;
*p = '\0';
uart_puts(msg_data);
}

void nuke_main()           //-- NUKE 메인 - Nuclear Bomb!!!!
{
// $AACHHHHHHHHr\0
char buf[NUKE_DATA_LEN+7];
char rtn[NUKE_DATA_LEN+1];

int status;
BYTE result;

while(1)
{
if(prmpt)
uart_puts(prmpt);

//-- Solicit STX, Start of Text
while((buf[0]=uart_getc())!= STX)
delay_ms(20);

//-- 블록 읽기
//      status = uart_gets_time(buf, NUKE_DATA_LEN+6, 0);
status = uart_gets(buf+1, NUKE_DATA_LEN+5);
```

```
//-- STX와 주소 체크
if( buf[1] != t_nuke_addr[0] || buf[2] != t_nuke_addr[1])
continue;

if(status < 0)            //-- 타임아웃 체크
nuke_send_err(NUKE_MSG_TIMEOUT), continue;
++status;

if(buf[status-1] != EOT) //-- EOT 체크
nuke_send_err(NUKE_MSG_SYNTAX), continue;
rtn[0] = '\0';

switch(buf[3])            //-- 명령 분석
{
case 'a':  case 'A':
if(status != 7 || !nuke_set_addr(buf+4) )
nuke_send_err(NUKE_MSG_DATA), break;
nuke_send_data(rtn);
break;

case 'b':  case 'B':
if(status != 6 || !nuke_set_baud(*(buf+4)) )
nuke_send_err(NUKE_MSG_DATA), break;
            nuke_send_data(rtn);
break;

default:
            if(p_nuke_client)
            {
               result = p_nuke_client(buf[3], buf+4, status-5, rtn);
               if(result)
                   nuke_send_err(result), break;
               nuke_send_data(rtn);
            }
            else
               nuke_send_err(NUKE_MSG_CMD), break;
}
}
//   delay_ms(10); //-- 어떻게 파라미터화를 해야 할까?
}
#endif
```

4. 테스트

우리의 목표는 Nuke 모듈의 독립성이다. Nuke가 우리가 개발할 프레임웍이다. 다음 장부터 전개할 프로젝트의 개발 환경을 갖추게 되는 것이다.

4.1 회로 연결

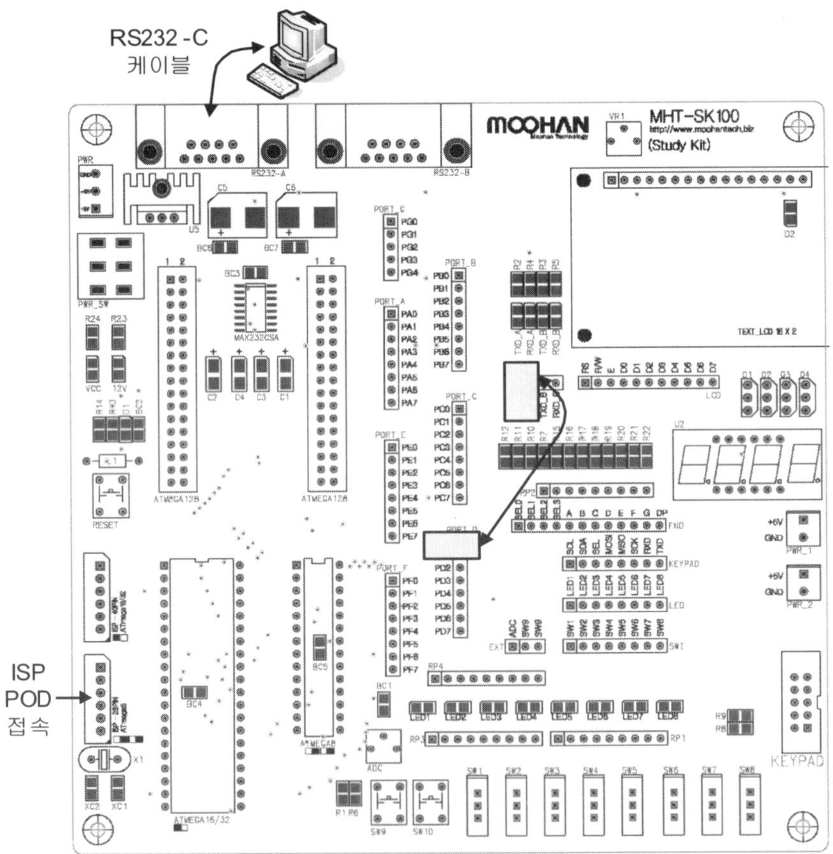

[그림 4.1] NUKE 실습 케이블 연결

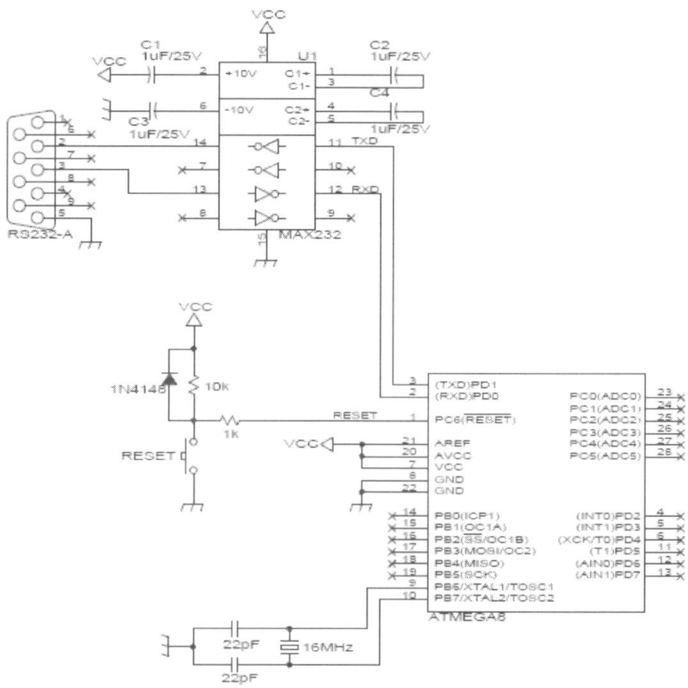

[그림 4.2] NUKE 실습 회로도 연결

다음은 테스트 프로그램이다.

[프로그램 50-1] NUKE 테스트

```
#include <mega8.h>
#include <delay.h>
#include "../inc/macros.h"   //-- 반드시 인클루드!!!!!!!!
#include "options.h"

BYTE nuke_client(char cmd, char *pData, int n, char *pRtn)
{
char *msg1 = "Hi, there!";
char *msg2 = "Demo, or die!";

switch(cmd)
{
case 'c':  uart_puts(msg1);  break;
case 'd':  uart_puts(msg2);  break;
```

```
default:  return NUKE_MSG_CMD;
}
return 0x00;
}

void main()
{  nuke_init(nuke_client); nuke_main(); }
```

• **Options.h 설정**

../inc/options.h를 어플리케이션 폴더에 복사한 후 다음과 같이 편집한다.
옵션 중 OPTION_UART와 OPTION_NUKE만 남기고 모두 주석 처리한다.

```
//#define OPTION_EINT
//#define OPTION_FND
//#define OPTION_KEYPAD
//#define OPTION_LCD
//#define OPTION_SEG7
//#define OPTION_TIMER
#define OPTION_UART
#define OPTION_NUKE
```

아래 OPTION_UART 부분으로 가서 USING_UART_ISR을 주석 처리한다.

```
//-- UART.H ------------------------------------------
#ifdef OPTION_UART
//-- Ch Registers  - for now, no definition.
//#define USING_UART_ISR //-- Do you want to use UART isr?
#include "../inc/uart.h"
#endif
```

이제 실행 파일을 만들어서 AVR에 다운로드한다.

• **테스트**

PC와 AVR을 RS232를 통해 연결한다. 가상 터미널을 열어서, 다음과 같이 데이터를 입력하여 AVR 측의 응답을 살펴본다.

```
$00A01
$01A00
$00c
$00d
```

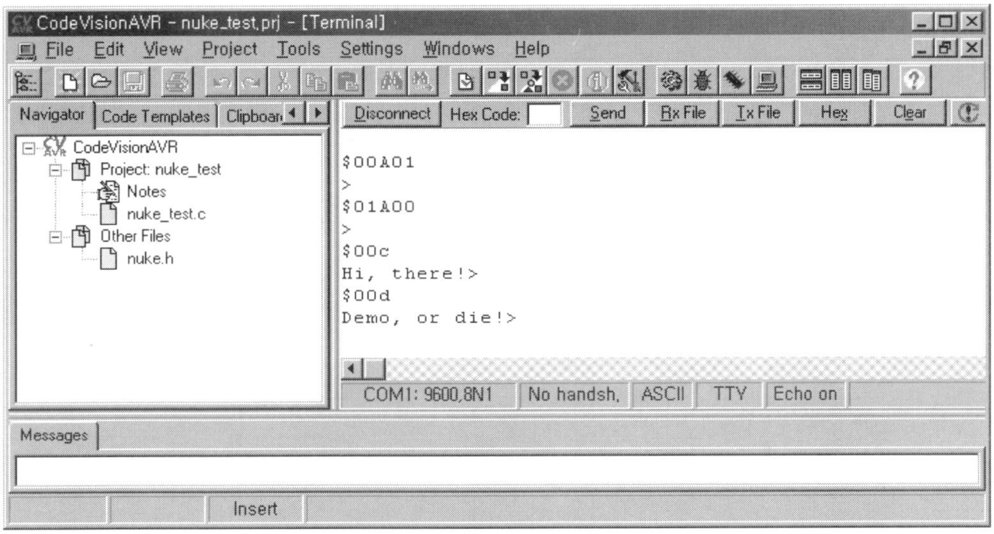

이번에는 보율을 변경시켜 본다. 다음과 같이 입력한 후(Baud Rate를 14400으로 바꿈)

```
$00B1
```

메뉴바의 Settings-Terminal을 선택하여, 팝업 되는 Terminal Settings 창에서 Baud Rate를 14400으로 바꾼다. 그리고 계속해서 입력을 한다.

```
$00c
```

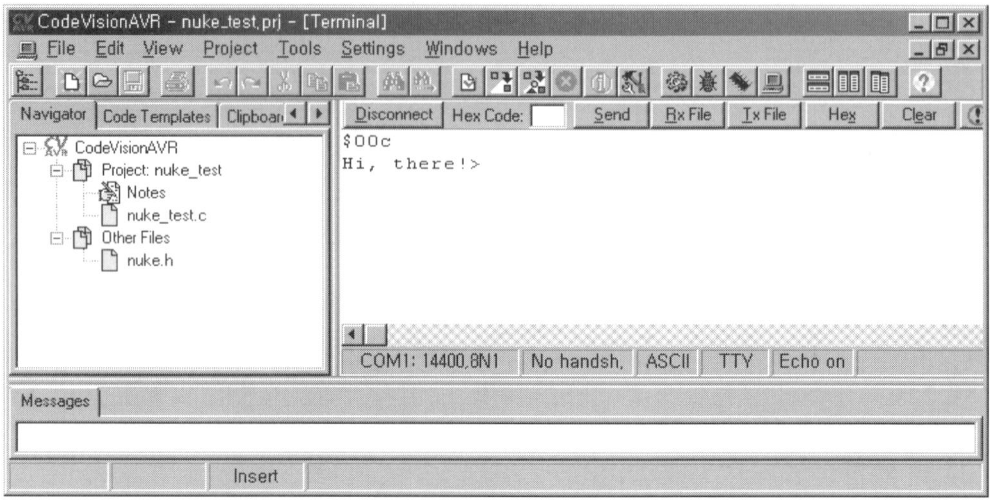

AVR에서 주소와 보율은 eeprom에서 관리되므로, 전원을 끊었다가 다시 연결시켜도 마지막으로 변한 상태를 유지하게 된다.

만만의 준비가 끝났다. 이제 프로젝트에 들어갈 준비가 되었다.

연습 문제

다음 문제들에 대한 설명을 결과보고서로 제출하시오.

① 앞의 테스트 프로그램에서, 주소와 보율 설정 외에 NUKE에서 필요한 데이터, 명령에는 어떤 것들이 있을 수 있는지 설명하시오.

② 통신에서 고려할 요소 중 타임아웃 조건이 있다. 호스트 측에서 보내는 명령을 받을 때, 항상 완성된 메시지를 받는다는 보장이 없다. 메시지가 중간에 끊기면 더 이상 메시지 수신을 중단하고 “타임아웃” 메시지를 호스트 측에 보내야 한다. 그러나, 이것은 호스트에서 프로그램 모드로 동작할 때에 그렇다는 것이고, 터미널 모드로 동작할 때에는 타임아웃이 오히려 불편하다. 유저가 가상 단말기에 데이터를 쳐 넣는 동안 “타임아웃” 메시지를 보게 될 것이기 때문이다.

Nuke 모듈에 타임아웃을 유저 명령에 의해 On/Off할 수 있는 명령을 추가하시오.

③ 임베디드시스템용 펌웨어 개발에서 프로그램 사이즈는 대단히 중요하다. 즉, 불필요한 코드는 컴파일에서 제외시켜야 한다. 앞의 테스트 프로그램에서 사용된 라이브러리에서 사용되지 않은 코드들(함수)을 조사하고, 이를 효율적으로 관리할 수 있는 방안에 대해 논하시오.

제 2 장 키 패드 모듈

✓ 이 장의 목표

- 시스템 분석 능력을 기른다.
- 시스템에 최적의 하드웨어를 구성할 줄 안다.

✓ 들어가기에 앞서

- 키패드 라이브러리(keypad.h)의 기능을 확인한다.

✓ 하드웨어 준비

- 앞 장과 동일

1. 모듈 스펙

NUKE를 키패드 모듈에 적용한다.

1.1 통신 프로토콜

여기서는 키패드에서 필요한 명령을 정의한다. 초기 모델에서는 모드 변경 명령과 키 읽기 명령을 구비한다.

- **Expanded mode on/off**

키가 눌려진 시간이 길면 키 값에 16을 더한 값을 호스트에 넘기는 모드.

- Request: $AA[e|E][0|1]·R
- Answer: 〉

- **Get key**

키를 읽어서 반환

- Request: $AA[g|G]·R
- Answer: 〉DD·R　　　　　　//-- DD = 00~20(Hex))

2. 하드웨어 구성

키패드 연결 부분은 파트2 제4장을 참조한다. 또한 UART 연결은 앞장과 같은 방법으로 한다.

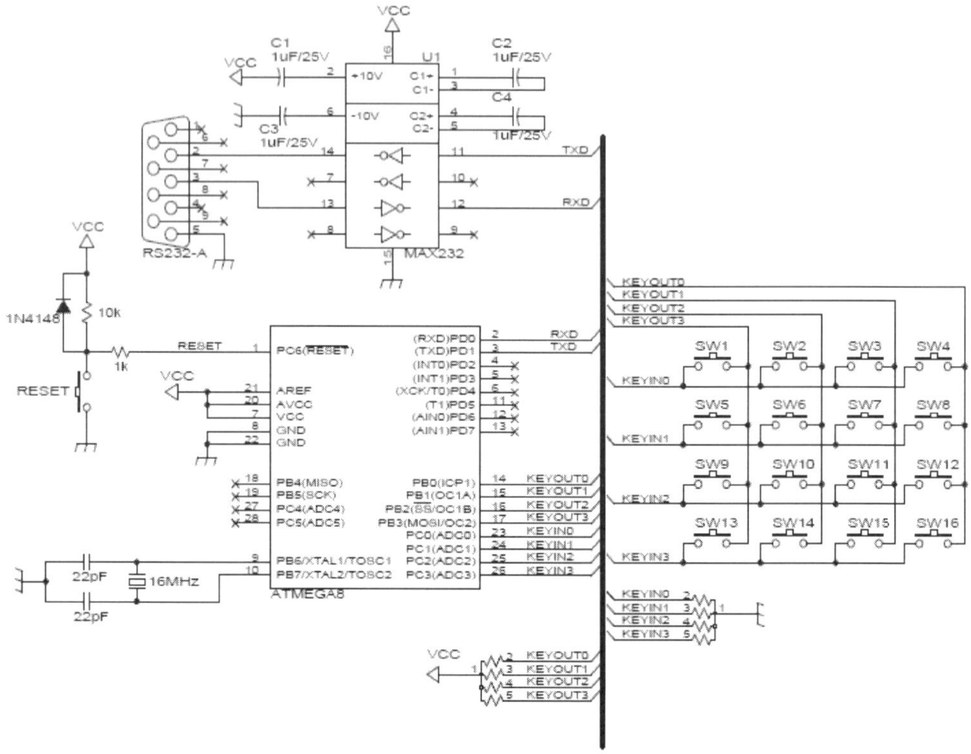

[그림 2.1] NUKE 키패드 실습 회로도 연결

RS232C 케이블과의 연결은, MAX232의 14번이 RxD(9핀에서 2번), 15번이 TxD(9핀에서 3번)로, 그리고 Gnd는 공유(9핀에서 5번)한다.

위의 회로에서는 통신 테스트를 가상 단말기(즉 PC측)와 할 것이기 때문에 RS232C 신호 결합이 필요하지만, 실제 구현시에는 다른 임베디드 시스템에서 필요한 모듈로서 TTL 레벨의 UART 통신을 하면 될 것이며, 따라서 RS232C는 불필요하다.

키패드 모듈(하드웨어)을 제품으로 만든다면, 키패드 부분이 MCU 회로 부분과 분리되어 커넥터에 의해 연결되는 모양을 할 것이다. 모듈 전체는 외부 인터페이스로 VCC, GND, TxD, RxD의 연결 단자로 구성되게 된다.

3. 구현

[프로그램 51]

```
#include <mega8.h>
#include <delay.h>
#include "../inc/macros.h"
#include "opt_key.h"

BYTE keypad_client(char cmd, char *pData, int n, char *pRtn) //-- 키패드 클라이
언트
{
BYTE key;
switch(cmd)
{
case 'e':  case 'E':                    //-- 키패드 확장 모드 On/Off
if(n != 1)
return NUKE_MSG_DATA;
if(*pData == '0')
keypad_expand(FALSE);
else if(*pData == '1')
keypad_expand(TRUE);
else
        return NUKE_MSG_DATA;
break;

case 'g': case 'G':                     //-- 키패드 문자 읽기
if(n != 0)
return NUKE_MSG_DATA;
key = keypad_get();
byte2hex(pRtn, key);
break;

default: return NUKE_MSG_CMD;
}
return 0x00;
}

void main()
{
   char *prompt = "key>>";
   keypad_init(PORT_ADDR_B, PORT_ADDR_C, 0);
```

```
    keypad_expand(TRUE);
    nuke_init(keypad_client);
    nuke_set_prompt(prompt);
    nuke_main();
}
```

다음에 Option을 설정한다. ../inc/options.h를 응용 폴더에 opt_key.h의 이름으로 복사한 다음, 이것을 다음과 같이 편집한다.

- 옵션에서 OPTION_KEYPAD, OPTION_UART, OPTION_NUKE를 선택하고, 나머지 옵션은 주석 처리한다.
- USING_UART 부분으로 내려가서, USING_UART_ISR의 정의를 주석 처리한다.

이제 컴파일, 링크하고 AVR을 구워라.

연습문제

다음 문제들에 대한 설명과 실험실습 결과를 실험 결과 보고서와 함께 제출하시오.

① 이제 여러분은 임베디드 통신 모듈 개발에 첫발을 내디뎠습니다. 포인트는 "개발 도구" - 다시 말해 방법론을 체계화하는 것이다. 코드의 가독성, 유지보수성, 효율성을 일정하게 유지시킬 수 있는 자신만의 노하우를 빨리 갖추어야 한다. 이러한 주제로 팀원 간에 토의해 보시오.

제 3 장 세븐 세그먼트 모듈

✓ **이 장의 목표**

· 문제 의식을 가지고 사물을 바라보는 습관을 기른다.
· 다른 제품을 벤치마킹하고, 플러스 알파를 생각하는 습관을 기른다.
· 소프트웨어 개발 활동은 51%가 예술, 49%가 수학이라고 하는 말을 이해한다.

✓ **들어가기에 앞서**

· 세븐 세그먼트 라이브러리(seg7.h)의 기능을 확인한다.
· 시장에 나와 있는 산업용 세븐 세그먼트 모듈에 대해 조사해 본다.

✓ **하드웨어 준비**

· 앞 장과 동일

1. 모듈 스펙

세븐 세그먼트 모듈의 주목적은 세븐 세그먼트 어레이를 표시하는 것이다. 그러나 단순한 표시만으로 모듈화의 장점을 살렸다고 볼 수는 없다. 표시되는 문자와 효과를 다양화하여 기존의 모듈들과 차별성을 가질 때 그 물건도 팔리고, 여러분의 실력도 향상될 수 있을 것이다. 스펙을 작성하기 전에 먼저 이런 점을 염두에 두고 숙고한다.

- **표시되는 문자**

세븐 세그먼트로 'a'~'z'의 26개 문자(대소문자 구별 없음)를 모두 표시하는 경우도 있다. 이를 원하는 고객도 있을 수 있음을 염두에 두어야 한다.

- **표시 효과**

스캔 주기는 적절한 값을 찾기 위해서도 클라이언트에 의한 값의 변경이 가능할 필요가 있다. 또한 표시 마스크를 주어서 각 글자를 보이게, 혹은 보이지 않게 한다. 또한 두 개의 마스크를 일정 주기로 스위칭하여 점멸하는 효과를 줄 수 있게 한다.

1.2 문자 코드 맵

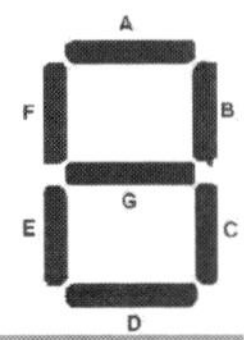

문자	FND	HEX	문자	FND	표시	문자	FND	표시
0		3F	1		30	2		5B
3		4F	4		66	5		6D
6		7D	7		27	8		7F
9		67	A		77	B		7C

문자	FND	HEX	문자	FND	표시	문자	FND	표시
C		39	D		5E	E		75
F		71	G		3D	H		74
I		06	J		1E	K		72
L		38	M		55	N		54
O		5C	P		73	Q		67
R		50	S		6D	T		78
U		3E	V		7E	W		6A
X		57	Y		6E	Z		49
a		01	b		01	c		04
D		08	e		10	F		20
G		40						

1.3 점멸 기능 구조

마스크 어레이를 두고, 타이머에서 주기적으로 마스크를 변경한다. FND를 스캔하는 타이머 함수에서는 이 마스크를 참조하여 현재 FND의 마스크 비트가 1이면 FND를 표시하고 0이면 표시하지 않는다.

마스크의 등록, 변경, 삭제가 가능하며, 삭제는 가장 최근에 등록한 것을 없앤다

(LIFO). 마스크 수는 최대 12개까지 가능하게 한다. 또한 점멸 주기는 초기에 100ms로 테스트하여, 적절한 값을 산정한다.

1.4 통신 프로토콜

여기서 모든 명령에 대한 응답은 기본 모양과 동일한데, 응답에 데이터가 포함되지 않기 때문이다. 제시되는 명령어들은 단지 하나의 가능성을 보여주기 위한 목적일 뿐, 여러분의 창의력을 여기에 더욱 덧붙이기 바란다. 현재는 점멸 마스크까지 구현되어 있다.

- **표시 데이터**

$AA[d | D]CCCC·r (C: 세븐 세그먼트에 표시 가능한 문자)

- **스캔 주기(ms)**

$AA[t | T]HH·r (HH: 00~FF)

- **점멸 마스크**

최대 12개의 점멸 마스크.

$AA[m | M]+MM·r (추가, MM: Mask, HEX)

$AA[m | M]- ·r (감소, LIFO)

$AA[m | M]CPMM·r (변경, P: 위치, '0' ..' 7')

2. 하드웨어 구성

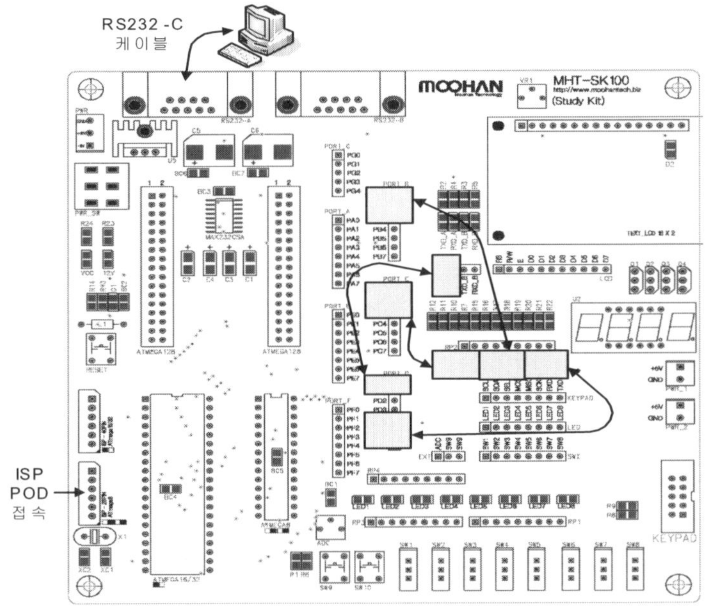

[그림 2.1] 세븐 세그먼트 모듈 실습 케이블 연결

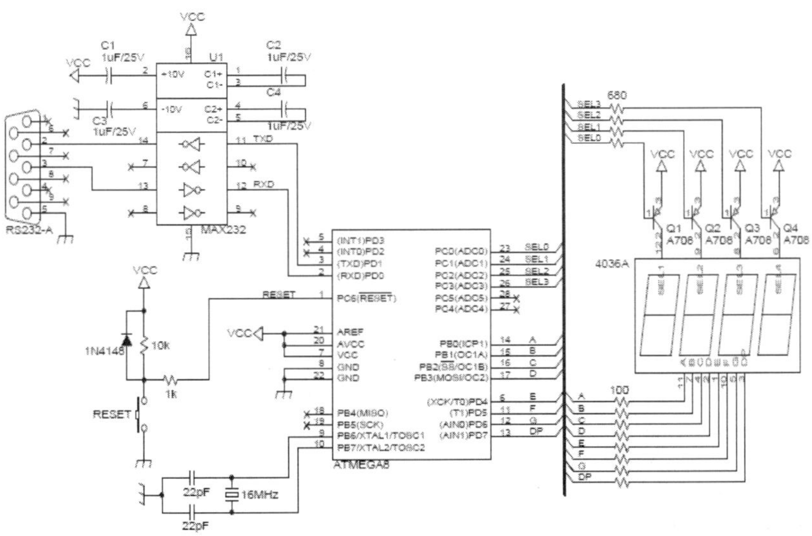

[그림 2.2] 세븐 세그먼트 모듈 실습 회로도 연결

3. 구현

3.1 세븐 세그먼트 라이브러리 수정

기존의 세븐 세그먼트 라이브러리의 기능을 확장하였다. 마스크 기능을 추가하고 (FND_USING_MASK 매크로를 추적해 볼 것), 이 기능을 옵션으로 하였다.

[seg7.h]

```
#ifndef SEG_7_HEADER_____
#define SEG_7_HEADER_____
#include "../inc/regaddr.h"
#include "../inc/timer.h"

int fnd_ind = 0;
BYTE fnd_num;
BYTE _fnd_mask;
char fnd_data[8];

#ifdef FND_DATA_PORT2
REG_ADDR fnd_addr_high;
REG_ADDR fnd_addr_low;
#else
REG_ADDR fnd_addr_data;
#endif
REG_ADDR fnd_addr_sel;

extern void fnd_switch();

#ifdef FND_USING_MASK
#define FND_MASKS         12
BYTE fnd_mask = 0xFF;
BYTE fnd_mask_array[FND_MASKS];
BYTE fnd_num_masks = 0;
BYTE fnd_ind_mask = 0;

#define fnd_add_mask(m)  (fnd_mask_array[fnd_num_masks++]=m)
#define fnd_del_mask()   (--fnd_num_masks)
#define fnd_mod_mask(i, m)       (fnd_mask_array[i]=m)
#define fnd_reset_mask()  (fnd_num_masks=0)
extern void _fnd_masking();        //-- 마스킹 스위치 - 타이머 클라이언트
```

```
#endif

#ifdef FND_DATA_PORT2
void fnd_init(REG_ADDR high, REG_ADDR low, REG_ADDR sel, BYTE n)
#else
void fnd_init(REG_ADDR data, REG_ADDR sel, BYTE n)
#endif
{ //-- 초기화
int i;

#ifdef FND_DATA_PORT2
fnd_addr_high = high;
  fnd_addr_low = low;
#else
  fnd_addr_data = data;
#endif
fnd_addr_sel = sel;
fnd_num = n;

#ifdef FND_DATA_PORT2
  splitHL(0xFF, DDR(fnd_addr_high), DDR(fnd_addr_low));
  splitHL(0xFF, PORT(fnd_addr_high), PORT(fnd_addr_low));
#else
DDR(fnd_addr_data) = 0xFF;
PORT(fnd_addr_data) = 0xFF;
#endif
_fnd_mask = BitsMask(0, n);
DDR(fnd_addr_sel) = DDR(fnd_addr_sel) | _fnd_mask;
DDR(fnd_addr_sel) = DDR(fnd_addr_sel) | _fnd_mask;

  for(i = 0; i < n; ++i)
    fnd_data[i] = '0';

//-- 타이머 기동 - 완전 독립 모듈!!
set_timer(0, CLK_DIV_1024, 4, fnd_switch);
#ifdef FND_USING_MASK
set_timer(1, CLK_DIV_1024, 200, _fnd_masking);
#endif
}

static BYTE fnd_map[] = // 글자-FND 맵
{ 0xC0, 0xCF, 0xA4, 0xB0, 0x99, 0x92, 0x82, 0xD8, 0x80, 0x90, //[0..9]
0x88, 0x83, 0xC6, 0xA1, 0x86, 0x8E, 0xC2, 0x8B, 0xF9, 0xE1, 0x85, 0xC7,
0xAA, 0xAB, 0xA3, 0x8C, 0x98, 0xAF, 0x92, 0x87, 0xC1, 0x81, 0x95, 0xA8,
```

```
0x91, 0xB6, //[A..Z]
0xFE, 0xFD, 0xFB, 0xF7, 0xEF, 0xDF, 0xBF}; //[a..f-]

void fnd_put(BYTE c, BOOL dot)
{
switch(c)
{
case '-':          c =0xBF;  break;
case '.':          c = 0x7F;  break;
default:
if(c >= '0' && c <= '9')
c = fnd_map[c-'0'];
else if(c >= 'A' && c <= 'Z')
c = fnd_map[c-'A'+10];
else if(c >= 'a' && c <= 'g')
c = fnd_map[c-'a'+36];
else
c = 0xFF;
break;
}
if(dot)
c &= 0x7F;
#ifdef FND_DATA_PORT2
splitHL(c, PORT(fnd_addr_high), PORT(fnd_addr_low));
#else
PORT(fnd_addr_data) = c;
#endif
}

void fnd_data_put(char *data)     //-- 표시 데이터 라이트
{
int i;
char *p = fnd_data;
for(i = 0; i < fnd_num; ++i)
*p++ = *data++;
}

void fnd_data_num(int n) //-- 정수를 표시 데이터로 라이트
{
int i;
for(i = fnd_num-1; i>-1; --i)
{
fnd_data[i] = n%10 + '0';
n /= 10;
```

```
}
}

void fnd_switch()                    //-- 세그먼트 변경 및 표시 - 타이머 클라이언트
{
fnd_ind = (fnd_ind+1) % fnd_num;
PORT(fnd_addr_sel) = (PORT(fnd_addr_sel)|_fnd_mask) & ~(0x01<<fnd_ind);
#ifdef FND_USING_MASK
fnd_put(CheckBit(fnd_mask,fnd_ind)? fnd_data[fnd_ind]:0, FALSE);
#else
fnd_put(fnd_data[fnd_ind], FALSE);
#endif
}

#ifdef FND_USING_MASK
void _fnd_masking()
{
   if(fnd_num_masks > 0)
   {
fnd_ind_mask = (fnd_ind_mask+1) % fnd_num_masks;
fnd_mask = fnd_mask_array[fnd_ind_mask];
   }
}
#endif
#endif
```

3.2 Seven Segment 메인

[프로그램 52-1] 세븐 세그먼트 프로젝트 샘플

```
#include <mega8.h>
#include <delay.h>
#include "../inc/macros.h"
#include "opt_seg7.h"

BYTE seg7_client(char cmd, char *pData, int n, char *pRtn) //-- NUKE 클라이언
트
{
BYTE time;
switch(cmd)
{
case 'd':        case 'D':
```

```
if(n != 4)
return NUKE_MSG_DATA;
fnd_data_put(pData);
break;

case 'm': case 'M':
if(pData[0] == '+')
{
BYTE mask;
            if(n != 3)
return NUKE_MSG_DATA;
mask = hex2byte(pData+1);
fnd_add_mask(mask);
        }
else if(pData[0] == '-')
{
if(n != 1)
return NUKE_MSG_DATA;
fnd_del_mask();
        }
else if(pData[0] == 'C')
{
BYTE p;
            BYTE mask;
            if(n != 4)
return NUKE_MSG_DATA;
p = pData[1];
if(p < '0' || p > '7')
return NUKE_MSG_SYNTAX;
fnd_del_mask();
mask = hex2byte(pData+2);
fnd_mod_mask(p-'0', mask);
}
break;

default:
return NUKE_MSG_CMD;
}
return 0x00;
}

void main()
{
char *prompt = "seg7>>";
```

```
nuke_init(seg7_client);
nuke_set_prompt(prompt);
fnd_init(PORT_ADDR_D, PORT_ADDR_B, PORT_ADDR_C, 4);

enable_interrupt();
nuke_main();
}
```

다음에 Option을 설정한다. ../inc/options.h를 응용 폴더에 opt_seg7.h의 이름으로 복사한 다음, 이것을 다음과 같이 편집한다.

- 옵션에서 OPTION_SEG7, OPTION_UART, OPTION_NUKE를 선택하고 나머지는 주석 처리한다.
- OPTION_NUKE 부분으로 내려가서 매크로 정의를 하드웨어 연결과 비교하여 맞춘다. FND_USING_MASK을 선택한다.
- USING_UART 부분을 체크한다. USING_UART_ISR을 주석 처리한다.

이제 컴파일, 링크하고 AVR을 구워라. 다음에 CodeVision의 도구창에서 "run the terminal"을 눌러서 NUKE 통신을 테스트한다. 다음과 같이 넣어 보라.

```
$00DWXYZ
$00M+0E
$00M+0D
$00M+0B
$00M+07
$00M+0F
```

이제 FND에 "WXYZ"가 순차적으로 점멸하는 것이 보이면 성공한 것이다.

연습 문제

다음 문제들에 대한 설명과 실험실습 결과를 실험 결과보고서와 함께 제출하시오.

① ATmel.com 사이트에서 AVR 데이터 시트들을 조사하여, 세븐 세그먼트 모듈을 구현하기 위한 최적의 AVR을 찾으시오. 다음을 참고할 것.
http://www.atmel.com/dyn/products/param_table.asp?family_id=607&OrderBy=part_no&Direction=ASC

② 세븐 세그먼트 모듈을 더 개선할 여지가 있는지 모색하고, 본 프로젝트에 반영하여 테스트를 해보시오.

제 4 장 디지털 입출력 모듈

1. 모듈 스펙
2. 하드웨어 구성
3. 구현

✓ **이 장의 목표**

- 이제 프로젝트도 막바지에 이르렀다.
- 필자의 목표는 이 책의 탈고이겠으나, 독자의 목표는 이 책을 완전히 소화하는 것이라고 믿는다.
- 따라서 이 장의 목표는 온전히 끝내는 것이다.

✓ **들어가기에 앞서**

- 시중에 나와 있는 DIO 모듈을 조사한다.
- 산업용 모듈에는 어떤 것들이 있는지 조사한다.

✓ **하드웨어 준비**

- 앞 장과 동일

1. 모듈 스펙

디지털 입출력 모듈(Digital Input/Output Module: DIO)은 on/off 상태를 감시하거나 상태를 제어하는 장치이다.

실제로 판매되는 모듈은 절연, 부하 구동 등 고려해야 할 요소가 많이 있지만, 이것은 모두 하드웨어적인 고려 사항이고, 소프트웨어 개발 레벨에서는 슬라이드 스위치와 LED를 연결하는 것으로 충분하다.

DIO 스펙은 디지털 입출력으로 몇 개의 포트 핀을 할당할 수 있는가에 달려있다. 포트 핀 하나에 하나의 입력(또는 출력)이 가능하기 때문이다. 이 점을 고려하여, 다음 표와 같이 핀 맵을 정의한다. 즉 입력 8포인트, 출력 8포인트짜리 DIO 모듈을 만드는 것으로 한다.

[표 1.1] 입출력 핀 할당

번 호	출 력	입 력
0	B0	C0
1	B1	C1
2	B2	C2
3	B3	C3
4	B4	C4
5	B5	C5
6	D4	D6
7	D5	D7

ATmega128과 같은 상위의 mcu를 사용하면 입출력 핀의 수를 더 늘릴 수도 있고, 또한 입/출력 채널에 포트를 두개씩 할당할 필요도 없다. 그러나 본 장의 목적은 최적화된 모듈 구성에 있다. 먼저 ATmega8, 혹은 이보다 더 낮은 급의 Attiny2313 등과 같은 mcu로 실습을 한 후에는 이보다 큰 것을 하기는 무척 쉽다.

1.1 데이터 인터페이스

외부에서의 상태 데이터에 대한 억세스는 HEX 문자열로 한다. 예를 들어 상태가 다음과 같다면

번호	7	6	5	4	3	2	1	0
상태	1	0	0	1	1	0	1	1

이 값은 16진수로 9B이며, 외부와 인터페이스할 때에는 문자열 "9B"로 처리한다(즉 2 바이트). 이렇게 처리하는 이유는 통신 프로토콜에서 ASCII 문자열만을 처리하도록 하기 위해서이고(그래야 가상 터미널에서도 모듈과 RS232C 연결을 통해 통신 테스트를 할 수 있다), 상태 포인트별로 억세스하는 것보다 "입력", "출력" 상태를 블록으로 처리하면 프로토콜이 단순해지는 장점이 있다.

다만, ATmega8은 한 Port B, Port C 모두 온전한 8개의 핀을 가지고 있지 않기 때문에, 부족한 부분을 Port D에서 융통해야 한다. 이는 8비트 단위의 데이터 처리를 위해 추가 작업을 해야 함을 의미한다.

1.2 기능

DIO의 기능은 Digital In(상태 검사)과 Digital Out(상태 설정)이 전부이다.

- **상태 설정(Digital Out)**

유저로부터 2바이트의 상태 데이터를 받아서 출력 포인트를 설정한다.

- **상태 검사(Digital In)**

출력 포인트와 입력 포인트 상태를 각각 2바이트(합 4 바이트)의 16진 문자열로 변환하여 유저에게 넘긴다.

2. 하드웨어 구성

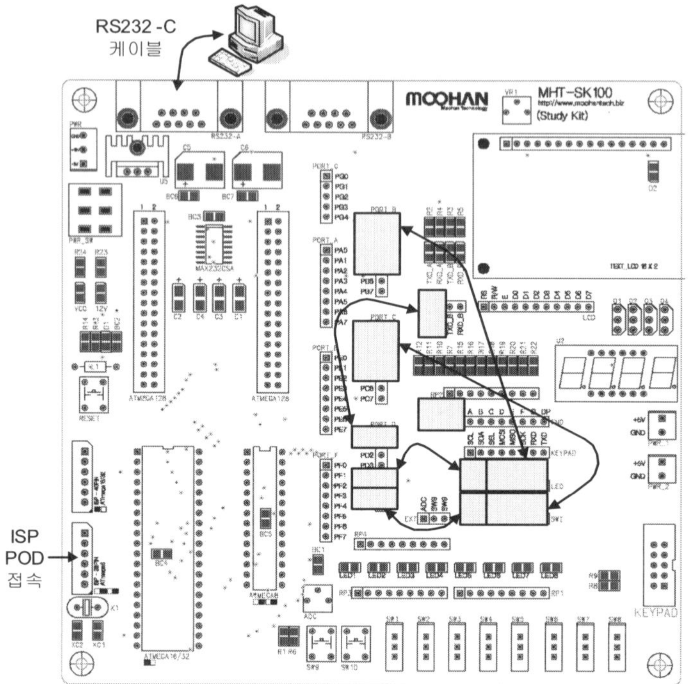

[그림 2.1] DIO 모듈 케이블 연결

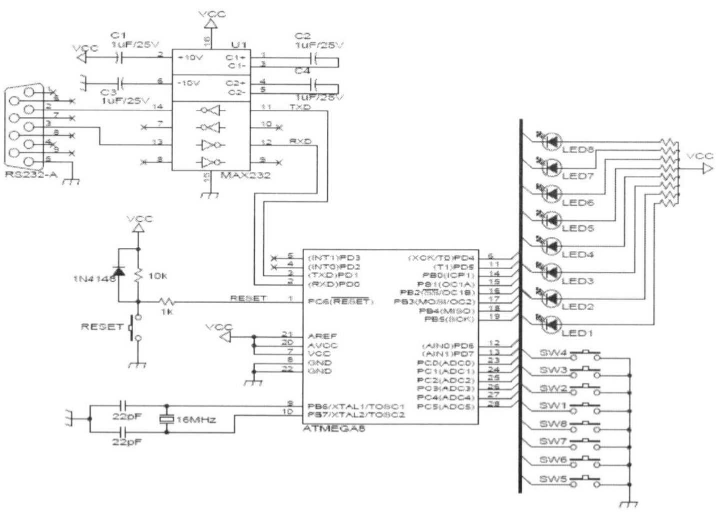

[그림 2.2] DIO 모듈 회로도 연결

3. 구현

3.1 상태 데이터 처리 라이브러리 작성

입출력 포트로부터 상태를 읽어오거나 출력하는 라이브러리가 별개로 필요한데, 이는 앞에서 지적한 것처럼 하나의 포트를 온전히 입력 혹은 출력으로 사용하지 못하기 때문이다.

또한, 일반화되어 있지 않은 기능이라고 하더라도 응용 폴더에 라이브러리화(즉 모듈화)하는 것이 여러모로 좋은데, AVR의 변경 등에 의한 다른 버전의 DIO 모듈을 만들 때에는 이 라이브러리를 복사하여 새 버전을 만들면 될 것이다.

인생이나 프로젝트나, 성공 요소 중 하나는 자기 나름의 복사 시스템을 잘 구축하는 것이다. 버전 관리 또한 중요하다.

Dio 모듈은 완전히 커스텀화된 모듈이며, 범용성은 큰 의미가 없다. 따라서 이것을 응용 폴더에 위치시키고, 포트 사용도 PORTx의 방식을 그대로 따른다.

[dio.h]

```
void init_ports()
{   DDRB |= 0x3F; PORTB |= 0x3F;   //-- 출력 포트
DDRC &= 0xC0; PORTC |= 0x3F;       //-- 입력 포트
DDRD = (DDRD&0x0F) | 0x30; PORTD |= 0xF0; //-- Port D
}

void out_status(BYTE status)
{   PORTB = (PORTB&0xC0) | (~status&0x3F);
PORTD.4 = CheckBit(status, 6);
PORTD.5 = CheckBit(status, 7);
}

BYTE in_status()
{  BYTE status;
   status = (~PINC & 0x3F) | (((~PIND)<<2) & 0xC0);
   return status;
}
```

3.2 DIO 메인

[프로그램 53-1] DIO 모듈 샘플

```
void init_ports()
{
DDRB |= 0x3F;  PORTB |= 0x3F;  //-- 출력 핀들
DDRC &= 0xC0; PORTC |= 0x3F;  //-- 입력 핀들
DDRD = (DDRD&0x0F) | 0x30;  PORTD |= 0xF0; //-- 입/출력 핀들
}

void out_status(BYTE status)
{
    PORTB = (PORTB&0xC0) | (~status&0x3F);
    PORTD.4 = !CheckBit(status, 6);
    PORTD.5 = !CheckBit(status, 7);
}

BYTE in_status()
{
    BYTE status;
    status = (~PINC & 0x3F) | ((~PIND) & 0xC0);
    return status;
}
```

다음에 Option을 설정한다. ../inc/options.h를 응용 폴더에 options_dio.h의 이름으로 복사한 다음, 이것을 다음과 같이 편집한다.

- 옵션 부분에서 OPTION_UART와 OPTION_NUKE를 선택하고 나머지는 모두 주석 처리한다.
- OPTION_UART 부분에서 USING_UART_ISR을 주석 처리한다.

이제 컴파일, 링크하고 AVR을 구워라.

연습 문제

다음 문제들에 대한 설명과 실험실습 결과를 실험 결과보고서와 함께 제출하시오.

① 이 프로젝트를 실습한 소감을 쓰시오. 불과 40줄 정도의 간단한 주 프로그램이지만 유용하다. 이에 대해 어떤 생각이 드는가? 그리고 이렇게 간단화 될 수 있는 이유가 어디에 있다고 생각하는가?
힌트) DIO 모듈에서도 'A'(address), 'B'(Baud) 프로토콜은 여전히 유효하다. 실제 제품화할 때에는 살이 더 붙을 것이다.

② 좋은 프로그램, 좋은 시스템이 추구해야 할 것은 무엇인지 토론하고 결론을 내려보시오.

연습문제 / 힌트풀이

여기서는 PART 5에서 제시된 문제들에 대한 힌트/풀이를 선택적으로 제시한다.

▎제3장▎

① ATmel.com 사이트에서 AVR 데이터 시트들을 조사하여, 세븐 세그먼트 모듈을 구현하기 위한 최적의 AVR을 찾으시오. 다음을 참고할 것.

http://www.atmel.com/dyn/products/param_table.asp?family_id=607&OrderBy=part_no&Direction=ASC

[풀이]

ATtiny2313이 적절할 것으로 보인다. 핀, 타이머 등은 조건에 부합하는데, 다만 플래시 메모리가 2KB여서, 프로그램 사이즈 한계가 걸림돌이 될 수 있다. 프로그램을 얼마나 콤팩트하게 만들 수 있는가, 주어진 조건 - Flash 2KB, EEPROM 128B, SRAM 128B - 을 얼마나 효과적으로 사용할 것인가? 이것이 관건이다.

② 세븐 세그먼트 모듈을 더 개선할 여지가 있는지 모색하고, 본 프로젝트에 반영하여 테스트를 해보시오.

[풀이]

생각만으로 떠오르기 어려울 것이다. 가까운 증권회사에 가서, 증권 시세표를 들여다보고 궁리해 보면 번개처럼 머리를 스치는 것이 있을지 모르겠다. 혹은 자판기 앞에서 금액 표시를 가만히 살펴보라. 이것도 자세히 관찰하면 평소에 안 보이던 것도 볼 수 있다.

이를 테면, 전에 했던 룰렛 기능을 본 모듈에 접목시키는 것도 재미있을 것 같다. 숫자 표시는 그대로 하면서, 룰렛 회전이 별개도 이루어진다면, 약간의 개선으로 디스플레이를 더욱 다채롭게 만들 수 있을 것이다. 물론 그냥 접목이 되는 것은 아니다. FND 표시하기 전에 바탕 글자의 LED 코드와 룰렛 글자의 LED 코드를 OR하는 기능이 추가되어야 한다.

상상력과 문제 의식 위에 발전이 있다.

❙ 제4장 ❙

① 이 프로젝트를 실습한 소감을 쓰시오. 어쩌면 속았다는 느낌이 들 정도의, 불과 40줄 정도의 간단한 주 프로그램에 대해 어떤 생각이 드는가? 그리고 이렇게 간단화될 수 있는 이유가 어디에 있다고 생각하는가?

[풀이]

여기 주 프로그램을 다시 살펴본다.

```
#include <mega8.h>
#include <delay.h>
#include "../inc/macros.h"
#include "options_dio.h"
#include "dio.h"

BYTE status_out = 0x00; //-- DIO Client - DIO Protocol

BYTE dio_client(char cmd, char *pData, int n, char *pRtn)
{   BYTE status;
switch(cmd)
{
        case 'g': case 'G': //-- Get Status
        if(n != 0) return NUKE_MSG_DATA;
        byte2hex(pRtn, status_out);
        status = in_status();
        byte2hex(pRtn+2, status);
        break;

        case 'p': case 'P': //-- Put Status
        if(n != 2) return NUKE_MSG_DATA;
        status_out = hex2byte(pData);
        out_status(status_out);
        break;

        default:  return NUKE_MSG_CMD;
}
return 0x00;
}
```

```
void main()
{   nuke_init(dio_client);  init_ports(); nuke_main(); }
```

nuke_main()은 "NUKE"라는 이름의 통신 프로토콜을 구현하는 함수로, 본 프로그램과 분리되어 있다. DIO 모듈에서는 dio_client()라는 이름의 클라이언트 함수에서 유저 명령을 처리한다. 이 때 NUKE의 규칙을 따라야 한다.

DIO 모듈을 구현하기 위해서는 nuke_init()와 클라이언트 함수를 작성하는 규칙만 알고 있으면 되며, 이것도 템플릿을 보면 직관적으로 쉽다는 것을 알 수 있다.

이것을 추상화라고 한다. 추상화는 상세한 사항을 숨긴다는 뜻인데, 즉 DIO 모듈을 구현하기 위해 NUKE의 상세한 사항을 알 필요가 없다. 인터페이스만 알면 된다. 이렇게 수준을 높이는 추상화는, 어플리케이션 구현 시 어플리케이션 소스만큼이나 처리 흐름의 파악, 관리를 단순화시켜 준다. 이것은 결국 생산성, 유지보수성으로 연결된다.

함수의 모듈화, Event-driven 방식의 함수 관리 등은 모두 추상화의 일면이다.

▍저자 약력▍

이배호

한국과학기술원(KAIST) 전기 및 전자공학과 대학원(공학석사)
미국 University of Missouri, Columbia 전기 및 컴퓨터공학과 대학원(공학박사)
현재 전남대학교 공과대학 전자컴퓨터공학부 교수
현재 전남대학교 전자정보가전인력양성사업단장

오원록

전북대학교 대학원 전자공학과(공학석사)
전북대학교 대학원 전자공학과(공학박사 수료)
현재 순천대학교 공과대학 멀티미디어학부 겸임교수, 무한테크 이사

천승환

전남대학교 대학원 전산통계학과(이학석사)
전남대학교 대학원 전산학과(이학박사 수료)
현재 (주)도울정보기술 대표이사

이귀상

서울대학교 대학원 컴퓨터공학과(공학석사)
미국 University of Pennsylvania State(이학박사)
현재 전남대학교 공과대학 전자컴퓨터공학부 교수
현재 전남대학교 유비쿼터스전자정보가전사업단장

황 민

중앙대학교 대학원 전자계산학과(이학석사)
전남대학교 대학원 전산학과(이학박사)
현재 전남대학교 공과대학 전자컴퓨터공학부 초빙교수

AVR을 이용한 임베디드 프로그래밍 워크북

저 자 : 이배호 · 이귀상 · 오원록 · 황 민 · 천승환
인 쇄 : 2007년 3월 26일
발 행 : 2007년 3월 30일
발행인 : 채 희 만
발행처 : INFINITYBOOKS
서울시 은평구 증산동 248번지 중앙하이츠APT상가 B101호
전 화 : (02) 302-8441
팩 스 : (02) 6085-0777
E-mail : infinitybook@naver.com
ISBN : 89-958793-9-4
978-89-958793-9-9
등록번호 : 제311-2006-26호

판매정가 : 22,000원